职业技术教育紧缺型人才培养与产教融合特色系列教材
职业教育智能制造·机器人工程专业产教融合重点推优系列
四川省中等职业教育名校名专业名实训基地建设工程成果系列

数控车削编程与加工 工作页

主　编　　刘维国　　翟斌元

副主编　　何金坪　　陈　春　　李保正

　　　　　钟　杰　　周　奎　　郭金鹏

参　编　　郎　昆　　冯海英

西南交通大学出版社
·成　都·

图书在版编目（CIP）数据

数控车削编程与加工. 2，工作页 / 刘维国，翟斌元
主编. -- 成都 ：西南交通大学出版社，2024. 11.
（职业教育智能制造·机器人工程专业产教融合重点推优
系列）（四川省中等职业教育名校名专业名实训基地建设
工程成果系列）. -- ISBN 978-7-5774-0140-9

Ⅰ．TG519.1

中国国家版本馆 CIP 数据核字第 2024TP6937 号

目录
CONTENTS

项目一 安全文明生产与数控车床维护保养

项目描述

1. 组织学生参观生产车间、让学生对生产车间"6S"管理有直观的认知，掌握生产车间安全警示牌的含义。

2. 让学生掌握安全文明生产的内容，让学生仔细阅读并签订《机械车间安全承诺书》。

3. 让学生掌握数控车床日常维护保养的内容，能独立完成数控车床的日常维护保养。

学习活动1 生产车间"6S"管理与安全文明生产

任务描述

1. 了解生产车间的"6S"管理。

2. 了解生产车间的安全文明生产。

3. 了解生产车间的安全警示牌。

4. 了解并签订生产车间的"机械安全生产承诺书"。

任务实施

一、明确任务

本班到车间参观的时间是_____，地点是_____
（校内；校外），参观的车间包括_____
车间，带队老师是_____；我们是第_____组，在参观顺序中排在第_____

位，组长是_____，我们组前一组的组长是_____，后一组的组长是_____；参观的过程中需注意现场的安全标志，遵守车间的规章制度，收集车间现场"6S"管理和安全文明生产有关的信息。

二、填写小组成员信息表

根据分组信息填写表 1-1-1 所示的小组成员信息表。

表 1-1-1　_____班_____组数控实习成员信息表

序号	姓名	备注	序号	姓名	备注
1			6		
2			7		
3			8		
4			9		
5			10		

三、参观现场的问题

根据参观过程中所见内容回答下列问题：

（1）整个参观过程组织情况_____。（有序；无序）

（2）车间现场场地_____。（干净、整洁；脏乱、无序）

（3）车间现场物品摆放_____。（整齐；杂乱）

（4）车间工作人员服装_____。（统一、规范；多样、随意）

（5）车间工作人员工作时_____。（定岗、定点；随意串岗；扎堆聚集）

（6）车间机床的摆放规律是_____。

（6）车间数量最多的数控加工机床是_____。

四、参观搜集的信息

根据参观过程中收集的信息完成以下内容：

（1）填写表 1-1-2 所示安全警示牌的名称。

表 1-1-2　安全警示牌

续表

____	____	____	____
____	____	____	____
____	____	____	____

（2）在车间看到的"6S"管理标识有哪些？

_____

_____

_____

_____

_____

_____

_____

（3）在车间看到的机床类型有哪些？

_____

_____

_____

_____

_____

_____

_____

五、签订机械安全生产承诺书

机械安全生产承诺书

为了家庭的幸福美满、个人的安全健康和可持续发展以及保障我机械加工作业区人员的身体健康、生命和财产的安全，防止事故的发生，作为机械加工安全生产的第一责任人，本人自愿签订并遵守以下承诺：

（1）自愿接受单位、岗位等各级安全教育、业务技能培训和考核，努力提高自身安全意识、业务技术水平，增强安全防范意识。本人在上岗前，已接受本单位、本工种的"安全生产操作规程"以及各项安全管理规定和规章制度的教育。

（2）牢记"安全第一、预防为主"的安全生产方针，自觉履行本岗位安全职责，在生产与安全发生矛盾时坚持安全第一，做到"以人为本、安全为天""不伤害自己，不伤害他人，不被他人伤害，保护他人不受伤害"。

（3）按规定着装，穿戴劳动保护用品，持证上岗，保持工作现场规范化、标准化。

（4）切实履行岗位安全和工作职责、尽职尽责、防范各类安全事故发生。

（5）日常工作中不违章指挥、不违章作业、不违反劳动纪律、不盲目作业。

（6）主动制止同事的不安全行为，对发现事故隐患或者其他不安全因素，立即向现场安全生产管理人员或者本单位负责人报告；接到报告的人员应当及时予以处理。

对于以上承诺，本人自觉遵守，如有违反，本人愿承担责任，本承诺书自签字日起生效。

承诺人：

日期：　　　年　　　月　　　日

学习活动 2　数控车床维护与保养

任务描述

1. 了解数控车床的结构、主要技术参数。
2. 掌握数控车床保养的主要内容和方法。
3. 独立完成数控车床的日常保养的工作流程。

任务实施

一、明确工作任务

通过老师的讲解、示范操作，了解学校实习用数控车床的结构、主要技术参数，掌握数控车床保养的主要内容和方法，能独立完成数控车床的日常保养工作。

二、着装检查

以小组为单位，根据生产车间着装管理规定进行着装检查与互检，将检查情况记录在表 1-2-1。

表 1-2-1 _____ 小组机床保养着装规范检查记录表

序号	姓名	检查内容			检查人	日期	检查结果
		衣服	裤子	帽子			
1							
2							
3							
4							
5							
6							
7							
8							

三、选择工具

填写表 1-2-2 所示机床保养工具卡的内容并根据表中内容领取工具。

表 1-2-2　机床保养工具清单

序号	名称	规格	数量	备注
1				
2				
3				
4				
5				
6				
7				
8				

四、数控车床结构和主要技术参数

　　学校实习用的数控车床是＿＿＿＿＿＿＿＿（立式；卧式）数控车床，车床的型号是＿＿＿＿＿＿＿＿，车床的系统是＿＿＿＿＿＿＿＿＿＿＿＿＿＿＿＿＿＿数控系统。车床主轴的转速为＿＿＿＿＿＿＿＿转，车床刀架的布局形式为＿＿＿＿＿＿＿＿＿＿（排式刀架；转塔刀架；四方刀架），车床刀架左右移动的最大行程为＿＿＿＿mm，前后移动的最大行程为＿＿＿＿mm，车床自动加油油箱的容量是＿＿＿＿＿＿L，自动加油的时间间隔为＿＿＿＿＿＿＿＿min，每次自动加油的时间是＿＿＿＿s。

五、日常维护保养

　　数控车床自动加油油箱当前的润滑油量为＿＿＿＿＿＿ mL，＿＿＿＿＿＿＿（需要；无须）加注。加注时，需加注＿＿＿＿＿＿号润滑油；主轴润滑油箱油量＿＿＿＿＿＿＿（充足；不足），加注时需加注专门的主轴油；电气柜冷却风扇工作＿＿＿＿＿＿（正常；不正常），风道过滤网＿＿＿＿＿＿（堵塞、无堵塞）；导轨、机床防护罩＿＿＿＿＿＿＿（松动；无松动），保养机床导轨面时，先把机床刀架移至离卡盘＿＿＿＿＿＿＿（最远；最近）处，用＿＿＿＿＿＿＿＿＿＿＿＿（棉纱；工业擦机布）把露出的导轨面擦拭干净，在导轨面用油枪或毛刷涂上导轨油，再把刀架移至离卡盘＿＿＿＿＿＿＿＿（最远；最近）处，把露出的导轨面擦拭干净，在导轨面涂上导轨油；往复移动刀架，观察机床导轨面导轨油颜色，如果导轨面导轨油呈黑色，需把导轨面擦拭干净，重新涂上导轨油，直至往复移动刀架，导轨面上机油的颜色呈现导轨油的本色。

学习活动 3　实习任务的测评与总结

任务描述

1. 测评与总结安全文明生产的内容及意义。
2. 测评与总结数控车床的维护内容及意义。
3. 测评与总结数控车床的保养内容及意义。

任务实施

一、小组工作总结

安全文明生产与数控车床维护、保养学习活动的小组工作总结：

（1）安全文明生产与数控车床维护与保养学习活动的时间是从_____年____月_____日至____月____日，共计课时_____节课。

（2）小组实习出勤总结。

_____

_____

_____

_____

_____

_____

（3）小组实习着装总结。

_____

_____

_____

_____

_____

_____

（4）小组实习团队建设总结。

_____

_____

————————————————————

————————————————————

————————————————————

————————————————————

（5）小组实习过程的不足与改进措施。

————————————————————

————————————————————

————————————————————

————————————————————

————————————————————

二、个人评价

安全文明生产与数控车床维护、保养活动的个人评价表如表 1-3-1 所示。

表 1-3-1　安全文明生产与数控车床维护、保养活动的个人评价表

评分项目	评分内容	评分标准	自我评价	小组评价	评价得分
职业素养	参观前，配合班委的工作，积极有序组建团队	10			
	遵守纪律，按时出勤，按要求着装	10			
	在参观过程中，自己不掉队，帮助他人不掉队	10			
	在参观过程中，不随意触摸设备，不进入禁止区域	10			
	在参观过程中，不大声喧哗，不干扰企业正常生产	10			
	在参观过程中，尊重企业的工作人员，不要随意打扰他们的工作或提出无理要求	10			
	能在规定的时间如实完成工作页的填写	5			
知识技能	掌握车间现场 6S 管理的内容能在实习时执行	10			
	掌握数控车削安全文明生产的内容在实习时遵守	10			
	能说出学校实习用数控车床的结构和基本参数	5			
	能独立对数控车床进行日常维护保养	10			
任务总评分					
备注：					

三、个人实习总结

安全文明生产与数控车床维护、保养活动的个人实习总结：

_____

_____

_____

_____

_____

_____

项目二　数控车床基本知识与基本操作

项目描述

1. 掌握 GSK980TDc 系统数控车床的基本操作。
2. 掌握 FANUC 0i Mate-TD 系统数控车床的基本操作。
3. 掌握数控车床工件装夹、刀具的选择与安装。
4. 总结和测评数控车床基本知识与基本操作的掌握情况。

学习活动 1　GSK980TDc 系统数控车床基本操作

任务描述

　　学生对数控车床的结构有了基本了解，现需在三爪夹紧装置以及不装刀的情况下，让学生利用 GSK980TDc 系统数控车床完成以下操作：

　　（1）按正确顺序开机。

　　（2）分别在手动、手轮和录入模式下完成以下任务：

　　① 输入对应刀号的指定刀补值。

　　② 按要求的速度和距离进行前后、左右移动刀架并观察屏幕坐标数值变化规律。

　　③ 转动刀架至指定刀位。

　　④ 主轴按指定速度进行正转、反转和停转。

　　（3）在编辑模式下将指定程序录入数控系统。

　　（4）在确保安全的前提下运行录入数控系统的程序并观察机床运动过程。

　　（5）按正确顺序关机。

任务实施

一、明确工作任务

本学习活动的任务是按正确顺序开关机,用 GSK980TDc 系统数控车床进行一系列数控车削加工常用的基本操作,包括利用数控操作面板、数控系统面板和显示屏了解机床状态,控制主轴、刀架运动,输入刀具补偿值,换刀,编写、下载、运行、删除程序等。

二、着装检查

以小组为单位,根据生产车间着装管理规定进行着装检查与互检,将检查情况记录在表 2-1-1 所示的着装规范检查记录表中。

表 2-1-1 _____小组的着装规范检查记录表

序号	姓名	检查内容			检查人	日期	检查结果
		衣服	裤子	帽子			
1							
2							
3							
4							
5							
6							
7							
8							

三、GSK980TDc 系统数控车床操作

(一)数控车床的开机

GSK980TDc 系统数控车床的开机顺序:_____

_____

_____

_____

_____

_____

_____

（二）手动工作模式下改变主轴运动状态

按 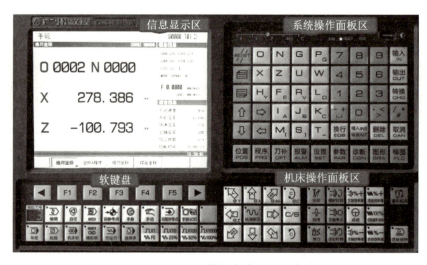 键，手动指示灯亮，进入手动工作模式。观察无人正对卡盘，按 键，"顺时针转"指示灯亮，观察主轴运动状态；按 键，观察主轴运动状态；按 键，"逆时针转"指示灯亮，观察主轴运动状态；按"主轴停止"键。

（三）录入工作模式下改变主轴运动状态

按 键，"MDI"指示灯亮，进入MDI录入工作模式。按系统面板的 键，观察显示屏区左上角，进入录入程序界面，如图2-1-1所示。输入程序："M03 S500"，观察无人正对卡盘，按 键，数控系统执行"M03 S500"指令，"M03 S500"生效并清屏；观察机床主轴的旋转方向，观察显示屏右上方显示的主轴实际转速S为＿＿＿＿＿＿＿r/min；输入以下指令并执行，观察机床主轴运动规律，回答下面相关问题：

（1）输入"M05"指令并执行，主轴的转速为＿＿＿＿＿＿r/min；

（2）输入"M04"指令并执行，主轴的转速为＿＿＿＿＿＿r/min，输入"M05"指令并执行；

（3）输入"M03"指令并执行，主轴的转速为＿＿＿＿＿＿r/min，输入"M05"指令并执行。

注意：主轴在正转时不允许直接进行反转，必须先停转后再进行反转；反转变正转的过程类似。

图 2-1-1　GSK980TDc 数控车床的系统操作界面

（四）手动工作模式下分析主轴在不同操作方式下的运动状态

将数控机床的工作模式切换至"手动"工作模式，执行以下操作，观察主轴运动状态，回答下面相关问题：

（1）按 键，主轴旋转方向与执行＿＿＿＿＿＿指令相同，转速为＿＿＿＿＿＿＿＿r/min。

（2）按 键，主轴运动状态与执行＿＿＿＿＿＿指令相同，转速为＿＿＿＿＿＿＿＿r/min。

（3）按 ▇▇ 键，主轴旋转方向与执行＿＿＿＿＿指令相同，转速为＿＿＿＿＿＿＿r/min。

（4）当前主轴的转速为＿＿＿＿＿r/min，连按 ▇▇ 键，主轴转速最高升至＿＿＿＿＿r/min，相对指定转速增幅为＿＿＿＿＿r/min，每按一次递增＿＿＿＿＿r/min；连按 ▇▇ 键，主轴转速最低降至＿＿＿＿＿r/min，相对指定转速降幅＿＿＿＿＿r/min，每按一次递减＿＿＿＿＿r/min；当转速为＿＿＿＿＿r/min，"主轴倍率增"指示灯亮；当转速为＿＿＿＿＿r/min，"主轴倍率减"指示灯亮。

（5）为什么问题（1）和问题（3）按"顺时针转"和"逆时针转"键时相应的灯亮而主轴没有相应动作？

_____

_____

_____

_____

_____

_____

（五）手轮工作模式下停转主轴

根据上述知识内容，总结程序驱动主轴与手动驱动主轴的规律。

_____

_____

_____

_____

_____

_____

（六）"MDI"录入工作模式下换刀

在"MDI"录入工作模式下输入指定的刀具偏置值，进行换刀操作。切换至"MDI"录入工作模式，观察机床刀架是＿＿＿＿＿（a. 四方刀架；b. 转塔 6 工位刀架；c. 转塔 8 工位刀架；d. 排式刀架），当前工作刀位号是＿＿＿＿＿＿，屏幕上绝对坐标显示值（X 为＿＿＿＿＿，Z 为＿＿＿＿＿），如图 2-1-2 所示。观察刀架离卡盘最近的距离，轴向距离在 200 mm 以上，径向在 100 mm 以上（可利用钢板尺测量）。

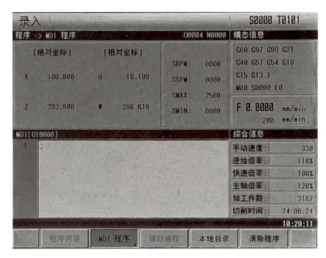

图 2-1-2　MDI 录入程序界面

按 刀补/OFT 键进入刀偏设置界面，如图 2-1-3 所示。光标分别在 01 号和 03 号刀的位置，输入"X100"，按 输入/IN 键；输入"Z100"，按 输入/IN 键。光标分别在 02 号和 04 号刀位置，输入"X150"，按 输入/IN 键；输入"Z200"，按 输入/IN 键。

按 程序/PRG 键，进入录入程序界面，进行如下的操作：

（1）输入"T0303"并执行，刀位换成_____号刀，【绝对坐标】的显示值（X 为_____，Z 为_____）。

（2）输入"T0202"并执行，刀位换成_____号刀，【绝对坐标】的显示值（X 为_____，Z 为_____）。

（3）输入"T0101"并执行，刀位换成_____号刀，【绝对坐标】的显示值（X 为_____，Z 为_____）。

（4）输入"T0404"并执行，刀位换成_____号刀，【绝对坐标】的显示值（X 为_____，Z 为_____）。

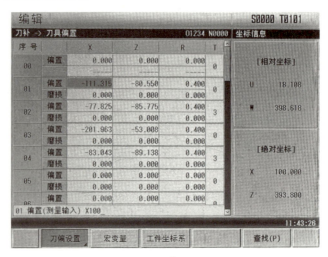

图 2-1-3　刀偏设置界面

（七）手动工作模式下换刀

切换至"手动"工作模式，连续按 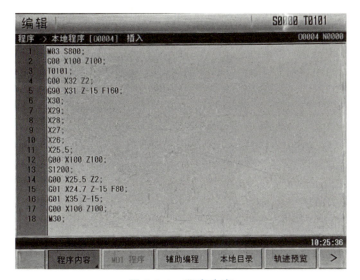 键，刀位换为 1 号刀，显示刀具信息为_____,【绝对坐标】的显示值（X 为_____，Z 为_____）；刀位换为 2 号刀，显示刀具信息为_____,【绝对坐标】的显示值（X 为_____，Z 为_____）；刀位换为 3 号刀，显示刀具信息为_____,【绝对坐标】的显示值（X 为_____，Z 为_____）；刀位换为 4 号刀，显示刀具信息为_____,【绝对坐标】的显示值（X 为_____，Z 为_____）。

（八）手脉工作模式下换刀规律

根据上述知识内容，总结程序自动换刀与手动换刀的规律。

_____

_____

_____

_____

_____

_____

（九）程序录入及预览刀具轨迹

新建程序"O1234"，将指定程序内容录入数控系统并预览刀具轨迹。

按操作面板上的 键，"编辑"指示灯亮。按系统面板上的 键，进入程序内容编辑界面，如图 2-1-4 所示。按地址键 O，然后依次键入数字键 1 2 3 4，再按"输入键"，程序"O1234"被建立，如图 2-1-5 所示。

图 2-1-4　程序内容

在图 2-1-5 所示的编辑状态下输入数控系统的程序主要包括：

M03 S600 T0101 G97；

G00 X100 Z100 F0.5；

G01 X50 Z50 F0.5 G99；

G02 X100 Z100 R50 F1；

G00 X50 Z50 F1.5；

G03 X100 Z100 R50 F1.5；

M30；

按"轨迹预览"软键，进行程序轨迹预览。

图 2-1-5　新建程序

（十）自动运行程序 "O1234"

按 @ 键，"自动"指示灯亮，进入自动工作模式。按 键，观察刀架运动过程、速度、距离、方向和轨迹。

根据上述实践过程，观察结果并回答下列问题：

（1）系统执行 G01 时，刀架从起点＿＿＿＿＿＿＿＿＿＿＿＿＿＿运动到终点。

（2）系统执行 G02 时，刀架从起点＿＿＿＿＿＿＿＿＿＿＿＿＿＿运动到终点。

（3）系统执行 G03 时，刀架从起点＿＿＿＿＿＿＿＿＿＿＿＿＿＿运动到终点。

（4）系统执行 G00 时，刀架从起点＿＿＿＿＿＿＿＿＿＿＿＿＿＿运动到终点。

（5）G01、G02、G03 程序段 F 后的数字变大，刀架运动速度＿＿＿＿＿＿＿＿，G00 程序段 F 后的数字变大，刀架运动速度＿＿＿＿＿＿＿＿。

（十一）移动刀架到指定位置

1. 手动工作模式下移动刀架到指定位置

将工作模式切换至手动工作模式，按 键进入"综合坐标"显示界面，【绝对坐标】的显示值（X 为_____，Z 为_____）。按 ⬆️⬇️⬅️➡️ 键移动刀架，再按 🔲 键调节手动移动速度，【绝对坐标】的显示值变成（X 为 50.000，Z 为 50.000）。

2. 手脉工作模式下移动刀架到指定位置

将工作模式切换至手脉工作模式，按 🔲 键进入"综合坐标"显示界面，【绝对坐标】的显示值（X 为_____，Z 为_____），按 ⬆️⬅️ 键选择移动轴，再按 🔲🔲🔲🔲 键选择移动倍率，旋转手轮移动刀架，【绝对坐标】的显示值变成（X 为 100.000，Z 为 100.000）。

根据上述的实践过程，总结程序模式、手动模式、手脉模式三种模式下刀架移动的特点。你觉得最好控制的是哪一种方式？最难控制的是哪一种方式？

_____

_____

_____

_____

_____

_____

（十二）删除程序"O1234"

GSK980TDc 车床数控系统删除程序的方法是：_____

_____

_____

_____

_____

（十三）按操作要求顺序关机

GSK980TDc 数控车床的关机顺序是：_____

_____

_____

_____

_____

_____

学习活动 2　FANUC 0i Mate-TD 系统数控车床基本操作

任务描述

学生对数控车床的结构有了一定的了解，现需在三爪夹紧装置以及不装刀的情况下，让学生利用 FANUC 0i Mate-TD 系统数控车床完成以下操作：

（1）按正确顺序开机。

（2）分别在手动、手轮和录入模式下完成以下任务：

①输入对应刀号的指定刀补值。

②按要求的速度和距离进行前后、左右移动刀架并观察屏幕坐标数值变化规律。

③转动刀架至指定刀位。

④主轴按指定速度进行正转、反转和停转。

（3）在编辑模式下将指定程序录入数控系统。

（4）在确保安全的前提下运行录入数控系统的程序并观察机床运动过程。

（5）按正确顺序关机。

任务实施

一、明确工作任务

本学习活动的任务是按正确顺序开关机，用 FANUC 0i Mate-TD 系统数控车床进行一系列数控车削加工常用的基本操作，包括利用数控操作面板、数控系统面板和显示屏了解机床状态，控制主轴、刀架运动，输入刀补，换刀，编写程序、运行、删除程序等。

二、着装检查

以小组为单位，根据生产车间着装管理规定进行着装检查与互检，将检查情况记录在表 2-2-1 所示的着装规范检查记录表中。

表 2-2-1 _____小组的着装规范检查记录表

序号	姓名	检查内容			检查人	日期	检查结果
		衣服	裤子	帽子			
1							
2							
3							

续表

序号	姓名	检查内容			检查人	日期	检查结果
		衣服	裤子	帽子			
4							
5							
6							
7							
8							

三、FANUC 0i Mate-TD 系统数控车床操作

（一）数控车床的开机

FANUC 0i Mate-TD 系统数控车床的开机顺序：_____

_____

_____

_____

_____

_____

_____

（二）手动工作模式下改变主轴运动状态

选择"手动"工作模式，手动指示灯亮，进入手动工作模式。观察无人正对卡盘，按"主轴正转"键，"主轴正转"指示灯亮，观察主轴运动状态；按"主轴停转"键，观察主轴运动状态；按"主轴反转"键，"主轴反转"指示灯亮，观察主轴运动状态；按"主轴停止"键。

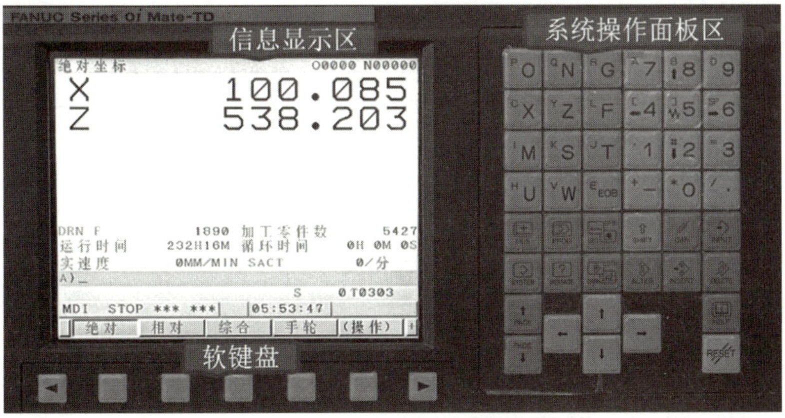

图 2-2-1　MDI 录入程序界面

（三）录入工作模式下改变主轴运动状态

选择"MDI"工作模式，"MDI"指示灯亮，进入 MDI 录入工作模式。按系统面板的 ▣ 键，观察显示屏区左上角，进入录入程序界面，如图 2-2-1 所示。输入程序："M03 S500"，观察无人正对卡盘，按"循环起动"键，数控系统执行"M03 S500"指令，"M03 S500"生效并清屏；观察机床主轴的旋转方向，观察显示屏右上方显示的主轴实际转速 S 为_____r/min；输入以下指令并执行，观察机床主轴运动规律，回答下面相关问题：

（1）输入"M05"指令并执行，主轴的转速为_____r/min；

（2）输入"M04"指令并执行，主轴的转速为_____r/min，输入"M05"指令并执行；

（3）输入"M03"指令并执行，主轴的转速为_____r/min，输入"M05"指令并执行。

注意：主轴在正转时不允许直接进行反转，必须先停转后再进行反转；反转变正转的过程类似。

（四）手动工作模式下分析主轴在不同操作方式下的运动状态

将数控机床的工作模式切换至"手动"工作模式，执行以下操作，观察主轴运动状态，回答下面有关问题：

（1）按"主轴正转"键，主轴旋转方向与执行_____指令相同，转速为_____r/min。

（2）按"主轴停转"键，主轴运动状态与执行_____指令相同，转速为_____r/min。

（3）按"主轴反转"键，主轴旋转方向与执行_____指令相同，转速为_____r/min。

（4）当前主轴的转速为_____r/min，连按"主轴倍率+"键，主轴转速最高升至_____r/min，相对指定转速增幅为_____r/min，每按一次递增_____r/min；连按"主轴倍率–"键，主轴转速最低降至_____r/min，相对指定转速降幅_____r/min，每按一次递减_____r/min；当转速为_____r/min，"主轴倍率增"指示灯亮；当转速为_____r/min，"主轴倍率减"指示灯亮。

（5）为什么问题（1）和问题（3）按"顺时针转"和"逆时针转"键时相应的灯亮而主轴没有相应动作？

_____

_____

_____

_____

_____

_____

_____

_____

（五）手轮工作模式下停转主轴

根据上述知识内容，总结程序驱动主轴与手动驱动主轴的规律。

_____

_____

_____

_____

_____

（六）"MDI"录入工作模式下换刀

在"MDI"录入工作模式下输入指定的刀具偏置值，进行换刀操作。切换至"MDI"录入工作模式，观察机床刀架是_____（a. 四方刀架；b. 转塔 6 工位刀架；c. 转塔 8 工位刀架；d. 排式刀架），当前工作刀位号是_____，按 ▣ 键，再按软键"综合"，屏幕上【绝对坐标】的显示值（X 为_____，Z 为_____），如图 2-2-2 所示。观察刀架离卡盘最近的距离，确认轴向距离在 200 mm 以上，径向距离在 100 mm 以上（可借助钢板尺测量），执行以下操作并回答问题。

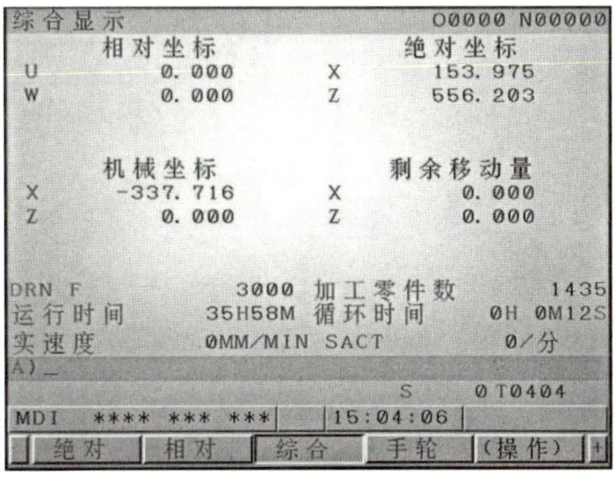

图 2-2-2　综合坐标

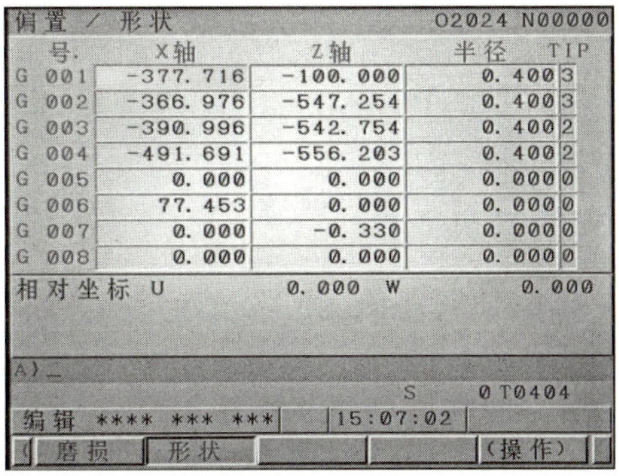

图 2-2-3　刀具偏置/形状设置界面

按 软键，进入"偏置/形状"设置界面，如图 2-2-3 所示。光标分别在 001 号和 003 号刀的位置，输入"X100"，按软键"测量"；输入"Z100"，按软键"测量"；光标分别在 002 号和 004 号刀位置，输入"X150"，按软键"测量"；输入"Z200"，按软键"测量"。

按 键，进入录入程序界面，需要完成的操作主要包括：

（1）输入"T0303"并执行，刀位换成_____号刀，【绝对坐标】的显示值（X 为_____，Z 为_____）。

（2）输入"T0202"并执行，刀位换成_____号刀，【绝对坐标】的显示值（X 为_____，Z 为_____）。

（3）输入"T0101"并执行，刀位换成_____号刀，【绝对坐标】的显示值（X 为_____，Z 为_____）。

（4）输入"T0404"并执行，刀位换成_____号刀，【绝对坐标】的显示值（X 为_____，Z 为_____）。

（七）手动工作模式下换刀

切换至"手动"工作模式，连按"换刀"键，刀位换成 1 号刀，显示刀具信息为_____，【绝对坐标】的显示值（X 为_____，Z 为_____）；刀位换为 2 号刀，显示刀具信息为_____，【绝对坐标】的显示值（X 为_____，Z 为_____）；刀位换为 3 号刀，显示刀具信息为_____，【绝对坐标】显示值（X 为_____，Z 为_____）；刀位换为 4 号刀，显示刀具信息为_____，【绝对坐标】显示值（X 为_____，Z 为_____）。

（八）手脉轮工作模式下换刀规律

根据上述知识内容，总结程序自动换刀与手动换刀的规律。

_____

_____

_____

_____

_____

（九）程序录入及预览刀具轨迹

新建程序"O2024"，将指定程序内容录入数控系统并预览刀具轨迹。

选择"编辑"工作模式，"编辑"指示灯亮，按系统面板上的 键，进入"程序/FG：编辑"界面。按地址键"O"，依次键入数字键"2024"，按 键，程序"O2024"被建立，如图 2-2-4 所示。

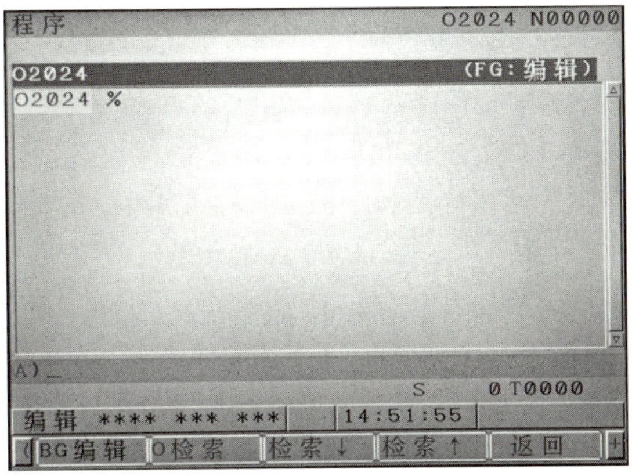

图 2-2-4　新建程序

在图 2-2-4 所示的编辑状态下输入数控系统的程序主要包括：

M03 S600 T0101 G97；

G00 X100 Z100 F0.5；

G01 X50 Z50 F0.5 G99；

G02 X100 Z100 R50 F1；

G00 X50 Z50 F1.5；

G03 X100 Z100 R50 F1.5；

M30；

按"轨迹预览"软键，进行程序轨迹预览。

（十）自动运行程序 "O2024"

选择"自动"工作模式，"自动"指示灯亮，进入自动工作模式。按"循环起动"键，观察刀架运动过程，速度、距离、方向和轨迹。

根据上述实践过程，观察结果并回答下列问题：

（1）系统执行 G01 时，刀架从起点_____运动到终点。

（2）系统执行 G02 时，刀架从起点_____运动到终点。

（3）系统执行 G03 时，刀架从起点_____运动到终点。

（4）系统执行 G00 时，刀架从起点_____运动到终点。

（5）G01、G02、G03 程序段 F 后的数字变大，刀架运动速度_____，G00 程序段 F 后的数字变大，刀架运动速度_____。

（十一）移动刀架到指定位置

1. 手动工作模式下移动刀架到指定位置

将工作模式切换至"手动"工作模式，按"位置"进入"综合坐标"显示界面，【绝对坐标】的显示值（X 为_____，Z 为_____），按"+X\-X\+Z\-Z"键移动刀架，按"进给倍率调节"键调节手动移动速度，【绝对坐标】的显示值变成（X 为 50.000，Z 为 50.000）。

2. 手脉工作模式下移动刀架到指定位置

将工作模式切换至"手轮"工作模式，按 ▦ 键后再按软键"综合"进入"综合坐标"显示界面，【绝对坐标】的显示值（X 为_____，Z 为_____），按"手脉轴选择 X/Z"键选择移动轴，按"手脉倍率选择"键选择移动倍率，旋转手轮移动刀架，【绝对坐标】的显示值变成（X 为 100.000，Z 为 100.000）。

根据上述的实践过程，总结程序模式、手动模式、手脉模式三种模式下刀架移动的特点。你觉得最好控制的是哪一种方式？最难控制的是哪一种？

_____

_____

_____

_____

_____

_____

（十二）删除程序 "O2024"

FANUC 0i Mate-TD 车床数控系统删除程序的方法是：_____

_____

_____

_____

_____

_____

（十三）按操作要求顺序关机

FANUC 0i Mate-TD 数控车床的关机顺序是：_____

_____

_____

_____

_____

_____

_____

学习活动 3 数控车床工件装夹、刀具选择与安装

任务描述

现需要加工螺纹轴，所用毛坯为 ϕ40 mm×70 mm，加工成如图 2-3-1 所示的螺纹轴加工工序图。根据毛坯、工序加工内容，合理装夹工件、选择刀具、安装刀具。

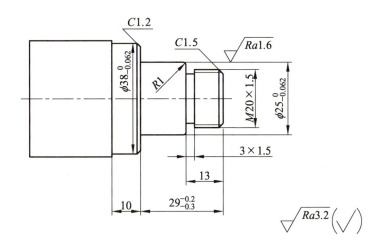

图 2-3-1 螺纹轴加工工序图

任务实施

一、明确工作任务

根据图 2-3-1 所示的螺纹轴加工工序图以及毛坯尺寸、加工工艺要求，学会装夹轴类工件，保证工件的伸出长度大于_____mm，保证工件的圆跳动在_____mm的范围内。

根据零件结构选择刀具，由于有外圆柱面和倒角，需要_____刀；由于有螺纹退刀槽，需要_____刀；由于有外螺纹，需要_____刀。

正确安装外圆刀、切槽刀和螺纹刀，保证安装刀具的工作_____角、工作_____角和工作_____角。

二、着装检查

以小组为单位，根据生产车间着装管理规定进行着装检与互检，将检查情况记录在表 2-3-1 所示的着装规范检查记录表中。

表 2-3-1 _____ 小组的螺纹轴加工的着装规范检查记录表

序号	姓名	检查内容			检查人	日期	检查结果
		衣服	裤子	帽子			
1							
2							
3							
4							
5							
6							

三、选择并领取工具、夹具和刃具

根据图 2-3-1 所示的螺纹轴加工工序图以及毛坯尺寸、加工工艺要求,填写表 2-3-2 所示的工件装夹、刀具安装工具、刃具清单并领取相应工具、夹具和刃具。

表 2-3-2 工件装夹、刀具安装工具、刃具清单

序号	名称	规格	数量	备注
1				
2				
3				
4				
5				
6				
7				

四、领取毛坯

以小组为单位,领取工件毛坯,测量并记录毛坯的实际尺寸。所领毛坯的实际尺寸为_____。

五、工件装夹

本工序工件的装夹位置为_____(待加工、已加工)表面,后续_____(还将、不会)加工,_____(不怕、不能)夹伤,用_____直接装夹;本工序加工的长度为_____mm,所以工件伸出卡盘的长度为_____mm。先用卡盘扳手在不加力杆的情况下夹紧工件;将百分表安装在_____,确保稳定。调整百分表,指针为零时使得测头轴线与工件外圆垂直。移动中滑板,将百分表的测头靠近工件表面,直到百分表的指针被压缩_____mm。手动扳动卡盘,让工件慢慢转动 1 圈,观察百分表_____读数与_____读

数。转动工件至百分表读数＿＿＿＿＿＿＿＿＿＿的位置，用铜棒沿＿＿＿＿＿＿＿＿向敲击工件，直到百分表指针转至最大读数与最小读数＿＿＿＿＿＿＿的位置。工件的跳动范围限制在＿＿＿＿＿mm 内，用卡盘扳手在加力杆的情况下夹紧工件，用百分表直接找正，使工件的跳动范围限制在＿＿＿＿＿mm 内。

六、刀具安装

1. 本次数控加工所领用刀具为＿＿＿＿＿＿＿（标准刀具、非标刀具），经验证刀尖至刀具底平面的高度为＿＿＿＿＿mm，本工位数控车床刀架为＿＿＿＿＿＿＿＿＿（四方刀架、转塔 n 工位刀架），装刀位底平面至主轴回转中心高度为＿＿＿＿＿mm，垫片高度为＿＿＿＿＿mm，以试切时工件回转中心为准。

2. 本次数控加工需安装刀具包括外圆刀、切槽刀和螺纹刀。先安装＿＿＿＿＿＿刀，因为该类刀具的强度最好，方便试切；然后再安装＿＿＿＿＿＿刀和＿＿＿＿＿＿刀。

3. 外圆刀的安装

安装外圆刀的注意事项主要包括：

（1）选择数量尽可能少的垫片组合成＿＿＿＿＿mm 左右，将垫片＿＿＿＿＿（前；后）端和左端对齐，垫片放在装刀位，垫片前端与刀架前端齐平，外圆刀放在垫片上，刀杆伸出长度不超过刀杆厚度的＿＿＿＿＿倍。将垫片调整至刀杆的正下方，调整刀具主偏角至＿＿＿＿＿度，用扳手拧紧螺钉，夹紧刀具；

（2）主轴＿＿＿＿（正；反）转，转速＿＿＿＿＿r/min；移动刀架至外圆刀刀尖靠近工件端面的回转中心，观察刀尖与工件回转中心的高度；为了便于观察，刀尖靠近工件回转中心时刀具径向切除背吃刀量小于 0.3 mm 的材料，观察切削时中心小凸台的变化情况。刀尖与工件回转中心等高时，凸台应由小到无，且端面平整；刀尖＿＿＿＿＿（低于；高于）工件中心时，工件中心会留有小凸台；刀尖＿＿＿＿＿＿（低于；高于）工件中心时，工件中心会留下有挤压痕迹的小凸起。根据实际情况调整垫刀片厚度或确认装好外圆刀。

注意：刀具径向切削时，刀尖低于或高于工件中心，刀尖车至工件中心时都容易崩刀尖。降低背吃刀量和＿＿＿＿＿＿＿（进给量；切削速度）是避免车至工件中心时崩刀尖的有效措施。

（3）装切槽刀与螺纹刀时，如果中心高不便于观察，可以取下已装好的外圆刀与垫刀片，以外圆刀加垫片的刀尖高度作为基准来调整切槽刀、螺纹刀下的垫刀片，直至刀尖高度与外圆刀的刀尖等高；夹紧刀杆前要注意调整刀具的工作主偏角与工作副偏角。

4. 刀具检查

用平行块检查切槽刀的主切削刃是否平行于工件轴线；用螺纹样板检查螺纹刀的两切削刃角平分线是否垂直于工件轴线。

5. 刀具用后的归整

将装好的工件与刀具取下，擦拭干净，放至规定位置。

6. 清扫机床。

学习活动 4　数控车床基本知识、操作、测评与总结

任务描述

数控车床可以完成哪些切削加工？应该如何使用数控车床？经过学习和实习，同学们已经有了初步的答案。在进行新项目之前，需要同学们如实填写小组实习情况，认真做好总结，学习过程中有哪些教训？有什么收获？每个小组派一个代表向全班同学做总结汇报，全班其他同学为总结汇报同学评分，以增强同学们的责任感、团队凝聚力，促进同学们的成长。通过总结，为实习过程指明目标和方向，提升大家的学习效率。

任务实施

一、总结实习材料和刀具消耗

填写并提供如表 2-4-1 所示的数控车床基本操作小组所消耗的材料、刀具统计表。

表 2-4-1　数控车床基本操作的实习小组材料、刀具消耗表

序号	名称	规格型号	数量	单价	合计	备注
1						
2						
3						
4						
5						
6						

注：刀具正常磨损换刀不纳入消耗。

二、小组实习总结

数控车床基本操作小组总结实习过程所学习的数控车床基本知识、数控车床基本操作。小组工作总结需采用 PPT 方式展示实习内容。

（一）实习时间

数控车床基本知识和基本操作的学习和实习时间：自_____年_____月_____日至_____月_____日，共用_____节课。

（二）出勤总结

小组实习出勤总结：_____

_____

_____

_____

_____

_____

（三）着装总结

小组实习着装总结：_____

_____

_____

_____

_____

_____

（四）任务分配与执行总结

小组实习任务分配与执行总结：_____

_____

_____

_____

_____

_____

（五）团队建设总结

小组实习团队建设总结：_____

_____

_____

_____

_____

_____

_____

（六）实习的不足与改进措施总结

小组实习的不足与改进措施：_____

_____

_____

_____

_____

_____

_____

三、个人实习总结

数控车床基本知识与基本操作活动的个人实习总结：_____

_____

_____

_____

_____

_____

_____

_____

_____

_____

_____

_____

四、小组展示评价

小组展示评价可用表 2-4-2 所示的数控车床基本操作的小组展示得分记录表来表示。

表 2-4-2　数控车床基本操作的小组展示得分记录表

序号	组名	展示人	得分	序号	组名	展示人	得分

五、个人实习评价

个人实习评价可用表 2-4-3 所示的数控车床基本操作的个人评价表来表示。

表 2-4-3　数控车床基本操作的个人评价表

评分项目	评分内容	评分标准	自我评价	小组评价	评价得分
职业素养	遵守纪律，按时出勤，实习着装规范	5			
	责任心强，积极完成教师和小组布置的任务	5			
	沟通技巧和团队精神。遇到问题不逃避，主动向同学、老师请教、倾听；与同学分享经验、提出建议；互相帮助	5			
	工具、量具、刀具按规定借用、归还	5			
	在规定的时间内如实完成工作页的填写	5			
知识技能	能按顺序正确开、关数控车床	5			
	能按要求控制主运动	5			
	能按要求控制进给运动	10			
	能按要求输入、修改刀补	10			
	能按要求新建、输入、编辑、运行程序	10			
	能正确装夹工件	5			
	能正确装夹刀具	5			
	代表小组分享本项目学习遇到的问题和收获（加分项）	5			
	小组展示得分	5			
安全文明生产	整个项目学习过程中无安全事故发生	10			
	用完机床后及时清扫机床和实习场地	5			
	保护他人不受伤害（加分项）	5			
总评分					

注：撞工件一次扣 2 分，撞卡盘一次扣 5 分；打刀片一次扣两分，打刀杆一次扣 5 分；最高扣分 10 分。

项目三 台阶轴的数控车削编程与加工

项目描述

1. 能够分析台阶轴数控加工工艺。

2. 能够根据台阶轴数控车削加工工艺要求和毛坯绘制工序简图及装夹示意图。

3. 能够根据台阶轴数控加工工艺、数控车削加工程序选择机床、工具、量具、刀具，完成台阶轴的数控车削加工。

4. 能够选择量具和方法对台阶轴零件进行精度检测与质量分析。

5. 能够对台阶轴学习活动过程进行总结。

学习活动 1　台阶轴的加工工艺分析

任务描述

现需要加工一台如图 3-1-1 所示的阶轴零件，所用材料为 45 号钢，毛坯尺寸为 $\phi40$ mm×68 mm。每位同学在学习过程中，必须学会识读、分析工艺文件，按工艺文件要求完成零件所有工序的加工，做出符合图样要求的零件并检测、记录。在零件加工过程中，学习、强化数控车床的基本操作；学习填写工艺文件；在零件加工过程中验证数控工艺、数控程序的合理性，养成理论指导实践，实践验证理论的学习、工作习惯；在零件加工过程中，养成安全生产、文明生产的习惯。

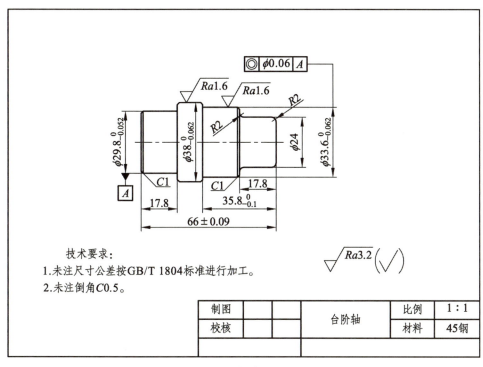

图 3-1-1   台阶轴零件图

任务实施

一、识读台阶轴零件图

（一）精度分析

1. 台阶轴外圆标注公差的尺寸有哪些？公差值是多少？公差等级是多少？

_____

_____

_____

_____

_____

2. 台阶轴长度标注公差的尺寸有哪些？公差值是多少？公差等级是多少？

_____

_____

_____

_____

3. 台阶轴形位公差要求有哪些？请说明其含义？

4. 台阶轴表面质量要求最高的是哪一级？分别是哪几个表面？

（二）基准分析

台阶轴长度方向的设计基准是＿＿＿＿＿＿＿＿＿＿；ϕ29.8×17.8 台阶的设计基准是＿＿＿＿＿＿；ϕ33.6 台阶和 ϕ24×17.8 台阶的设计基准是＿＿＿＿＿＿＿＿＿；从基准的角度分析，左端面和右端面的关系是＿＿＿＿＿＿＿ 。对于互为基准的尺寸，先加工哪个都一样。

二、选用机床

根据本任务的实际情况，选用台阶轴数控加工机床的型号及数控系统分别是什么？

三、确定台阶轴加工顺序和装夹方案

教师根据实际情况，循序渐进地为学生讲解数控车削编程与加工知识。为了合理、有效地利用现有设备、实习材料，可以把台阶轴加工分成了四道工序，工序一采用手动加工，其余工序采用数控车床自动加工。请根据零件图、毛坯和工艺安排画出各工序的装夹示意图和工序简图。

（一）台阶轴加工工序一：手动粗车外圆

本次加工任务所用毛坯尺寸为 $\phi 40$ mm×68 mm，采用三爪自定心卡盘硬爪装夹 $\phi 40$ 毛坯，伸出长度为（30±2）mm。手动粗车外圆的内容主要包括：

（1）95°外圆车刀车削端面，保证总长为（67.2±0.3）mm。

（2）95°外圆车刀手动车削外圆，保证尺寸 ϕ（38.5±0.2）mm、长为（25±0.2）mm。

（二）台阶轴加工工序二：程序粗车外圆

采用三爪自定心卡盘硬爪装夹 $\phi 38.5$ mm×25 mm 的外圆柱面，以台阶面作轴向定位。程序粗车外圆的内容主要包括：

（1）95°外圆车刀车削端面，保证总长为（66.6±0.2）mm。

（2）95°外圆车刀车削外圆，保证尺寸 ϕ（38.5±0.15）mm、长为（32±0.15）mm。

根据实际加工过程填写表 3-1-1 所示的台阶轴加工工序二的程序粗车外圆的装夹示意图及工序简图。

表 3-1-1　台阶轴加工工序二的装夹示意图及工序简图

零件名称	毛坯种类	工序名称	工序号

（三）台阶轴加工工序三：台阶轴左端外形及尺寸加工

三爪自定心卡盘硬爪装夹 ϕ38.56 mm×32 mm 的外圆柱面，以台阶面作轴向定位。台阶轴左端外形及尺寸加工内容主要包括：

（1）95°外圆车刀车削端面，保证总长为（66.3±0.1）mm。

（2）95°外圆车刀粗车削左端外形，X 向留有 0.5 mm 的精加工余量，Z 向留有 0.05 mm 的精加工余量。

（3）95°外圆车刀精车削外左端外形，保证尺寸为 $\phi29.8_{-0.052}^{0}$、长为 17.8 mm 且倒角为 $C1$，$\phi38_{-0.062}^{0}$ 倒角为 $C0.5$、长度为（32±0.1）mm。

根据实际加工过程填写表 3-1-2 所示的台阶轴加工工序三的装夹示意图及工序简图。

表 3-1-2　台阶轴加工工序三的装夹示意图及工序简图

零件名称	毛坯种类	工序名称	工序号

（四）台阶轴加工工序四：台阶轴右端外形及尺寸加工

三爪自定心卡盘硬爪装夹 ϕ29.8 mm 的外圆柱面，以 ϕ29.8 mm~ϕ38 mm 的台阶面作轴向定位。台阶轴右端外形及尺寸加工内容主要包括：

（1）95°外圆车刀车削端面，保证总长为（66±0.09）mm。

（2）95°外圆车刀粗车削右端外形，X 向留有 0.5 mm 的精加工余量，Z 向留有 0.05 mm 的精加工余量。

（3）95°外圆车刀精车削右端外形，保证尺寸为 ϕ24 mm、两处 $R2$ 圆角、长为 17.8 mm；$\phi33.6_{-0.62}^{0}$、倒角 $C1$、长度为 $35.8_{-0.1}^{0}$；ϕ38 外圆处倒角 $C0.5$。

根据实际加工过程填写表 3-1-3 所示的台阶轴加工工序四的装夹示意图及工序简图。

表 3-1-3　台阶轴加工工序四的装夹示意图及工序简图

零件名称	毛坯种类	工序名称	工序号

四、确定台阶轴加工需要工具、刀具和量具

本次台阶轴加工所需的加工工具、刀具和量具如表 3-1-4 所示。

表 3-1-4　台阶轴加工的工具、刀具、量具清单

序号	名称	规格	数量	备注
1				
2				
3				
4				
5				
6				
7				
8				
5				
9				
10				

五、制订台阶轴加工工艺文件

制订台阶轴加工工艺文件，填写表 3-1-5 所示的机械加工的工艺过程卡。

表 3-1-5　机械加工的工艺过程卡

机械加工工艺过程卡		产品名称		零件图号		共　　页
		零件名称		材料牌号		第　　页
工序号	工种	工序内容			设备	工艺装备	工时
10							
20							
30							
40							
50							
60							
70							
80							
设计（日期）		审核（日期）			批准（日期）		

学习活动 2　台阶轴加工工序一手动车削端面和外圆

任务描述

本工位需要粗加工一批如图 3-2-1 所示的台阶轴外圆，小组成员每人一件。所用材料为 45 号钢，毛坯尺寸为 $\phi40$ mm×68 mm 棒料。要求对刀后，根据屏幕显示的工件坐标系，手动完成加工加工，限时 1 天。根据车间安排，按照工艺、技术要求，按时完成加工任务。

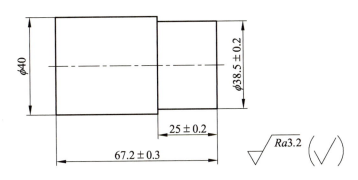

图 3-2-1　台阶轴加工工序一工序图

任务实施

一、明确工作任务

根据台阶轴工艺安排可知，该工序零件毛坯尺寸为 $\phi40$ mm×68 mm，所用材料为 45 号钢，工序一的加工内容分为二个步骤，第一步骤的加工内容是_____，保证总长_____；第二步骤的加工内容是粗车外圆，保证外圆尺寸为 ϕ_____mm、长为_____mm。在加工的过程中学会对刀和校验刀补，练习用手轮精确控制刀具运动的能力。

二、填写加工工序卡

根据任务要求填写表 3-2-1 所示的台阶轴加工工序一的加工工序卡。

表 3-2-1 台阶轴加工工序一的加工工序卡

| 机械加工工序卡 | 产品名称 | | 零件图号 | | 共 页 |
| | 零件名称 | | 材料牌号 | | 第 页 |

	工位号	
	设备名称	
	设备编号	
	夹具名称	
	毛坯种类	
	毛坯件数	
	毛坯待加工尺寸	
	工序号	
	工序名称	
装夹示意图及工序简图	程序编号	

工步号	工步内容	刀号	主轴转速/（r/min）	进给量/（mm/r）	背吃刀量/mm	备注
1						
2						
3						
4						
5						
6						

设计（日期）	审核（日期）	批准（日期）

三、填写机械加工刀具卡

根据任务要求填写表 3-2-2 所示的台阶轴工序二的机械加工刀具卡

表 3-2-2　台阶轴工序二的机械加工刀具卡

机械加工刀具卡	产品名称		工序号		零件材料		共　　页
	零件名称		程序编号		零件图号		第　　页
序号	刀具号	刀具名称及规格		刀尖半径/mm	加工表面		备注
1							
2							
3							
4							
5							
6							
设计（日期）			审核（日期）		批准（日期）		

四、着装检查

以小组为单位，根据生产车间着装管理规定，进行着装检查与互检，对检查情况进行记录并填写表 3-2-3 所示的记录表。

表 3-2-3　_____小组的台阶轴工序一的着装规范检查记录表

组着装规范检查记录						
序号	姓名	检查内容			检查人	日期	检查结果
		衣服	裤子	帽子			
1							
2							
3							
4							
5							
6							
7							
8							

五、选择工具、量具、刃具

根据实际情况，选择工具、量具和刃具，填写表 3-2-4 所示的台阶轴工序一的工具、量具、刃具清单并领取工具、量具、刃具。

表 3-2-4 台阶轴工序一的工具、量具、刃具清单

序号	名称	规格	数量	备注
1				
2				
3				
4				
5				
6				
7				
8				
9				
10				
11				
12				

六、领取毛坯

以小组为单位领取毛坯，测量并记录所领毛坯的实际外形尺寸，判断毛坯是否有足够的加工余量及其外形是否满足加工条件，并记录在表 3-2-1 所示的工序卡上。

七、工件装夹

本工序装夹位置是＿＿＿＿＿＿＿＿＿（待加工；已加工）表面，＿＿＿＿＿＿＿＿（不怕；不能）夹伤，用＿＿＿＿＿＿＿＿＿＿＿装夹，工件伸出卡爪长度＿＿＿＿＿mm。在图 3-2-2 所示的工序图上标注毛坯伸出卡爪长度。

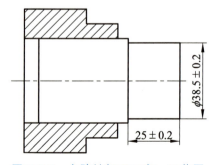

图 3-2-2 台阶轴加工工序一工艺图

八、刀具安装

本工位领用的外圆车刀高度为_____mm，本工位机床中心高度为_____mm，垫片高度为_____mm，以工件回转中心为准；刀具装在_____号刀位，夹紧刀杆前要注意调整刀具的_____主偏角和工作副偏角。

九、对刀

对刀的注意事项主要包括：

（1）本工序工件零件设在_____处，在图 3-2-2 所示的工艺图上画出坐标原点和坐标方向。

（2）Z 轴对刀。

①主轴正转，快速移动刀具至加工前的安全距离内，调整手轮倍率至 0.1 mm/格；

②手轮置于 X 轴，手轮按_____（顺；逆）时针旋转，刀具靠近工件直到刀尖小于工件毛坯直径 2~3 mm；

③切换手轮于_____轴，手轮按_____（顺；逆）时针旋转，精确控制手轮移动，让刀尖慢慢靠近工件端面，注意观察和倾听，看到刀具切上工件或者听到切削的声音则停止移动刀具；

④切换手轮至_____轴，手轮按_____（顺；逆）时针旋转，刀具远离工件直到刀尖大于工件毛坯直径 2~3 mm；

⑤切换手轮至_____ 轴，手轮逆时针旋转_____格；

⑥切换手轮至_____轴，手轮逆时针匀速旋转，刀具车削至工件中心；

⑦手轮顺时针旋转，刀具_____（远离；靠近）工件，直到刀尖至工件中心的距离大于工件毛坯尺寸时主轴停转；

⑧按机床操作面板上的"_____"键，进入"刀补/ 刀具偏置"界面，移动光标移至_____号偏置行，输入"_____"，屏幕下方显示"偏置（测量输入）_____"，点按机床操作面板上的 "_____"键，对应偏置的 Z 坐标数值会发生变化，即完成 Z 轴的对刀。

（3）X 轴对刀。

①主轴正转，快速移动刀具至加工前的安全距离，调整手轮倍率至 0.1 mm/格；

②手轮置于 X 轴，手轮按逆时针旋转，刀具_____（远离；靠近）工件直到刀尖位于工件右端面左方 2~5 mm；

③切换手轮于 X 轴，手轮按_____（顺；逆）时针旋转，精确控制手轮移动，让刀尖慢慢靠近工件外圆，注意观察和倾听，看到刀具切上工件或者听到切削的声音则停止移动刀具；

④切换手轮至 Z 轴，手轮按顺时针旋转，刀具_____（远离；靠近）工件直到刀尖位于工件右端面右方 2~5 mm；

⑤切换手轮至 X 轴，手轮逆时针旋转_____格；

⑥切换手轮至 Z 轴，手轮逆时针匀速旋转，刀具车削工件_____mm（卡尺便于测量的长度，根据个人习惯决定）；

⑦手轮顺时针旋转，刀具远离工件直到刀尖离开右端面，且不影响测量的位置，主轴停转；

⑧用游标卡尺测量车削部位外圆直径，测量次数至少 2 次。如果 2 次测量得到相同的测量值，则该数值为真实的；如果 2 次测量得到的数值不一样，必须进行再次测量，取多次接近值的平均值作为测量值。

（4）点按机床操作面板上的"刀补"键，进入"刀补/刀具偏置"设置界面，移动光标至刀具对应刀号偏置行，输入"X_____"，屏幕下方显示偏置（测量输入）X_____，点按机床操作面板上的 "输入"键，对应偏置的 X 坐标数值会发生变化，即完成 X 的对刀。

十、对刀校验

校验对刀准确性的步骤主要包括：

（1）按机床操作面板上的"MDI"键。

（2）按机床操作面板上的"程序"键，进入"程序/MDI 程序"界面。

（3）按机床操作面板，输入"_____ "刀位号和刀补号。

（4）按机床操作面板上的"输入键"。

（5）按机床操作面板上的"循环启动"键。

（6）观察显示屏上 X 绝对坐标值是否变为刚才的测量值；如果不是则重新校验 X 轴，如果是则表示 X 轴对刀正确。

（7）切换手轮到 Z 轴，移动刀具至离右端面 2 mm 处（目测或用钢板尺测量），查看观显示屏上 Z 绝对坐标值是否为 2；如果不是则重新校对 Z 轴，如果是则表明 Z 轴对刀正确。

十一、手动车削 ϕ38.5 mm、长 25 mm 外圆

手动车削 ϕ38.5 mm、长 25 mm 外圆的步骤主要包括：

（1）主轴正转。

（2）切换手轮到 X 轴，转动手轮，显示屏上 X 绝对坐标值变为_____。

（3）切换手轮到 Z 轴，匀速逆时针转动手轮，车削工件，注意观察，直到显示屏上 Z 绝对坐标值变为_____；（可调整手轮倍率至 0.01/格）

（4）切换手轮到 X 轴，手轮_____（顺；逆）时针旋转，刀具离开工件。

（5）切换手轮到 Z 轴，手轮_____（顺；逆）时针旋转，刀具移动到远离工件便于装夹工件的位置；

（6）主轴停转，加工完成。

十二、保养机床、清理场地

加工完毕后，按照国家环保相关规定和车间要求整理现场、清扫切屑、保养机床，正确处置废油液等废弃物；按车间规定填写交接班记录和设备日常保养记录卡。

十三、产品自检与互检

按照图样要求进行自检，填写如表 3-2-5 所示的台阶轴工序一的尺寸检测表，正确放置零件，进行产品交接。

表 3-2-5 台阶轴工序一的尺寸检测表

序号	项目	图样要求		自检结果	互检结果	结论	备注
1	外圆	$\phi38.5\pm0.2$	IT				
			Ra				
2	长度	67.2 ± 0.3	IT				
			Ra				
3		25 ± 0.2	IT				
4							
5							
台阶轴加工工序一零件检测结论				（合格、不合格）			
自检		（签名）		日期	年 月 日		工件编号
互检		（签名）		日期	年 月 日		

学习活动 3　台阶轴加工工序二编程与加工/G01 编程

任务描述

本工位需要加工一批如图 3-3-1 台阶轴零件外圆柱面，小组成员每人一件。所用材料为 45 号钢，毛坯为半成品，毛坯的待加工面为 $\phi40$ mm、总长为 67.2 mm。数控车床自动加工，限时 1 天。根据车间安排，按照工艺、技术要求，按时完成加工任务。

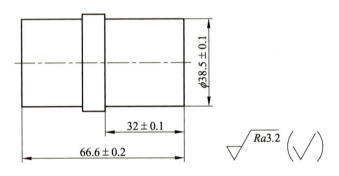

图 3-3-1　台阶轴加工工序二工序图

任务实施

一、明确工作任务

根据本项目的"学习活动 2"可知，本工序待加工毛坯直径为＿＿＿＿＿＿mm，毛坯总长为＿＿＿＿＿mm，装夹部位为＿＿＿＿＿＿＿＿表面。加工时分两步，第一步加工内容是＿＿＿＿＿＿＿＿＿＿＿＿＿＿＿＿＿，保证零件总长为＿＿＿＿＿＿＿mm，第二步加工内容是＿＿＿＿＿＿＿＿＿＿＿＿＿＿＿＿＿＿，保证尺寸为＿＿＿＿＿＿＿＿＿＿＿。

二、加工工序

根据实际情况要求填写表 3-3-1 所示的台阶轴加工工序二的加工工序卡。

表 3-3-1 台阶轴加工工序二的加工工序卡

机械加工工序卡	产品名称		零件图号		共　页	
	零件名称		材料牌号		第　页	

				工位号	
				设备名称	
				设备编号	
				夹具名称	
				毛坯种类	
				毛坯件数	
				毛坯待加工尺寸	
				工序号	
				工序名称	
工序二装夹示意图及工序简图				程序编号	

工步号	工步内容	刀号	主轴转速/（r/min）	进给量/（mm/r）	背吃刀量/mm	备注
1						
2						
3						
4						
5						
6						

设计（日期）	审核（日期）	批准（日期）

三、机械加工刀具

根据实际情况需要填写表 3-3-2 所示的台阶轴加工工序二的机械加工刀具卡。

表 3-3-2　台阶轴加工工序二的机械加工刀具卡

机械加工刀具卡		产品名称		工序号		零件材料		共　　页	
		零件名称		程序编号		零件图号		第　　页	
序号	刀具号	刀具名称及规格		刀尖半径/mm		加工表面		备注	
1									
2									
3									
4									
5									
6									
设计（日期）			审核（日期）			批准（日期）			

四、编写数控加工程序

（一）根据加工任务和工序图，编程零点可以设置为本工序零件右端面与轴线相交的位置，计算图 3-3-2 所示的台阶轴加工工序二工艺图中的各基点坐标值，画出刀具调整图。

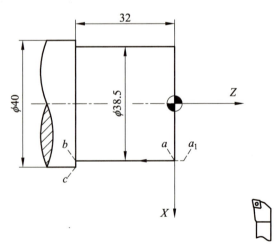

图 3-3-2　台阶轴加工工序二工艺图

a 点坐标（　　　　　　　） b 点坐标（　　　　　　　） c 点坐标（　　　　　　　）

a_1 点坐标（　　　　　　　） P 点坐标（　　　　　　　）

（二）根据机械加工工艺要求，确定换刀安全点 P 点坐标值，确定切削起点安全点，即 $a \rightarrow b$ 切削进给反方向延长线上 a_1 点的坐标值。

（三）根据台阶轴加工工序二外圆柱面加工过程刀具运动轨迹，在工艺图上绘制出走刀路线图。

（四）编写表 3-3-3 所示台阶轴加工工序二的数控加工程序。

表 3-3-3　台阶轴工序二的数控加工程序

数 控 程 序	程 序 说 明

（五）程序仿真

按要求进行程序仿真，注意观察刀具轨迹，记录仿真加工中程序和刀路不合理因素，以便修改程序。修改、调试程序直到程序和刀路完全正确。

五、着装检查

以小组为单位，根据生产车间着装管理规定，进行着装自检与互检，按表 3-3-4 所示的内容记录检查情况。

表 3-3-4　_____ 小组的台阶轴工序二的着装规范检查记录表

序号	姓名	检查内容			检查人	日期	检查结果
		衣服	裤子	帽子			
1							
2							
3							
4							
5							
6							
7							
8							

六、选择工具、量具、刃具

根据本加工任务的要求和数控加工的实际情况，填写表 3-3-5 所示的工具、量具、刃具清单，并领取相应的工具、量具、刃具。

表 3-3-5　台阶轴加工工序二的工具、量具、刃具清单

序号	名　称	规　格	数　量	备　注
1				
2				
3				
4				
5				
6				
7				
8				
9				

七、领取毛坯

以小组为单位，领取毛坯，测量并记录所领毛坯的实际外形尺寸，判断毛坯是否有足够的加工余量及其外形是否满足加工条件，并记录在表 3-3-1 所示的机械加工工序卡上。

八、工件装夹

本工序装夹位置是_____表面，后续还会精加工，不怕夹伤，用_____直接装夹，且有长度方向定位基准，装夹较容易。

九、刀具安装

本工序用到的外圆车刀刀尖高度为_____mm，本工位机床主轴中心高度相对刀架底面高度为_____mm，垫片高度为_____mm，以工件回转中心为准。夹紧刀杆前要注意调整刀具的工作主偏角在_____之间，_____角不能和已加工表面发生干涉。

十、对刀

根据预先确定的刀位点，按对刀方法和步骤规范对刀。

十一、程序输入与校验

输入并调试台阶轴加工工序二的加工程序。

十二、自动加工

加工中注意观察刀具切削情况，记录加工过程中不合理因素，以便纠正从而提高工作效率。

十三、保养机床、清理场地

加工完毕后，按照国家环保相关规定和车间要求整理现场，清扫切屑，保养机床，正确处置废油液等废弃物。按车间规定填写交接班记录和设备日常保养记录卡。

十四、产品自检与互检

按照图样要求进行产品自检，填写如表 3-3-6 所示的工序尺寸检测表，正确放置零件，进行产品交接确认。

表 3-3-6　台阶轴工序二的尺寸检测表

序号	项目	图样要求		自检结果	互检结果	结论	备注
1	外圆	$\phi38.5\pm0.1$	IT				
			Ra				
2	长度	66.6±0.2	IT				
			Ra				
3		32±0.1	IT				
台阶轴加工工序二零件检测结论				（合格、不合格）			
自检		（签名）		日期	年　　月　　日		工件编号
互检		（签名）		日期	年　　月　　日		

学习活动 4　台阶轴加工工序三编程与加工/G90 编程

任务描述

本工位需要加工一批如图 3-4-1 所示的台阶轴零件外圆柱面，小组成员每人一件。所用材料为 45 号钢，毛坯尺寸为半成品，待加工面有已加工面 $\phi 38.5$ mm×25 mm 和毛坯面 $\phi 40$ mm，总长为 66.6 mm。数控车床加工，限时 1 天。根据车间安排，按照工艺、技术要求，按时完成加工任务。

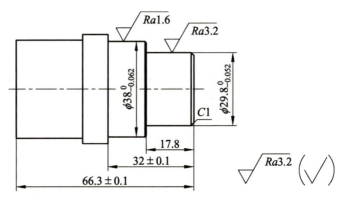

技术要求：
1. 未注尺寸公差按 GB/T 1804 标准进行加工。
2. 未注倒角 C0.5。

图 3-4-1　台阶轴加工工序三工序图

任务实施

一、明确工作任务

根据台阶轴机械加工工艺过程可知，本工序待加工毛坯直径有＿＿＿＿＿＿＿以及＿＿＿＿＿＿＿＿两处，装夹部位是＿＿＿＿＿＿＿表面。加工时分三步，第一步加工内容是＿＿＿＿＿＿＿＿＿，保证零件总长为（66.3±0.1）mm；第二步加工内容是粗车外形，X 方向留有＿＿＿＿＿mm 的精加工余量，Z 方向留有＿＿＿＿＿mm 的精加工余量；第三步加工内容是精车外形，保证外圆尺寸＿＿＿＿＿mm、＿＿＿＿＿长度为 17.8 mm、倒角 C1；保证外圆尺寸＿＿＿＿＿＿mm、长度为（32±0.1）mm 及倒角 C0.5。

二、加工工序

根据任务要求填写表 3-4-1 所示的台阶轴加工工序三的加工工序卡。

表 3-4-1　台阶轴加工工序三的加工工序卡

| 机械加工工序卡 | 产品名称 | | 零件图号 | | 共　　页 |
| | 零件名称 | | 材料牌号 | | 第　　页 |

	工位号	
	设备名称	
	设备编号	
	夹具名称	
	毛坯种类	
	毛坯件数	
	毛坯待加工尺寸	
	工序号	
	工序名称	
台阶轴工序三装夹示意图及工序简图	程序编号	

工步号	工步内容	刀号	主轴转速/（r/min）	进给量/（mm/r）	背吃刀量/mm	备注
1						
2						
3						
4						
5						
6						

设计（日期）	审核（日期）	批准（日期）

三、机械加工刀具

根据任务要求填写表 3-4-2 所示的台阶轴加工工序三的机械加工刀具卡。

238

表 3-4-2　台阶轴加工工序三的机械加工刀具卡

机械加工刀具卡	产品名称		工序号		零件材料		共　　页	
	零件名称		程序编号		零件图号		第　　页	
序号	刀具号	刀具名称及规格		刀尖半径/mm	加工表面		备注	
1								
2								
3								
4								
5								
6								
设计（日期）		审核（日期）			批准（日期）			

四、编写数控加工程序

（一）根据加工任务和工序图，编程零点可以设置为本工序零件右端面与轴线相交的位置，计算如图 3-4-2 所示的台阶轴工序三的工艺图中的各基点坐标值，画出刀具调整图。

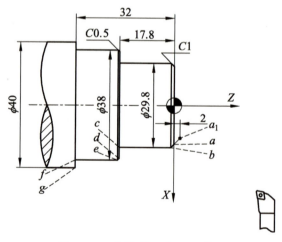

图 3-4-2　台阶轴工序三工艺图

a 点坐标（　　　　　　）　b 点坐标（　　　　　　）　c 点坐标（　　　　　　　　）
d 点坐标（　　　　　　）　e 点坐标（　　　　　　）　f 点坐标（　　　　　　　　）
g 点坐标（　　　　　　）　a_1 点坐标（　　　　　）　P 点坐标（　　　　　　　　）
Q 点坐标（　　　　　　）

（二）根据机械加工工艺要求，确定换刀安全点 P 点坐标；确定循环切削起点 Q 点的坐标值并绘制在图 3-4-2 中；计算精加工切削起点安全点，即 $a{\to}b$ 切削进给反方向延长线上 a_1 点坐标值。

（三）根据台阶轴工序三精加工过程刀具运动轨迹，在图 3-4-2 中绘出精加工走刀路线图。

（四）编写表 3-4-3 所示的台阶轴工序三的数控加工程序。

表 3-4-3　台阶轴工序三的数控加工程序

数控程序	程序说明

（五）程序仿真

按要求进行仿真加工，注意观察刀具轨迹，记录仿真加工中程序和刀路不合理因素，以便修改程序。修改、调试至程序和刀路完全正确。

五、着装检查

以小组为单位，根据生产车间着装管理规定，进行着装自检与互检，按表 3-4-4 所示的内容记录检查情况。

表 3-4-4 ＿＿＿＿＿＿小组的台阶轴加工工序三的着装规范检查记录表

序号	姓名	检查内容			检查人	日期	检查结果
		衣服	裤子	帽子			
1							
2							
3							
4							
5							
6							
7							
8							
9							

六、选择工具、量具、刃具

根据本加工任务的要求和数控加工的实际情况，填写表 3-4-5 所示的台阶轴加工工序三的工具、量具、刃具清单，并领取相应的工具、量具、刃具。

表 3-4-5 台阶轴加工工序三的工具、量具、刃具清单

序号	名称	规格	数量	备注
1				
2				
3				
4				
5				
6				
7				
8				
9				
10				

七、领取毛坯

以小组为单位，领取毛坯，测量并记录所领毛坯的实际外形尺寸，判断毛坯是否有足够的加工余量及其外形是否满足加工条件，并记录在表 3-4-1 所示的机械加工工序卡上。

八、工件装夹

本工序装夹位置是＿＿＿＿＿＿＿＿＿＿＿＿表面，后续还会精加工，不怕夹伤，用＿＿＿＿＿＿＿＿＿＿＿＿＿直接装夹，且有长度方向定位基准，装夹较容易。

九、刀具安装

本工序用到的外圆车刀高度为＿＿＿＿＿＿mm，本工位机床中心高度为＿＿＿＿＿＿mm，垫片高度为＿＿＿＿＿＿＿mm，以工件回转中心为准。夹紧刀杆前要注意调整刀具的工作主偏角与工作副偏角。

十、对刀

根据余弦确定的到位点，按对刀方法和步骤规范对刀。

十一、程序输入与校验

输入并调试台阶轴加工工序三的加工程序。

十二、自动加工

加工中注意观察刀具切削情况，记录加工中的不合理因素，以便纠正从而提高工作效率。

十三、保养机床、清理场地

加工完毕后，按照国家环保相关规定和车间要求整理现场，清扫切屑，保养机床，并正确处置废油液等废弃物。按车间规定填写交接班记录和设备日常保养记录卡。

十四、工序产品自检与互检

按照图样要求进行自检，填写表 3-4-6 所示的台阶轴工序三的尺寸检测表，正确放置零件，进行产品交接确认。

表 3-4-6　台阶轴工序三的尺寸检测表

序号	项目	图样要求		自检结果	互检结果	结论	备注
1	外圆	$\phi38^{0}_{-0.062}$	IT				
			Ra				
2		$\phi29.8^{0}_{-0.052}$	IT				
			Ra				
3	长度	66.3±0.1	IT				
			Ra				
4		32±0.1	IT				
			Ra				
5		17.8	IT				
			Ra				
6	倒角	1 处 C1、1 处 C0.5					
台阶轴加工工序三零件检测结论				（合格、不合格）			
自检		（签名）		日期	年　　月　　日		工件编号
互检		（签名）		日期	年　　月　　日		

学习活动 5　台阶轴加工工序四编程与加工/G02、G03、G71 编程

任务描述

本工位需要加工一批如图 3-5-1 所示的台阶轴零件外圆柱，小组成员每人一件。所用材料为 45 号钢；毛坯尺寸为半成品，待加工面有已加工面 $\phi38.5$ mm×32 mm 和毛坯面 $\phi40$ mm，总长为 66.3 mm。数控车床加工，限时 1 天。根据车间安排，按照工艺、技术要求，按时完成加工任务。

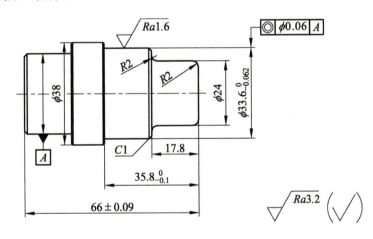

技术要求：

1. 未注尺寸公差按GB/T 1804标准进行加工。
2. 未注倒角C0.5。

图 3-5-1　台阶轴加工工序四工序图

任务实施

一、明确工作任务

根据台阶轴机械加工工艺过程可知，本工序待加工毛坯直径为＿＿＿＿＿mm 和＿＿＿＿＿mm 两处，毛坯总长为＿＿＿＿＿mm，装夹部位为＿＿＿＿＿表面；加工时分三步，第一步加工内容是平端面，保证零件总长为＿＿＿＿mm；第二步加工内容是粗车外形，X 方向留有＿＿＿＿mm 的精加工余量，Z 方向留有＿＿＿＿mm 的精加工余量；第三步加工内容是精车右端外形，保证外圆尺寸＿＿＿＿＿，一处 $R2$ 凸圆弧和一处 $R2$＿＿＿＿＿圆弧和长度 17.8 mm；外圆 $\phi33.6_{-0.062}^{0}$、长度＿＿＿＿＿mm、倒角 $C1$；对已加工外圆 $\phi38$ 倒角 $C0.5$。

二、加工工序

根据实际情况和任务要求填写表 3-5-1 所示的台阶轴加工工序四的加工工序卡。

表 3-5-1 台阶轴加工工序四的加工工序卡

机械加工工序卡	产品名称		零件图号		共 页
	零件名称		材料牌号		第 页

工序图及装夹示意图	工位号	
	设备名称	
	设备编号	
	夹具名称	
	毛坯种类	
	毛坯件数	
	毛坯待加工尺寸	
	工序号	
	工序名称	
	程序编号	

工步号	工步内容	刀号	主轴转速/ (r/min)	进给量/ (mm/r)	背吃刀量 /mm	备注
1						
2						
3						
4						
5						
6						

设计（日期）	审核（日期）	批准（日期）

三、机械加工刀具

根据实际情况和加工要求填写表 3-5-2 所示的台阶轴加工工序四的机械加工刀具卡

表 3-5-2　台阶轴加工工序四的机械加工刀具卡

机械加工刀具卡	产品名称		工序号		零件材料		共　　页
	零件名称		程序编号		零件图号		第　　页
序号	刀具号	刀具名称及规格		刀尖半径 /mm	加工表面		备注
1							
2							
3							
4							
5							
6							
设计（日期）			审核（日期）			批准（日期）	

四、编写数控加工程序

（一）根据加工任务和工序图，编程零点可以设置为本工序零件右端面与轴线相交的位置，计算图 3-5-2 所示的台阶轴加工工序四工序图中的各基点坐标值，画出刀具调整图。

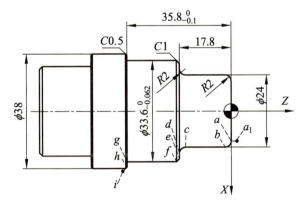

图 3-5-2　台阶轴加工工序四工艺图

a 点坐标（　　　　　）　b 点坐标（　　　　　）　c 点坐标（　　　　　　　　）

d 点坐标（　　　　　）　e 点坐标（　　　　　）　f 点坐标（　　　　　　　　）

g 点坐标（　　　　　）　h 点坐标（　　　　　）　P 点坐标（　　　　　　　　）

Q 点坐标（　　　　　）　a_1 点坐标（　　　　　）

（二）根据机械加工工艺要求，确定换刀安全点 P 点坐标；确定循环切削起点 Q 点的坐标值并画在图 3-5-2 中；确定精加工切削起点安全点，即 a 点引入点 a_1 坐标值。

（三）根据台阶轴加工工序四的外圆柱面加工过程刀具运动轨迹，在图 3-5-2 中绘制精加工走刀路线图。

（四）编写表 3-5-3 所示台阶轴工序四数控加工程序。

表 3-5-3　台阶轴工序四的数控加工程序

数 控 程 序	程 序 说 明

（五）程序仿真加工

按要求进行仿真加工，注意观察刀具轨迹，记录仿真加工中程序和刀路不合理因素，以便修改程序。修改、调试至程序和刀路完全正确。

五、着装检查

以小组为单位，根据生产车间着装管理规定，进行着装自检与互检，按表3-5-4所示的内容记录检查情况。

表 3-5-4 _____ 小组的台阶轴工序四的着装规范检查记录表

序号	姓名	检查内容			检查人	日期	检查结果
		衣服	裤子	帽子			
1							
2							
3							
4							
5							
6							
7							
8							

六、选择工具、量具、刃具

根据本加工任务的要求和数控加工的实际情况，填写表3-5-5所示的台阶轴加工工序四的工具、量具、刃具清单，并领取相应的工具、量具、刃具。

表 3-5-5 台阶轴加工工序四的工具、量具、刃具清单

序号	名称	规格	数量	备注
1				
2				
3				
4				
5				
6				
7				
8				
9				

七、领取毛坯

以小组为单位，领取毛坯，测量并记录所领毛坯的实际外形尺寸，判断毛坯是否有足够的加工余量及其外形是否满足加工条件，并记录在表 3-5-1 所示的机械加工工序卡上。

八、工件装夹

本工序装夹位置是＿＿＿＿＿＿表面，不能夹伤，用＿＿＿＿＿＿＿＿＿＿装夹，由于有位置精度要求，所以需要用百分表进行找正。

九、刀具安装

本工序用到的外圆车刀高度为＿＿＿＿＿mm，本工位机床中心高度为＿＿＿＿＿mm，垫片高度为＿＿＿＿＿＿＿mm，以工件回转中心为准。夹紧刀杆前要注意调整刀具的＿＿＿＿＿＿＿＿主偏角和工作副偏角。

十、对刀

根据预先确定的刀位点，按对刀方法和步骤规范对刀。

十一、程序输入与校验

输入并调试台阶轴加工工序四的加工程序。

十二、自动加工

加工中注意观察刀具切削情况，记录加工过程中不合理因素，以便纠正从而提高工作效率。

十三、保养机床、清理场地

加工完毕后，按照国家环保相关规定和车间要求整理现场，清扫切屑，保养机床，并正确处置废油液等废弃物；按车间规定填写交接班记录和设备日常保养记录卡。

十四、工序产品自检与互检

按照图样要求进行自检，填写表 3-5-6 所示的工序尺寸检测表，正确放置零件，并进行产品交接确认。

表 3-5-6　台阶轴工序四的尺寸检测表

序号	项目	图样要求		自检结果	互检结果	结论	备注
1	外圆	$\phi 33.6^{0}_{-0.062}$	IT				
			Ra				
2		$\phi 24$	IT				
			Ra				
3	长度	66.±0.09	IT				
			Ra				
4		$35.8^{0}_{-0.1}$	IT				
			Ra				
5		17.8	IT				
			Ra				
6	圆角	R2	IT				
7	倒角	C1、C0.5	IT				
台阶轴加工工序四零件检测结论				（合格、不合格）			
自检			（签名）	日期	年　　月　　日		工件编号
互检			（签名）	日期	年　　月　　日		

学习活动 6　台阶轴的数控车削编程与加工、测评与总结

任务描述

同学们经过认真学习和辛勤劳动，完成了台阶轴零件的加工。能够看懂零件图，完成零件的加工，是否心中充满了成就感？回想台阶轴零件从毛坯到成品的整个加工过程，加工过程是否顺利？加工过程中遇到了哪些问题？如何解决所遇到的问题？整个学习过程有哪些教训？有什么收获？都值得同学们回顾、总结。

通过总结，可以培养同学们的思考习惯、增强同学们的责任感、加强团队凝聚力、促进同学们的成长；通过总结、展示个人、小组的经验和教训，促进全体同学的学习与成长；通过总结、展示，可以为未来的实习过程指明目标和方向，提升大家的学习效率。

任务实施

一、测评实习加工的零件尺寸

根据实习内容，填写并提供如表 3-6-1 所示的台阶轴零件尺寸检测评分表。

表 3-6-1　台阶轴零件的尺寸检测评分表

序号	项目	图样要求		配分	检测结果	得分	备注
1	外圆	$\phi 38^{0}_{-0.0062}$	IT	8			
			Ra	3			
2		$\phi 33^{0}_{-0.0062}$	IT	8			
			Ra	3			
3		$\phi 29^{0}_{-0.0052}$	IT	8			
			Ra	3			
4		$\phi 24$	IT	8			
			Ra	3			
5	长度	66 ± 0.09	IT	8			
6		17.8 左	IT	8			
7		$35.8^{0}_{-0.1}$	IT	8			
8		17.8 右	IT	8			
9	倒角	C1 两处	IT	2			
10		C0.5 两处	IT	2			

续表

序号	项目	图样要求		配分	检测结果	得分	备注
11	圆弧	$R2$ 凸	IT	3			
12		$R2$ 凹	IT	3			
13	形位公差	◎ ⌀0.06 A		6			
14		整体外形		8			
台阶轴零件加工质量得分							
自检		（签名）		日期	年　月　日		工件编号
互检		（签名）		日期	年　月　日		

备注：IT 和形位公差超差超差 0.01 扣 1 分；Ra 降 1 级扣 2 分。

二、总结实习材料和刀具消耗

填写并提供如表 3-6-2 所示的数控车床基本操作时小组所消耗的材料、刀具统计表。

表 3-6-2　台阶轴零件加工的小组材料、刀具消耗表

序号	名称	规格型号	数量	单价	合计	备注
1						
2						
3						
4						
5						
6						
备注：刀具正常磨损换刀不纳入消耗。						

三、小组工作总结

小组工作总结需采用 PPT 方式展示实习内容，主要总结台阶轴的数控车削加工过程中的各项实习内容。

（一）实习时间

台阶轴数控车削加工的学习和实习时间：自＿＿＿＿＿年＿＿＿月＿＿＿日至＿＿＿月＿＿＿日，共用＿＿＿＿节课。

（二）出勤总结

小组实习出勤总结：＿＿＿＿＿＿＿＿＿＿＿＿＿＿

＿＿＿＿＿＿＿＿＿＿＿＿＿＿＿＿＿＿＿＿＿＿＿＿＿

＿＿＿＿＿＿＿＿＿＿＿＿＿＿＿＿＿＿＿＿＿＿＿＿＿

＿＿＿＿＿＿＿＿＿＿＿＿＿＿＿＿＿＿＿＿＿＿＿＿＿

＿＿＿＿＿＿＿＿＿＿＿＿＿＿＿＿＿＿＿＿＿＿＿＿＿

（三）着装总结

小组实习着装总结：＿＿＿＿＿＿＿＿＿＿＿＿＿＿

＿＿＿＿＿＿＿＿＿＿＿＿＿＿＿＿＿＿＿＿＿＿＿＿＿

＿＿＿＿＿＿＿＿＿＿＿＿＿＿＿＿＿＿＿＿＿＿＿＿＿

＿＿＿＿＿＿＿＿＿＿＿＿＿＿＿＿＿＿＿＿＿＿＿＿＿

＿＿＿＿＿＿＿＿＿＿＿＿＿＿＿＿＿＿＿＿＿＿＿＿＿

（四）任务分配与执行总结

小组实习任务分配与执行总结：＿＿＿＿＿＿＿＿

＿＿＿＿＿＿＿＿＿＿＿＿＿＿＿＿＿＿＿＿＿＿＿＿＿

＿＿＿＿＿＿＿＿＿＿＿＿＿＿＿＿＿＿＿＿＿＿＿＿＿

＿＿＿＿＿＿＿＿＿＿＿＿＿＿＿＿＿＿＿＿＿＿＿＿＿

＿＿＿＿＿＿＿＿＿＿＿＿＿＿＿＿＿＿＿＿＿＿＿＿＿

（五）团队建设总结

小组实习团队建设总结：＿＿＿＿＿＿＿＿＿＿＿＿

＿＿＿＿＿＿＿＿＿＿＿＿＿＿＿＿＿＿＿＿＿＿＿＿＿

＿＿＿＿＿＿＿＿＿＿＿＿＿＿＿＿＿＿＿＿＿＿＿＿＿

＿＿＿＿＿＿＿＿＿＿＿＿＿＿＿＿＿＿＿＿＿＿＿＿＿

＿＿＿＿＿＿＿＿＿＿＿＿＿＿＿＿＿＿＿＿＿＿＿＿＿

（六）实习的不足与改进措施总结

小组实习的不足与改进措施：_____

_____

_____

_____

_____

三、个人实习总结

（一）个人实习评价

零件的数控车削编程及加工活动个人评价如表 3-6-3 所示。

表 3-6-3　台阶轴零件加工的个人实习评价表

评分项目	评分内容	评分标准	自我评价	小组评价	评价得分
职业素养	遵守纪律，按时出勤，实习着装规范	5			
	责任心强，积极完成教师和小组布置的任务	5			
	沟通技巧和团队精神，遇到问题不逃避，主动向同学、老师请教、倾听；与同学分享经验、提出建议；互相帮助	5			
	工具、量具、刀具按规定借用、归还	5			
	能在规定的时间如实完成工作页的填写	5			
知识技能	机械加工工艺过程卡填写	5			
	机械加工工序卡填写	5			
	机械加工刀具卡填写	5			
	正确装夹工件、刀具，并规范对刀	5			
	规范、有序进行产品零件的调试、加工	5			
	通过小组协作，选用合适的量具，规范地对产品进行检测，并填写检测结果	5			
	代表小组分享本项目学习遇到的问题和收获（加分项）	5			
	小组展示得分	5			
零件	零件质量（尺寸检测得分/5）	20			
安全文明生产	整个项目学习过程中无安全事故发生	10			
	用完机床后及时清除铁屑，清扫机床和实习场地	5			
	发现他人操作安全隐患及时提醒，帮助排除（加分项）	5			
任务总评分					

注：工艺卡填写每错一处扣 1 分；碰撞工件一次扣 2 分，碰撞卡盘一次扣 5 分；碰撞刀片一次扣两分，碰撞刀杆一次扣 5 分；最高扣分 10 分。

（二）个人工作总结

台阶轴的数控车削加工活动的个人工作总结：＿＿＿＿＿＿＿＿＿＿＿＿＿＿＿＿

＿＿＿＿＿＿＿＿＿＿＿＿＿＿＿＿＿＿＿＿＿＿＿＿＿＿＿＿＿＿＿＿＿＿＿＿＿

＿＿＿＿＿＿＿＿＿＿＿＿＿＿＿＿＿＿＿＿＿＿＿＿＿＿＿＿＿＿＿＿＿＿＿＿＿

＿＿＿＿＿＿＿＿＿＿＿＿＿＿＿＿＿＿＿＿＿＿＿＿＿＿＿＿＿＿＿＿＿＿＿＿＿

＿＿＿＿＿＿＿＿＿＿＿＿＿＿＿＿＿＿＿＿＿＿＿＿＿＿＿＿＿＿＿＿＿＿＿＿＿

＿＿＿＿＿＿＿＿＿＿＿＿＿＿＿＿＿＿＿＿＿＿＿＿＿＿＿＿＿＿＿＿＿＿＿＿＿

＿＿＿＿＿＿＿＿＿＿＿＿＿＿＿＿＿＿＿＿＿＿＿＿＿＿＿＿＿＿＿＿＿＿＿＿＿

＿＿＿＿＿＿＿＿＿＿＿＿＿＿＿＿＿＿＿＿＿＿＿＿＿＿＿＿＿＿＿＿＿＿＿＿＿

＿＿＿＿＿＿＿＿＿＿＿＿＿＿＿＿＿＿＿＿＿＿＿＿＿＿＿＿＿＿＿＿＿＿＿＿＿

＿＿＿＿＿＿＿＿＿＿＿＿＿＿＿＿＿＿＿＿＿＿＿＿＿＿＿＿＿＿＿＿＿＿＿＿＿

＿＿＿＿＿＿＿＿＿＿＿＿＿＿＿＿＿＿＿＿＿＿＿＿＿＿＿＿＿＿＿＿＿＿＿＿＿

四、小组展示评价

小组展示评价可用表 3-6-4 所示的数控车床基本操作小组展示的得分记录表来表示。

表 3-6-4　台阶轴零件加工的小组展示得分记录表

序号	组名	展示人	得分	序号	组名	展示人	得分

项目四　螺纹轴的数控车削编程与加工

任务描述

1. 能够利用所学知识识读、分析螺纹轴零件图。
2. 能够分析螺纹轴数控加工工艺。
3. 能够根据螺纹轴数控车削加工工艺要求和毛坯尺寸绘制工序简图及装夹示意图。
4. 能够根据螺纹轴数控加工工艺编制螺纹轴数控加工程序。
4. 能够根据螺纹轴数控加工工艺、数控车削加工程序选择机床、工具、量具、刀具，完成螺纹轴的数控车削加工。
5. 能够选择量具和方法对螺纹轴零件进行质量检测与质量分析。
6. 能够对螺纹轴加工学习活动过程进行总结。

学习活动 1　螺纹轴的加工工艺分析

任务描述

本工位需要加工一批图 4-1-1 所示的螺纹轴零件，所用材料为 45 号钢，毛坯尺寸为 $\phi40$ mm×70 mm。小组成员需要学会分析、识读工艺文件，学习常用编程指令，按照工艺安排完成零件所有工序的加工，做出符合图样要求的零件并检测记录。在零件加工过程中，学习、强化数控车床的基本操作，学习填写工艺文件，养成理论指导实践，实践验证理论的习惯。在零件加工过程中，养成安全生产、文明生产的习惯。

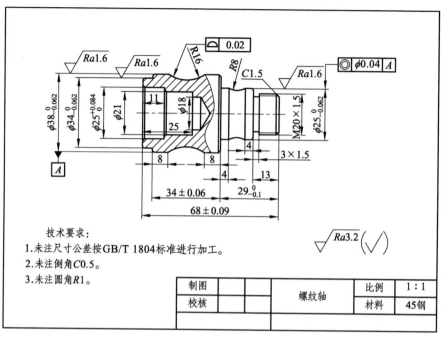

图 4-1-1　螺纹轴零件图

技术要求：
1. 未注尺寸公差按GB/T 1804标准进行加工。
2. 未注倒角C0.5。
3. 未注圆角R1。

制图			螺纹轴	比例	1：1
校核				材料	45钢

任务实施

一、识读螺纹轴零件图

（一）精度分析

1. 螺纹轴外圆标注公差的尺寸和有哪些？公差值是多少？

_____

_____

_____

_____

_____

2. 螺纹轴长度标注公差的尺寸有哪些？公差值是多少？

_____

_____

_____

_____

_____

3. 螺纹轴内孔标注公差的尺寸有哪些？公差值是多少？

_____

_____

_____

_____

_____

4. 螺纹轴形位公差有哪些？测量要素是什么？有无基准？基准是什么？

_____

_____

_____

_____

_____

5. 螺纹轴表面质量要求最高的是哪一级？是哪几个表面？

_____

_____

_____

_____

_____

（二）基准分析

1. 螺纹轴外圆长度方向的设计基准：_____

_____

_____

_____

_____

2. 内孔长度方向的设计基准：_____

_____

_____

_____

_____

_____

_____

二、选用机床

根据本次加工任务和车间实际情况，螺纹轴加工选用的数控机床型号及数控系统分别是什么？

_____

_____

_____

_____

_____

_____

三、加工顺序和装夹方案

为了实习小组循序渐进地学习数控车削编程和加工知识，根据本次加工任务和车间实际情况，合理、有效地利用现有设备、实习材料，将螺纹轴加工分成三次装夹、五道工序。工序一为车削右端外形，$\phi25$ 外圆留有 1 mm 的精加工余量；工序二为车削右端螺纹退刀槽和外螺纹；工序三为车削左端外形；工序四为车削左端内孔；工序五为精车削右端外形。

毛坯尺寸为 $\phi40$ mm×70 mm，三爪自定心卡盘硬爪夹持 $\phi40$ 毛坯，伸出长度为 42_0^{+2} mm。

（一）工序一：加工右端外形和尺寸

螺纹轴加工工序一的步骤主要包括：

（1）95°外圆车刀平端面，车削光滑。

（2）95°外圆车刀粗车削右端外形，$\phi25$ 外圆车削至 $\phi26$，凹圆弧不加工，X 方向留有 0.3 mm 的精加工余量，Z 方向留有 0.05 mm 的精加工余量。

（3）95°外圆车刀精车削右端外形，保证外圆尺寸 $\phi20_{-0.25}^{-0.15}$、长为 13 mm、倒角为 $C1.5$；$\phi26$、长为 $29_{-0.25}^{-0.15}$ mm、$R1$；外圆 $\phi38_{-0.062}^{0}$、长为 10 mm、倒角为 $C1.2$。

请根据零件图、毛坯和工艺安排，在表 4-1-1 中绘制工序一的装夹示意图和工序简图。

表 4-1-1　螺纹轴加工工序一的装夹示意图和工序简图

零件名称	毛坯种类	工序名称	工序号
装夹示意图与工序简图			

（二）工序二：车削螺纹退刀槽和 *M*20×1.5 外螺纹

螺纹轴加工工序二的步骤主要包括：

（1）3 mm 宽切槽刀车削 3×1.5 螺纹退刀槽。

（2）螺纹车刀车削 *M*20×1.5、长为 10 mm 的外螺纹，保证通端能通过，止端能止住。

（3）调头，三爪自定心卡盘硬爪夹持 φ26 外圆，φ26 至 φ38 台阶面作轴向定位，打表找正。

在表 4-1-2 中绘制各工序二的装夹示意图和工序简图。

表 4-1-2　螺纹轴加工工序二的装夹示意图和工序简图

零件名称	毛坯种类	工序名称	工序号
装夹示意图与工序简图			

（三）工序三：车削左端外形

螺纹轴加工工序三的主要步骤包括：

（1）95°车刀车平端面，保证总长为（68±0.09）mm。

（2）35°尖刀粗车削左端外形，X 方向留有 0.3 mm 的精加工余量，Z 方向留有 0.05 mm 的精加工余量。

（3）35°尖刀精车削左端外形，保证外圆尺寸 $\phi34^{0}_{-0.062}$、$R1$ 圆角、长度分别为 5 mm、（34.2±0.06）mm；保证外圆尺寸 $\phi38^{0}_{-0.062}$、$R1$ 圆角；$R16$ 凹圆弧和长度分别为 8 mm、8.2 mm。

在表 4-1-3 中绘制各工序三的装夹示意图和工序简图。

表 4-1-3　螺纹轴加工工序三的装夹示意图和工序简图

零件名称	毛坯种类	工序名称	工序号
装夹示意图与工序简图			

（四）工序四：车左端内孔

螺纹轴加工工序四的主要步骤包括：

（1）$\phi18$ 麻花钻钻 $\phi18$、长为（28±1.5）mm 的底孔。

（2）内孔镗刀粗镗内孔，X 方向留有 0.3 mm 的精加工余量，Z 方向留有 0.05 mm 的精加工余量。

（3）内孔镗刀精镗内孔，保证尺寸 $\phi25^{+0.084}_{0}$、深度为 11 mm、倒角为 $C0.5$；保证尺寸 $\phi21$、倒角为 $C0.5$、深度为 25 mm。

（4）调头，三爪自定心卡盘硬爪垫铜皮装夹，夹持 $\phi38$ 外圆，打表找正。

在表 4-1-4 中绘制各工序四的装夹示意图和工序简图。

表 4-1-4　螺纹轴加工工序四的装夹示意图和工序简图

零件名称	毛坯种类	工序名称	工序号
装夹示意图与工序简图			

（五）工序五：精车右端外形

螺纹轴加工工序五的主要步骤包括：

（1）35°尖刀半精车削右外形，X 方向留有 0.3 mm 的精加工余量，Z 方向留有 0.05 mm 的精加工余量。

（2）35°尖刀精车削右外形，保证尺寸 $\phi25^{0}_{-0.062}$、圆角 $R1$，同时保证长度为 $29^{0}_{-0.1}$、（34 ± 0.06）mm、8 mm；$R8$ 和两处长度为 4 mm。

在表 4-1-5 中绘制各工序五的装夹示意图和工序简图。

表 4-1-5　螺纹轴加工工序五的装夹示意图和工序简图

零件名称	毛坯种类	工序名称	工序号
装夹示意图与工序简图			

四、机械加工刀具

根据实际情况需要填写表 4-1-6 所示的螺纹轴加工所用的工具、刀具、量具清单

表 4-1-6　螺纹轴的机械加工工具、刀具、量具清单

序号	名称	规格	数量	备注
1				
2				
3				
4				
5				
6				
7				
8				
5				
9				
10				

五、制订工艺文件

制订螺纹轴加工工艺文件，填写表 4-1-7 所示的螺纹轴的加工工艺过程卡。

表 4-1-7　螺纹轴的加工工艺过程卡

| 机械加工工艺过程卡 | | 产品名称 | | 零件图号 | | 共　　页 | |
		零件名称		材料牌号		第　　页	
工序号	工种	工序内容			设备	工艺装备	工时
10							
20							
30							
40							
50							
60							
70							
80							
设计（日期）		审核（日期）			批准（日期）		

学习活动 2　螺纹轴加工工序一编程与加工

任务描述

本工位需要车削加工一批如图 4-2-1 所示的螺纹轴零件外圆柱面，小组成员每人一件。所用材料为 45 号钢，毛坯尺寸为 ϕ40 mm×70 mm 棒料。数控车床加工，限时 1 天。根据车间安排，按照工艺、技术要求，按时完成加工任务。

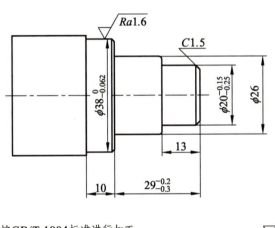

技术要求：
1. 未注尺寸公差按 GB/T 1804 标准进行加工。
2. 未注倒角 C1.2。
3. 未注圆角 R1。

图 4-2-1　螺纹轴加工工序一工序图

任务实施

一、明确工作任务

根据螺纹轴的毛坯为 ϕ40 mm×70 mm，材料为 45 号钢。工序一的加工内容分三步，第一步加工内容是平端面，车光；第二步加工内容是粗车右端外形：X 方向留有 0.3 mm 的精加工余量，Z 方向留有 0.05 mm 的精加工余量；第三步加工内容是精车右端外形，保证外圆尺寸为＿＿＿＿＿＿＿＿及倒角为 C1.5，外圆 ϕ26 和长度＿＿＿＿＿＿mm 及圆角＿＿＿＿＿＿；外圆 $\phi38_{-0.062}^{0}$、长度为 10 mm、倒角为 C1.2。

二、加工工序

根据实际情况要求填写表 4-2-1 所示的螺纹轴加工工序一的加工工序卡。

表 4-2-1　螺纹轴加工工序一的加工工序卡

机械加工工序卡	产品名称		零件图号		共　　页
	零件名称		材料牌号		第　　页

	工位号	
	设备名称	
	设备编号	
	夹具名称	
	毛坯种类	
	毛坯件数	
	毛坯待加工尺寸	
	工序号	
	工序名称	
螺纹轴加工工序一装夹示意图及工序简图	程序编号	

工步号	工步内容	刀号	主轴转速/（r/min）	进给量/（mm/r）	背吃刀量/mm	备注
1						
2						
3						
4						
5						
6						

设计（日期）	审核（日期）	批准（日期）

三、机械加工刀具

根据实际情况填写表 4-2-2 所示的螺纹轴加工工序一的机械加工刀具卡。

表 4-2-2　螺纹轴加工工序一的机械加工刀具卡

机械加工刀具卡		产品名称		工序号		零件材料		共　　页	
		零件名称		程序编号		零件图号		第　　页	
序号	刀具号	刀具名称及规格		刀尖半径/mm		加工表面		备注	
1									
2									
3									
4									
5									
6									
设计（日期）			审核（日期）			批准（日期）			

四、编写数控加工程序

（一）根据加工任务和工序图，编程零点可以设置为本工序零件右端面与轴线相交的位置，计算或用软件查出图 4-2-2 所示的螺纹轴加工工序一工艺图中的各基点坐标值，画出刀具调整图。

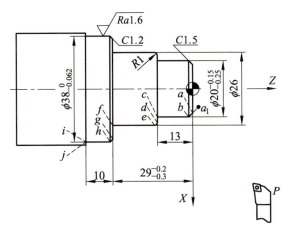

图 4-2-2　螺纹轴加工工序一工艺图

a 点坐标（　　　　　）　　b 点坐标（　　　　　）　　c 点坐标（　　　　　　　）

d 点坐标（　　　　　）　　e 点坐标（　　　　　）　　f 点坐标（　　　　　　　）

g 点坐标（　　　　　）　　h 点坐标（　　　　　）　　i 点坐标（　　　　　　　）

j 点坐标（　　　　　）　　P 点坐标（　　　　　）　　Q 点坐标（　　　　　　　）

a_1 点坐标（　　　　　）

（二）根据机械加工工艺要求，确定换刀安全点 P 点坐标；确定循环切削起点 Q 点的坐标值并画在图 4-2-2 中；确定精加工切削起点安全点，即 $a \rightarrow b$ 切削进给反方向延长线上 a_1 点坐标值。

（三）根据螺纹轴工序一的工步三加工过程中的刀具运动轨迹，在图 4-2-2 中绘制精加工走刀路线图。

（四）编写表 4-2-3 所示的螺纹轴加工工序一的数控加工程序。

表 4-2-3　螺纹轴工序一的数控加工程序

数控程序	程序说明

（五）程序仿真加工

按要求进行仿真加工，注意观察刀具轨迹，记录仿真加工中程序和刀路不合理因素，以便修改程序。修改、调试直到程序和刀路完全正确。

五、着装检查

以小组为单位，根据生产车间着装管理规定，进行着装自检与互检，按表 4-2-4 所示的内容记录检查情况。

表 4-2-4 _____ 小组的螺纹轴工序一的着装检查记录表

序号	姓名	检查内容			检查人	日期	检查结果
		衣服	裤子	帽子			
1							
2							
3							
4							
5							
6							
7							
8							

六、选择工具、量具、刃具

根据本加工任务的要求和数控加工的实际情况，填写表 4-2-5 所示的工具、量具、刃具清单，并领取相应的工具、量具、刃具。

表 4-2-5 螺纹轴加工工序一的工具、量具、刃具清单

序号	名称	规格	数量	备注
1				
2				
3				
4				
5				
6				
7				
8				
9				
10				
11				
12				

七、领取毛坯

以小组为单位，领取毛坯，测量并记录所领毛坯的实际外形尺寸，判断毛坯是否有足够的加工余量及其外形是否满足加工条件，并记录在表 4-2-1 所示的机械加工工序卡上。

八、工件装夹

本工序装夹位置是＿＿＿＿＿＿＿＿＿＿表面，＿＿＿＿＿＿（不怕、不能）夹伤，用＿＿＿＿＿＿＿＿装夹。

九、刀具安装

本工序用到的外圆车刀高度为＿＿＿＿＿mm,本工位机床中心高度为＿＿＿＿＿mm,垫片高度为＿＿＿＿＿＿mm，以工件回转中心为准。夹紧刀杆前要注意调整刀具的工作主偏角和工作＿＿＿＿＿＿角。

十、对刀

根据预先确定的刀位点，按对刀方法和步骤规范对刀。

十一、程序输入与校验

输入并调试螺纹轴加工工序一加工程序。

十二、自动加工

加工中注意观察刀具切削情况，记录加工中不合理因素，以便纠正从而提高工作效率。

十三、保养机床、清理场地

加工完毕后，按照国家环保相关规定和车间要求整理现场，清扫切屑，保养机床，并正确处置废油液等废弃物；按车间规定填写交接班记录和设备日常保养记录卡。

十四、工序产品自检与互检

按照图样要求进行产品自检，填写如表 4-2-6 所示的工序尺寸检测表，正确放置零件，进行产品交接确认。

表 4-2-6　螺纹轴工序一的尺寸检测表

序号	项目	图样要求		自检结果	互检结果	结论	备注
1	外圆	$\phi38^{0}_{-0.062}$	IT				
			Ra				
2		$\phi26$	IT				
			Ra				
3		$\phi20^{-0.15}_{-0.25}$	IT				
			Ra				
4	长度	$29^{-0.2}_{-0.3}$	IT				
5		10	IT				
6		13	IT				
7	倒角	$C1.5$、$C1.2$					
8		$R1$					
9							
10							
螺纹轴加工工序一零件检测结论				（合格、不合格）			
自检		（签名）		日期	年　　月　　日		工件编号
互检		（签名）		日期	年　　月　　日		

学习活动 3 螺纹轴加工工序二编程与加工/G92

任务描述

本工位需要加工一批如图 4-3-1 所示的螺纹轴零件切槽和外螺纹，小组成员每人一件。所用材料为 45 号钢，毛坯为半成品，螺纹待加工面已加工至 $\phi 19.85^{0}_{-0.1}$。要求手动切槽，数控车床加工，限时 1 天。根据车间安排，按照工艺、技术要求，按时完成加工任务。

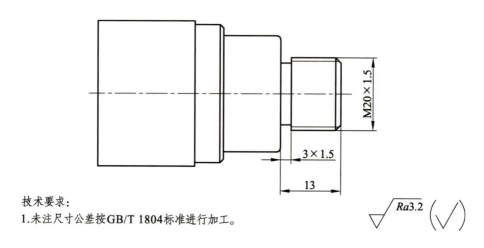

技术要求：
1.未注尺寸公差按GB/T 1804标准进行加工。

$\sqrt{Ra3.2}$ ($\sqrt{}$)

图 4-3-1 螺纹轴加工工序二工序图

任务实施

一、明确工作任务

根据实际情况，工序二的加工内容分两步。第一步的加工内容是手动切削 3 mm×1.5 mm 螺纹退刀槽，保证尺寸为_____mm 和长度为 _____mm；第二步是自动加工 M20 mm×1.5 mm 的外螺纹，用_____进行检测，要求通端能完全通过，止端能止住。

二、加工工序

根据实际情况要求填写表 4-3-1 所示的螺纹轴工序二的加工工序卡。

表 4-3-1　螺纹轴加工工序二的工序卡

| 机械加工工序卡 | 产品名称 | | 零件图号 | | 共　　页 |
| | 零件名称 | | 材料牌号 | | 第　　页 |

装夹示意图与工序简图	工位号	
	设备名称	
	设备编号	
	夹具名称	
	毛坯种类	
	毛坯件数	
	毛坯待加工尺寸	
	工序号	
	工序名称	
	程序编号	

工步号	工步内容	刀号	主轴转速/（r/min）	进给量/（mm/r）	背吃刀量/mm	备注
1						
2						
3						
4						
5						
6						

设计（日期）	审核（日期）	批准（日期）

三、机械加工刀具

根据视情况要求填写表 4-3-2 所示的螺纹轴加工工序二的机械加工刀具卡。

表 4-3-2　螺纹轴加工工序二的机械加工刀具卡

机械加工刀具卡	产品名称		工序号		零件材料		共　　页
	零件名称		程序编号		零件图号		第　　页
序号	刀具号	刀具名称及规格	刀尖半径/mm	加工表面	备注
1					
2					
3					
4					
5					
6					
设计（日期）		审核（日期）		批准（日期）	

四、编写数控加工程序

（一）根据加工任务和工序图，编程零点可以设置为本工序零件右端面与轴线相交的位置，如图 4-3-2 所示。根据螺纹标注，计算螺纹小径。

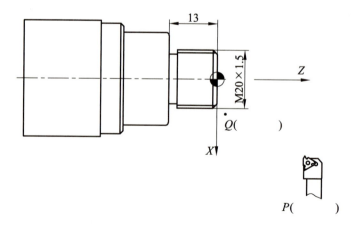

图 4-3-2　螺纹轴加工工序二工艺图

$M20$ mm×1.5 mm 螺纹的外螺纹小径为＿＿＿＿＿＿＿＿＿＿＿＿＿

（二）根据机械加工工艺要求，在图 4-3-2 所示的工艺图中绘制：刀具调整图；确定换刀安全点 P 点坐标；确定循环切削起点 Q 点的坐标值；确定螺纹精加工终点坐标值。

（三）根据螺纹加工走刀路线，在图 4-3-2 所示的工艺图中绘制螺纹精加工走刀路线图。

（四）编写表 4-3-3 所示螺纹轴加工工序二的螺纹数控加工程序。

表 4-3-3　螺纹轴加工工序二的螺纹加工程序

数控程序	程序说明

（五）程序仿真

按要求进行程序仿真，注意观察刀具轨迹，记录仿真加工中程序和刀路不合理因素，以便修改程序。修改、调试程序直到刀路完全正确。

五、着装检查

以小组为单位，根据生产车间着装管理规定，进行着装自检与互检，按表 4-3-4 所示的内容记录查情况。

表 4-3-4 _____小组的螺纹轴加工工序二的着装检查记录

序号	姓名	检查内容			检查人	日期	检查结果
		衣服	裤子	帽子			
1							
2							
3							
4							
5							
6							
7							
8							

六、选择工具、量具、刃具

根据本加工任务的要求和数控加工的实际情况，填写表 4-3-5 所示的工具、量具、刃具清单，并领取相应的工具、量具、刃具。

表 4-3-5 螺纹轴加工工序二的工具、量具、刃具清单

序号	名称	规格	数量	备注
1				
2				
3				
4				
5				
6				
7				
8				
9				
10				
11				
12				

七、领取毛坯

以小组为单位，领取毛坯，测量并记录所领毛坯的实际外形尺寸，判断毛坯是否有足够的加工余量及其外形是否满足加工条件，并记录在表 4-3-1 所示的机械加工工序卡上。

八、工件装夹

本工序装夹位置是＿＿＿＿＿＿表面，＿＿＿＿＿＿（不怕；不能）夹伤，用＿＿＿＿＿＿＿装夹。

九、刀具安装

本工序用到的外切槽刀的高度为＿＿＿＿＿＿＿＿mm，本工位机床中心高度为＿＿＿＿mm，垫片高度为＿＿＿＿＿mm，以工件回转中心为准。夹紧刀杆前要注意调整切槽刀的主切削刃应与主轴轴线＿＿＿＿＿＿，或两个工作＿＿＿＿＿角相等；本工序用到的外螺纹刀的高度为＿＿＿＿mm，夹紧刀杆前用＿＿＿＿＿＿＿检查螺纹刀两切削刃角平分线是否垂直于工件轴线。

十、对刀

根据预先确定的刀位点，按对刀方法和步骤规范对刀。

十一、程序输入与校验

输入并调试螺纹轴加工工序二螺纹加工程序。

十二、自动加工

加工中注意观察刀具切削情况，记录加工中不合理因素，以便纠正从而提高工作效率。

十三、保养机床、清理场地

加工完毕后，按照国家环保相关规定和车间要求整理现场，清扫切屑，保养机床，并正确处置废油液等废弃物；按车间规定填写交接班记录和设备日常保养记录卡。

十四、产品自检与互检

按照图样要求进行自检，填写表 4-3-6 所示的工序尺寸检测表，正确放置零件，进行产品交接确认。

表 4-3-6　螺纹轴加工工序二的尺寸检测表

序号	项目	图样要求	自检结果		互检结果		结论	备注
1	外螺纹/mm	M30×2	T		T			
			Z		Z			
2	外槽/mm	3×1.5						
3		13						
螺纹轴加工工序二零件检测结论			（合格、不合格）					
自检		（签名）	日　期		年　　月　　日			工件编号
互检		（签名）	日　期		年　　月　　日			

学习活动 4　螺纹轴加工工序三编程与加工/G71 类型II

任务描述

本工位需要加工一批如图 4-4-1 所示的螺纹轴外圆柱面和凹圆弧面,小组成员每人一件。所用材料为 45 号钢,毛坯尺寸为半成品,待加工处毛坯直径 $\phi40$ mm,限时 1天。根据车间安排,按照工艺、技术要求,按时完成加工任务。

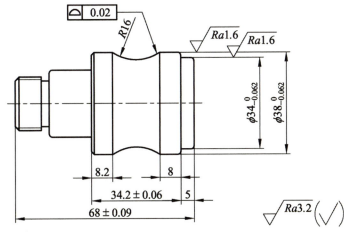

技术要求:

1.未注尺寸公差按GB/T 1804标准进行加工。

2.未注圆角R1。

图 4-4-1　螺纹轴加工工序三工序图

任务实施

一、明确工作任务

根据螺纹轴工艺安排,工序三的加工内容分三步。第一步加工内容为＿＿＿＿＿＿＿＿,保证总长为（68±0.09）mm;第二步加工内容是粗车削右端外形:X 方向留有 0.3 mm的精加工余量,Z 方向留有 0.05 mm 的精加工余量;第三步加工内容是精车削右端外形:保证外圆尺寸＿＿＿＿＿＿＿＿＿＿mm、长度为 5 mm 和（34.2±0.06）mm、圆角 R1;保证外圆尺寸＿＿＿＿＿＿＿＿＿＿＿＿mm、圆角 R1、凹圆弧 R16、长度分别为 8 mm 和8.2 mm。

二、加工工序

根据加工任务和工序图填写表 4-4-1 所示的螺纹轴加工工序三的工序卡。

表 4-4-1　螺纹轴加工工序三的工序卡

| 机械加工工序卡 | 产品名称 | | 零件图号 | | 共　　页 |
| | 零件名称 | | 材料牌号 | | 第　　页 |

装夹示意图与工序简图		工位号	
		设备名称	
		设备编号	
		夹具名称	
		毛坯种类	
		毛坯件数	
		毛坯待加工尺寸	
		工序号	
		工序名称	
		程序编号	

工步号	工步内容	刀号	主轴转速/（r/min）	进给量/（mm/r）	背吃刀量/mm	备注
1						
2						
3						
4						
5						
6						

设计（日期）	审核（日期）	批准（日期）

三、机械加工刀具

根据加工任务和工序图，填写表 4-4-2 所示的螺纹轴加工工序三的机械加工刀具卡。

表 4-4-2　螺纹轴加工工序三的机械加工刀具卡

机械加工刀具卡	产品名称		工序号		零件材料		共　　页
	零件名称		程序编号		零件图号		第　　页
序号	刀具号	刀具名称及规格	刀尖半径/mm		加工表面		备注
1							
2							
3							
4							
5							
6							
设计（日期）			审核（日期）			批准（日期）	

四、编写数控加工程序

（一）根据加工任务和工序图，编程零点可以设置在本工序零件右端面与轴线相交的位置，如图 4-4-2 所示。计算或者利用软件查出各基点的坐标值，绘制刀具调整图。

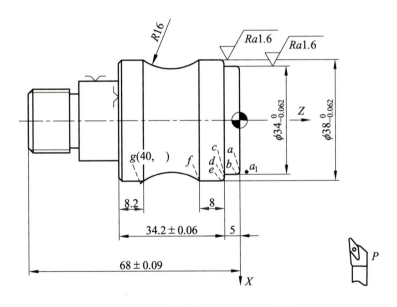

图 4-4-2　螺纹轴加工工序三工艺图

a 点坐标（　　　　　　）　　b 点坐标（　　　　　　）　　c 点坐标（　　　　　　　　）

d 点坐标（　　　　　　）　　e 点坐标（　　　　　　）　　f 点坐标（　　　　　　　　）

g 点坐标（　　　　　　）　　P 点坐标（　　　　　　）　　Q 点坐标（　　　　　　　　）

a_1 点坐标（　　　　　　　　）

（二）根据机械加工工艺要求，在图 4-4-2 中标注：换刀安全点 P 点坐标；循环切削起点 Q 点的坐标值；精加工切削起点安全点即 a_1 坐标值。

（三）根据螺纹轴工序三的工步三加工过程中刀具的运动轨迹，在图 4-4-2 中绘出精加工的走刀路线图。

（四）编写表 4-4-3 所示螺纹轴工序散的螺纹加工程序。

表 4-4-3　螺纹轴工序三的螺纹加工程序

数控程序	程序说明

（五）程序仿真

按要求进行仿真加工，注意观察刀具轨迹，记录仿真加工中程序和刀路不合理因素，以便修改程序。修改、调试至程序和刀路完全正确。

五、着装检查

以小组为单位，根据生产车间着装管理规定，进行着装自检与互检，按表 4-4-4 所示的内容记录检查情况。

表 4-4-4 _____小组的螺纹轴工序三的着装检查记录表

序号	姓名	检查内容			检查人	日期	检查结果
		衣服	裤子	帽子			
1							
2							
3							
4							
5							
6							
7							
8							

六、选择工具、量具、刃具

根据本加工任务的要求和数控加工的实际情况，填写表 4-4-5 所示的工具、量具、刃具清单，并领取相应的工具、量具、刃具。

表 4-4-5 螺纹轴工序三的工具、量具、刃具清单

序号	名称	规格	数量	备注
1				
2				
3				
4				
5				
6				
7				
8				
9				
10				
11				
12				

七、领取毛坯

以小组为单位领取毛坯，测量并记录所领毛坯的实际外形尺寸，判断毛坯是否有足够的加工余量及其外形是否满足加工条件，并记录在表4-4-1所示的机械加工工序卡上。

八、工件装夹

本工序装夹位置是_____表面，_____（不怕、不能）夹伤，用_____装夹。

九、刀具安装

本工序用到的外圆车刀的高度为_____mm，本工位机床的中心高度为_____mm，垫片高度为_____mm，以工件回转中心为准。夹紧刀杆前要注意调整刀具的工作主偏角和工作_____角。

十、对刀

根据预先确定的刀位点，按对刀方法和步骤规范对刀。

十一、程序输入与校验

输入并调试螺纹轴加工工序三外形加工程序。

十二、自动加工

加工中注意观察刀具切削情况，记录加工中不合理因素，以便纠正从而提高工作效率。

十三、保养机床、清理场地

加工完毕后，按照国家环保相关规定和车间要求整理现场，清扫切屑，保养机床，并正确处置废油液等废弃物；按车间规定填写交接班记录和设备日常保养记录卡。

十四、产品自检与互检

按照图样要求进行自检，填写表4-4-6所示的工序尺寸检测表，正确放置零件，进行产品交接确认。

表 4-4-6 螺纹轴工序三的尺寸检测表

序号	项目	图样要求		自检结果	互检结果	结论	备注
1	外圆	$\phi 38^{0}_{-0.062}$	IT				
			Ra				
2		$\phi 34^{0}_{-0.062}$	IT				
			Ra				
3	长度	68±0.09	IT				
4		34.2±0.06	IT				
5		8.2	IT				
6		8	IT				
7		5	IT				
8	圆弧	R16	IT				
9	倒角	2 处 R1					
螺纹轴加工工序三零件检测结论				（合格、不合格）			
自检		（签名）		日期	年　月　日		工件编号
互检		（签名）		日期	年　月　日		

学习活动 5　螺纹轴加工工序四编程与加工/内孔加工

任务描述

本工位需要加工一批如图 4-5-1 所示的螺纹轴内孔，小组成员每人一件。所用材料为 45 号钢，外形和总长已加工至尺寸。要求手动钻孔，限时 1 天。根据车间安排，按照工艺、技术要求，按时完成加工任务。

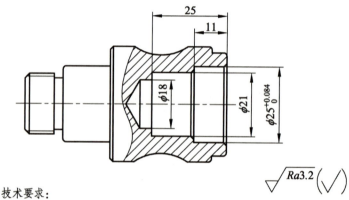

技术要求：
1.未注尺寸公差按GB/T 1804标准进行加工。
2.未注倒角C1。

图 4-5-1　螺纹轴加工工序四工序图

任务实施

一、明确工作任务

根据工艺安排，工序四的加工内容分三步。第一步的加工内容是手动钻孔，保证直径_____、长度大于_____；第二步是粗加工内孔，X 方向留有_____mm 的精加工余量，Z 方向留有_____mm 的精加工余量；第三步是精加工内孔，保证尺寸_____、长度为 11 mm，$\phi21$ 的长度为_____mm、两处倒角 C1。

二、加工工序

根据加工任务和工序图的要求，填写表 4-5-1 所示的螺纹轴工序四的加工工序卡。

表 4-5-1　螺纹轴加工工序四的工序卡

| 机械加工工序卡 | 产品名称 | | 零件图号 | | 共　页 |
| | 零件名称 | | 材料牌号 | | 第　页 |

	工位号	
	设备名称	
	设备编号	
	夹具名称	
	毛坯种类	
	毛坯件数	
	毛坯待加工尺寸	
装夹示意图与工序简图	工序号	
	工序名称	
	程序编号	

工步号	工步内容	刀号	主轴转速/（r/min）	进给量/（mm/r）	背吃刀量/mm	备注
1						
2						
3						
4						
5						
6						

设计（日期）	审核（日期）	批准（日期）

三、机械加工刀具

根据加工任务和工序图，填写表 4-5-2 所示的螺纹轴加工工序四的机械加工刀具卡。

表 4-5-2　螺纹轴加工工序四的机械加工刀具卡

机械加工刀具卡	产品名称		工序号		零件材料		共　　页
	零件名称		程序编号		零件图号		第　　页
序号	刀具号	刀具名称及规格		刀尖半径 /mm	加工表面		备注
1							
2							
3							
4							
5							
6							
设计（日期）		审核（日期）			批准（日期）		

四、编写数控加工程序

（一）根据加工任务和工序图的要求，编程零点可以设置在本工序零件右端面与轴线相交的位置，如图 4-5-2 所示。根据螺纹标注，计算各基点坐标值，绘制刀具调整图。

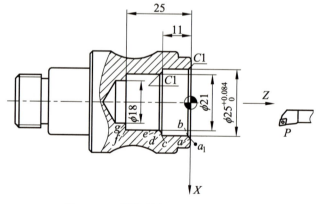

图 4-5-2　螺纹轴加工工序四工艺图

a 点坐标（　　　　　　）　b 点坐标（　　　　　　）　c 点坐标（　　　　　　）

d 点坐标（　　　　　　）　e 点坐标（　　　　　　）　f 点坐标（　　　　　　）

g 点坐标（　　　　　　）　P 点坐标（　　　　　　）　Q 点坐标（　　　　　　）

a_1 点坐标（　　　　　　）

（二）根据机械加工工艺要求，在图 4-5-2 中绘制：刀具调整图；换刀安全点 P 点坐标；循环切削起点 Q 点的坐标值；精加工切削起点安全点，即 $a \rightarrow b$ 切削进给反方向

延长线上 a_1 点坐标值。

（三）根据螺纹轴镗孔精加工过程刀具运动轨迹，在图 4-5-2 上绘制螺纹轴镗孔精加工走刀路线图。

（四）编写表 4-5-3 所示螺纹轴加工工序四的内孔数控加工程序。

表 4-5-3　螺纹轴加工工序四的内孔数控加工程序

数控程序	程序说明

（五）程序仿真

按要求进行仿真加工，注意观察刀具轨迹，记录仿真加工中程序和刀路不合理因素，以便修改程序。修改、调试直到程序和刀路完全正确。

五、着装检查

以小组为单位，根据生产车间着装管理规定，进行着装自检与互检，按表 4-5-4 所示的内容记录检查情况。

表 4-5-4 ＿＿＿＿＿＿小组的螺纹轴加工工序四的着装检查记录表

序号	姓名	检查内容			检查人	日期	检查结果
		衣服	裤子	帽子			
1							
2							
3							
4							
5							
6							
7							
8							

六、选择工具、量具、刃具

根据本加工任务的要求和数控加工的实际情况，填写表 4-5-5 所示的工具、量具、刃具清单，并领取相应的工具、量具、刃具。

表 4-5-5 螺纹轴加工工序四的工具、量具、刃具清单

序号	名称	规格	数量	备注
1				
2				
3				
4				
5				
6				
7				
8				
9				
10				
11				
12				

七、领取毛坯

以小组为单位，领取毛坯，测量并记录所领毛坯的实际外形尺寸，判断毛坯是否有足够的加工余量及其外形是否满足加工条件，并记录在表 4-5-1 机械加工工序卡上。

八、工件装夹

本工序装夹位置是_____表面，_____（不怕、不能）夹伤，用_____装夹。

九、刀具安装

本工序用到的中心钻用_____夹紧，麻花钻用_____夹紧。装刀时注意_____高度，刀杆伸出长度，镗刀杆伸出长度最小_____mm。夹紧刀杆之前，注意调整和工作_____角与工作副偏角。

十、对刀

根据预先确定的刀位点，按对刀方法和步骤规范对刀。

十一、程序输入与校验

输入并调试螺纹轴加工工序四内孔加工程序。

十二、自动加工

加工中注意观察刀具切削情况，记录加工中不合理因素，以便纠正从而提高工作效率。

十三、保养机床、清理场地

加工完毕后，按照国家环保相关规定和车间要求整理现场，清扫切屑，保养机床，并正确处置废油液等废弃物；按车间规定填写交接班记录和设备日常保养记录卡。

十四、产品自检与互检

按照图样要求进行自检，填写表 4-5-6 所示的螺纹轴工序四的工序尺寸检测表，正确放置零件，并进行产品交接确认。

表 4-5-6　螺纹轴工序四的尺寸检测表

序号	项目	图样要求		自检结果	互检结果	结论	备注
1	内孔/mm	$\phi25_0^{+0.084}$	IT				
			Ra				
2		$\phi21$	IT				
			Ra				
3	长度	11	IT				
4		25	IT				
螺纹轴加工工序四零件检测结论				（合格、不合格）			
自检		（签名）		日期	年　　月　　日		工件编号
互检		（签名）		日期	年　　月　　日		

学习活动 6　螺纹轴加工工序五编程与加工/G73

任务描述

本工位需要加工一批如图 4-6-1 所示的螺纹轴外圆柱面和凹圆弧，小组成员每人 1件。所用材料为 45 号钢，毛坯为精毛坯，已加工至 $\phi26$。限时 1 天。根据车间安排，按照工艺、技术要求，按时完成加工任务。

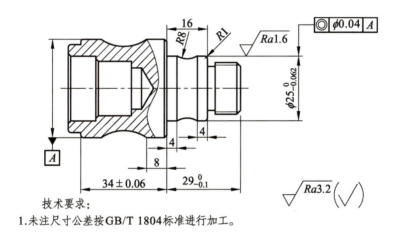

技术要求：
1.未注尺寸公差按GB/T 1804标准进行加工。

图 4-6-1　螺纹轴加工工序五工序图

任务实施

一、明确工作任务

根据加工任务和工序图，螺纹轴加工工序五的加工内容分二步。第一步的加工内容是粗加工 $\phi25$ 和 R8 外形，X 方向留有_____mm 的精加工余量，Z 方向留有_____mm 的精加工余量；第二步是精加工外形，保证外圆尺寸_____和圆角_____，同时保证长度尺寸_____、_____和_____，圆弧 R8 和两处长度_____mm。

二、加工工序

根据加工任务和工序图的要求，填写表 4-6-1 所示的螺纹轴工序五的机械加工工序卡。

表 4-6-1　螺纹轴工序五的机械加工工序卡

| 机械加工工序卡 | 产品名称 | | 零件图号 | | 共　　页 |
| | 零件名称 | | 材料牌号 | | 第　　页 |

装夹示意图与工序简图	工位号	
	设备名称	
	设备编号	
	夹具名称	
	毛坯种类	
	毛坯件数	
	毛坯待加工尺寸	
	工序号	
	工序名称	
	程序编号	

工步号	工步内容	刀号	主轴转速/（r/min）	进给量/（mm/r）	背吃刀量/mm	备注
1						
2						
3						
4						
5						
6						

设计（日期）	审核（日期）	批准（日期）

三、机械加工刀具

根据加工任务和工序图，填写表 4-6-2 所示的螺纹轴加工工序五的机械加工刀具卡。

表 4-6-2　螺纹轴加工工序五的机械加工刀具卡

机械加工刀具卡	产品名称		工序号		零件材料		共　　页	
	零件名称		程序编号		零件图号		第　　页	
序号	刀具号	刀具名称及规格		刀尖半径/mm	加工表面		备注	
1								
2								
3								
4								
5								
6								
设计（日期）			审核（日期）			批准（日期）		

四、编写数控加工程序

（一）根据加工任务和工序图，编程零点可以设置为本工序零件右端面与轴线相交的位置，如图 4-6-2 所示。根据编程零点和图样标注，计算各基点坐标值。

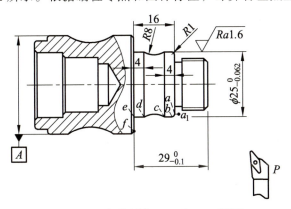

图 4-6-2　螺纹轴加工工序五工艺图

a 点坐标（　　　　　）　b 点坐标（　　　　　）　c 点坐标（　　　　　　）

d 点坐标（　　　　　）　e 点坐标（　　　　　）　f 点坐标（　　　　　　）

P 点坐标（　　　　　）　Q 点坐标（　　　　　）　a_1 点坐标（　　　　　　）

（二）根据机械加工工艺要求，在图 4-6-2 所示的工艺图中绘制：确定换刀安全点 P 点坐标；确定循环切削起点 Q 点的坐标值；确定精加工切削起点安全点，即 a_1 坐标值。

（三）根据螺纹轴外形精加工过程的刀具运动轨迹，在图 4-6-2 上绘制螺纹轴外形精加工的走刀路线图。

（四）编写表 4-6-3 所示制螺纹轴加工工序五的外形数控加工程序。

表 4-6-3　螺纹轴加工工序五的外形加工程序

数控程序	程序说明

（五）程序仿真

按要求进行仿真加工，注意观察刀具轨迹，记录仿真加工中程序和刀路不合理因素，以便修改程序。修改、调试直到程序和刀路完全正确。

五、着装检查

以小组为单位，根据生产车间着装管理规定，进行着装自检与互检，按表 4-6-4 所示的内容记录检查情况。

表 4-6-4 _____小组的螺纹轴加工工序五的着装检查记录表

序号	姓名	检查内容			检查人	日期	检查结果
		衣服	裤子	帽子			
1							
2							
3							
4							
5							
6							
7							
8							

六、选择工具、量具、刃具

根据本加工任务的要求和数控加工的实际情况，填写表 4-6-5 所示的工具、量具、刃具清单，并领取相应的工具、量具、刃具。

表 4-6-5 螺纹轴加工工序五的工具、量具、刃具清单

序号	名称	规格	数量	备注
1				
2				
3				
4				
5				
6				
7				
8				
9				
10				
11				
12				

七、领取毛坯

以小组为单位，领取毛坯，测量并记录所领毛坯的实际外形尺寸，判断毛坯是否有足够的加工余量及其外形是否满足加工条件，并记录在表 4-6-1 机械加工工序卡上。

八、工件装夹

本工序装夹位置是＿＿＿＿＿＿＿＿＿＿＿＿＿＿表面，＿＿＿＿＿＿＿＿＿＿（不怕、不能）夹伤，用＿＿＿＿＿＿＿＿＿＿＿装夹。

九、刀具安装

本工序用到的外圆车刀的高度为＿＿＿＿＿mm，本工位机床中心的高度为＿＿＿＿mm，垫片高度为＿＿＿＿＿mm，以工件回转中心为准。夹紧刀杆前要注意调整刀具的＿＿＿＿＿＿＿＿＿主偏角和工作副偏角。

十、对刀

根据预先确定的刀位点，按对刀方法和步骤规范对刀。

十一、程序输入与校验

输入并调试螺纹轴加工工序五的螺纹加工程序。

十二、自动加工

加工中注意观察刀具切削情况，记录加工中不合理因素，以便纠正从而提高工作效率。

十三、保养机床、清理场地

加工完毕后，按照国家环保相关规定和车间要求整理现场，清扫切屑，保养机床，并正确处置废油液等废弃物；按车间规定填写交接班记录和设备日常保养记录卡。

十四、工序产品自检与互检

按照图样要求进行自检，填写表 4-6-6 所示的工序尺寸检测表，正确放置零件，进行产品交接确认。

表 4-6-6　螺纹轴加工工序五的尺寸检测表

序号	项目	图样要求		自检结果	互检结果	结论	备注
1	外圆	$\phi25^{0}_{-0.062}$	IT				
			Ra				
2	长度	$29^{0}_{-0.1}$	IT				
3		34±0.06	IT				
4		8	IT				
5		4	IT				
6		4	IT				
7	圆弧	R8	IT				
8	圆角	R1	IT				
螺纹轴加工工序五的零件检测结论				（合格、不合格）			
自检		（签名）		日期	年　月　日		工件编号
互检		（签名）		日期	年　月　日		

学习活动 7 螺纹的数控车削编程与加工-测评与总结

任务描述

同学们经过认真学习和辛勤劳动，完成了台阶轴零件的加工。能够看懂零件图，完成零件的加工，是否心中充满了成就感？回想螺纹轴零件从毛坯到成品的整个加工过程，加工过程是否顺利？加工过程中遇到了哪些问题？如何解决所遇到的问题？整个学习过程有哪些教训？有什么收获？都值得同学们回顾、总结。

通过总结，可以培养同学们的思考习惯、增强同学们的责任感、加强团队凝聚力、促进同学们的成长；通过总结、展示个人、小组的经验和教训，促进全体同学的学习与成长；通过总结、展示，可以为未来的实习过程指明目标和方向，提升大家的学习效率。

任务实施

一、测评实习加工的零件尺寸

根据实习内容，填写并提供如表 4-7-1 所示的螺纹轴零件尺寸检测评分表。

表 4-7-1 螺纹轴零件尺寸检测表

序号	项目	图样要求			配分	检测结果	得分	备注
1	外圆	$\phi38^{0}_{-0.062}$		IT	5			
				Ra	2			
2		$\phi34^{0}_{-0.062}$		IT	5			
				Ra	2			
3		$\phi25^{0}_{-0.062}$		IT	5			
				Ra	2			
4		$\phi38^{0}_{-0.062}$		IT	5			
				Ra	2			
5	长度	68±0.09		IT	5			
		34±0.06		IT	3			
		$29^{0}_{-0.1}$		IT	3			
6		左	8	IT	1			
7		右	8	IT	1			
8		13		IT	3			
		左	4	IT	1			
		右	4	IT	1			

续表

序号	项目	图样要求		配分	检测结果	得分	备注
	内孔/mm	$\phi25_0^{0.084}$	IT	8			
			Ra	2			
		$\phi21$	IT	3			
			Ra	2			
	长度	11	IT	3			
		25	IT	3			
	螺纹/mm	M20×1.5	IT	8			
	槽/mm	3×1.5	IT	3			
	圆弧	R16	IT	2			
		R8	IT	2			
9	倒角	3 处 C1	IT	3			
10		C1.5	IT	1			
11	圆角	3 处 R1	IT	3			
13	形位公差	◎ ⌀0.04 A		5			
14		整体外形		6			
螺纹轴零件加工质量得分							
自检		（签名）		日期	年 月 日		工件编号
互检		（签名）		日期	年 月 日		

备注：IT 和形位公差超差超差 0.01 扣 1 分；Ra 降 1 级扣 1 分。

二、总结实习材料、刀具消耗

填写并提供如表 4-7-2 所示的数控车床基本操作时小组所消耗的材料、刀具统计表。

表 4-7-2　螺纹轴零件加工的小组材料、刀具消耗表

序号	名称	规格型号	数量	单价	合计	备注
1						
2						
3						
4						
5						
6						

注：刀具正常磨损换刀不纳入消耗。

三、小组工作总结

小组工作总结需采用 PPT 方式展示实习内容，主要总结台阶轴的数控车削加工过程中的各项实习内容。

（一）实习时间

螺纹轴数控车削加工的学习和实习时间：自_____年_____月____日至月____日，共用_____节课。

（二）出勤总结

小组实习出勤总结：_____

_____

_____

_____

_____

_____

_____

（三）着装总结

小组实习着装总结：_____

_____

_____

_____

_____

_____

_____

（四）任务分配与执行总结

小组实习任务分配与执行总结：_____

_____

_____

_____

_____

_____

_____

（五）团队建设总结

小组实习团队建设总结：＿＿＿＿＿＿＿＿＿＿＿＿＿＿＿＿＿＿＿

＿＿＿＿＿＿＿＿＿＿＿＿＿＿＿＿＿＿＿＿＿＿＿＿＿＿＿＿＿＿＿＿＿

＿＿＿＿＿＿＿＿＿＿＿＿＿＿＿＿＿＿＿＿＿＿＿＿＿＿＿＿＿＿＿＿＿

＿＿＿＿＿＿＿＿＿＿＿＿＿＿＿＿＿＿＿＿＿＿＿＿＿＿＿＿＿＿＿＿＿

＿＿＿＿＿＿＿＿＿＿＿＿＿＿＿＿＿＿＿＿＿＿＿＿＿＿＿＿＿＿＿＿＿

＿＿＿＿＿＿＿＿＿＿＿＿＿＿＿＿＿＿＿＿＿＿＿＿＿＿＿＿＿＿＿＿＿

＿＿＿＿＿＿＿＿＿＿＿＿＿＿＿＿＿＿＿＿＿＿＿＿＿＿＿＿＿＿＿＿＿

（六）实习的不足与改进措施总结

小组实习的不足与改进措施：＿＿＿＿＿＿＿＿＿＿＿＿＿＿＿＿＿＿＿

＿＿＿＿＿＿＿＿＿＿＿＿＿＿＿＿＿＿＿＿＿＿＿＿＿＿＿＿＿＿＿＿＿

＿＿＿＿＿＿＿＿＿＿＿＿＿＿＿＿＿＿＿＿＿＿＿＿＿＿＿＿＿＿＿＿＿

＿＿＿＿＿＿＿＿＿＿＿＿＿＿＿＿＿＿＿＿＿＿＿＿＿＿＿＿＿＿＿＿＿

＿＿＿＿＿＿＿＿＿＿＿＿＿＿＿＿＿＿＿＿＿＿＿＿＿＿＿＿＿＿＿＿＿

＿＿＿＿＿＿＿＿＿＿＿＿＿＿＿＿＿＿＿＿＿＿＿＿＿＿＿＿＿＿＿＿＿

＿＿＿＿＿＿＿＿＿＿＿＿＿＿＿＿＿＿＿＿＿＿＿＿＿＿＿＿＿＿＿＿＿

＿＿＿＿＿＿＿＿＿＿＿＿＿＿＿＿＿＿＿＿＿＿＿＿＿＿＿＿＿＿＿＿＿

三、个人实习总结

（一）个人实习评价

螺纹轴零件的数控车削编程及加工活动的个人评价如表 4-7-3 所示。

表 4-7-3　螺纹轴零件加工活动的个人评价表

评分项目	评分内容	评分标准	自我评价	小组评价	评价得分
职业素养	遵守纪律，按时出勤，实习着装规范	5			
	责任心强，积极完成教师和小组布置的任务	5			
	沟通技巧和团队精神，遇到问题不逃避，主动向同学、老师请教、倾听；与同学分享经验、提出建议；互相帮助	5			
	工具、量具、刀具按规定借用、归还	5			
	能在规定的时间如实完成工作页的填写	5			

续表

评分项目	评分内容	评分标准	自我评价	小组评价	评价得分
知识技能	机械加工工艺过程卡填写	5			
	机械加工工序卡填写	5			
	机械加工刀具卡填写	5			
	正确装夹工件、刀具，并规范对刀	5			
	规范、有序进行产品零件的调试、加工	5			
	通过小组协作，选用合适的量具，规范地对产品进行检测，并填写检测结果	5			
	代表小组分享本项目学习遇到的问题和收获（加分项）	5			
	小组展示得分	5			
零件	零件质量（尺寸检测得分/5）	20			
安全文明生产	整个项目学习过程中无安全事故发生	10			
	用完机床后及时清除铁屑，清扫机床和实习场地	5			
	保护他人不受伤害（加分项）	5			
任务总评分					

注：工艺卡填写每错一处扣 1 分；撞工件一次扣 2 分，撞卡盘一次扣 5 分；打刀片一次扣两分，打刀杆一次扣 5 分；最高扣分 10 分。

（二）个人工作总结

螺纹轴的数控车削加工活动的个人工作总结：_____

_____

_____

_____

_____

_____

_____

_____

_____

_____

_____

_____

四、小组展示评价

小组展示评价可用表 4-7-4 所示的数控车床基本操作小组的展示得分记录表来表示。

表 4-7-4　螺纹轴零件加工小组的展示得分记录表

序号	组名	展示人	得分	序号	组名	展示人	得分

项目五　V 带轮的数控车削
编程与加工

任务描述

1. 能够利用所学知识，识读、分析 V 带轮零件图。
2. 能够分析 V 带轮数控加工工艺。
3. 能够根据 V 带轮数控加工工艺编制 V 带轮数控加工程序。
4. 能够根据 V 带轮数控加工工艺、数控车削加工程序选择机床、工具、量具、刀具，完成 V 带轮的数控车削加工。
5. 能够选择量具和方法对 V 带轮零件进行精度检测与质量分析。
6. 能够对 V 带轮加工学习活动过程进行总结。

学习活动 1　　V 带轮的加工工艺分析

任务描述

本工位需要加工一批如图 5-1-1 所示的 V 带轮零件，所用材料为 45 号钢，毛坯尺寸为 $\phi60\ mm\times55\ mm$。学习常用编程指令，学习、强化数控车床的基本操作，根据要求和学情编制数控加工工艺。

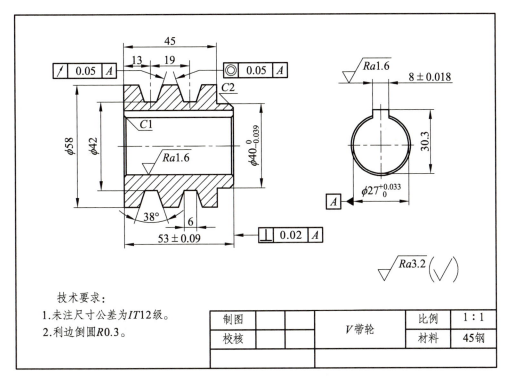

图 5-1-1　Ｖ带轮零件图

任务实施

一、识读 V 带轮零件图

（一）精度分析

1.Ｖ带轮标注公差的尺寸有哪些？公差值是多少？

_____

_____

_____

_____

_____

_____

2.Ｖ带轮形位公差有哪些？被测要素是什么？有无基准？基准是什么？

_____

_____

_____

_____

_____

_____

_____

3. V 带轮表面质量要求最高的是哪一级？是哪几个表面？

_____

_____

_____

_____

_____

（二）基准分析

V 带轮外圆长度方向的设计基准是：_____

_____

_____

二、选用机床

根据本单位实际情况，V 带轮加工选用的机床型号及数控系统分别是什么？

_____

_____

_____

_____

_____

三、加工顺序和装夹方案

为了实习小组循序渐进地学习数控车削编程与加工知识，根据本次加工任务和车间实际情况，合理、有效利用现有设备、实习材料，将 V 带轮加工分成五次装夹，五道工序。工序一为钻孔加工；工序二为内孔加工、右端 $\phi40\,mm$ 的外圆加工、右端 $\phi58\,mm$

的外圆粗加工；工序三为保证总长和左端 ϕ58 mm 的外圆粗加工；工序四为 ϕ58 mm 的外圆精加工、车削两处 V 型槽；工序五为内孔键槽加工。来料毛坯尺寸为 ϕ60×55 mm，三爪自定心卡盘硬爪装夹，夹持 ϕ60 毛坯。

（一）工序一：钻 ϕ24 mm 的通孔

V 带轮加工工序一的步骤主要包括：

（1）95°外圆车刀平端面，车光。

（2）钻 A5 的中心孔。

（3）ϕ24 麻花钻钻孔，钻通。

（4）掉头三爪自定心卡盘硬爪夹持 ϕ60 mm 毛坯，伸出长度为（33±1）mm。

请根据零件图、毛坯和工艺安排，在表 5-1-1 中绘制 V 带轮车削工序的装夹示意图和工序简图。

表 5-1-1　V 带轮车削工序的装夹示意图和工序简图

零件名称	毛坯种类	工序名称	工序号
装夹示意图工序简图			

（二）工序二：内孔加工，ϕ40 外圆加工，ϕ58 外圆粗加工至 ϕ58.5。

V 带轮加工工序二的步骤主要包括：

（1）95°外圆车刀平端面，保证总长为（53.5±0.2）mm。

（2）内孔镗刀镗通孔，保证内孔尺寸为 $\phi27^{+0.033}_{0}$、孔口倒角 $C1$。

（3）95°外圆车刀粗车右端外形。

（4）95°外圆车刀精车削右端外形，保证尺寸为 $\phi40^{0}_{-0.039}$、长度为 8 mm、倒角 $C2$；外圆 $\phi58^{0.1}_{-0.1}$ 长度为 22 mm。

（5）调头，三爪自定心卡盘硬爪夹持 ϕ58.5 外圆，ϕ40 至 ϕ58.5 台阶面作轴向定位，垫铜皮，打表找正。

在表 5-1-2 中绘制 V 带轮的装夹示意图和工序简图。

表 5-1-2　V 带轮车削工序的装夹示意图和工序简图

零件名称	毛坯种类	工序名称	工序号
装夹示意图与工序简图			

（三）工序三：保证总长和 $\phi 58$ 外圆粗加工至 $\phi 58.5$

V 带轮加工工序三的步骤主要包括：

（1）内孔镗刀平端面，保证总长为（53 ± 0.09）mm、长度为 45 mm；内孔倒角 $C1$。

（2）$95°$ 外圆车刀粗车削 $\phi 58$ 外圆至 $\phi 58.5$。

（3）心轴装夹，$\phi 27$ 内孔作径向定位，内孔至 $\phi 40$ 台阶面作轴向定位，$M20$ 螺母轴向夹紧。

在表 5-1-3 中绘制各工序三的装夹示意图和工序简图。

表 5-1-3　V 带轮加工工序三的装夹示意图和工序简图

零件名称	毛坯种类	工序名称	工序号
装夹示意图与工序简图			

（四）工序四：$\phi58$ 外圆精加工、车削两处 V 型槽

V 带轮加工工序四的步骤主要包括：

（1）95°车刀精车削 $\phi58$ 外圆，保证尺寸 $\phi58^{0}_{-0.3}$ mm。

（2）3 mm 宽切槽刀粗车削两 V 型槽。

（3）3 mm 宽切槽刀精车两 V 型槽，保证槽底直径为 $\phi42^{0}_{-0.25}$ mm、宽度为 $6^{+0.12}_{0}$ mm、角度为 38°；长度为（13±0.09）mm、（19±0.1）mm。

在表 5-1-4 中绘制各工序四的装夹示意图和工序简图。

表 5-1-4 V 带轮加工工序四的装夹示意图和工序简图

零件名称	毛坯种类	工序名称	工序号
装夹示意图与工序简图		

四、机械加工刀具

根据加工任务和工序图，填写表 5-1-5 所示的 V 带轮加工所用的工具、刀具、量具清单

表 5-1-5 V 带轮加工的工具、刀具、量具清单

序号	名称	规格	数量	备注
1				
2				
3				
4				
5				
6				
7				
8				
5				
9				
10				

五、制订工艺文件

制定 V 带轮加工工艺文件，填写表 5-1-6 所示的 V 带轮加工过程卡

表 5-1-6　V 带轮的加工工艺过程卡

机械加工工艺过程卡		产品名称		零件图号		共　　页
		零件名称		材料牌号		第　　页
工序号	工种	工序内容		设备	工艺装备	工时
10						
20						
30						
40						
50						
60						
70						
80						
设计（日期）		审核（日期）		批准（日期）		

学习活动 2　V 带轮加工工序一钻孔加工/G74

任务描述

本工位需要加工一批如图 5-2-1 所示的 V 带轮钻孔，小组成员每人 1 件。所用材料为 45 号钢，毛坯尺寸为 φ60 mm×55 mm 实心棒料，限时 4 小时。根据车间安排，按照工艺、技术要求，按时完成加工任务。

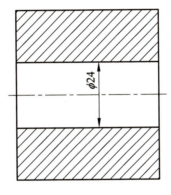

图 5-2-1　V 带轮加工工序一工序图

任务实施

一、明确工作任务

根据 V 带轮工艺安排可知，该零件毛坯尺寸为 φ60 mm×55 mm，所用材料为 45 号钢，工序一的加工内容分三步。第一步的加工内容为平_____，车光；第二步加工内容是钻 A5 中心孔；第三步加工内容钻 φ24 通孔。

二、加工工序

根据加工任务和工序图，填写表 5-2-1 所示的带轮加工工序一的加工工序卡。

表 5-2-1　V 带轮加工工序一的加工工序卡

机械加工工序卡	产品名称		零件图号		共　页
	零件名称		材料牌号		第　页
装夹示意图与工序简图				工位号	
				设备名称	
				设备编号	
				夹具名称	
				毛坯种类	
				毛坯件数	
				毛坯待加工尺寸	
				工序号	
				工序名称	
				程序编号	

工步号	工步内容	刀号	主轴转速/（r/min）	进给量/（mm/r）	背吃刀量/mm	备注
1						
2						
3						
4						
5						
6						
设计（日期）		审核（日期）		批准（日期）		

三、机械加工刀具

根据加工任务和工序图，填写表 5-2-2 所示的 V 带轮加工工序一的机械加工刀具卡。

表 5-2-2　V 带轮加工工序一的机械加工刀具卡

机械加工刀具卡	产品名称		工序号		零件材料		共　　页
	零件名称		程序编号		零件图号		第　　页
序号	刀具号	刀具名称及规格		刀尖半径/mm	加工表面		备注
1							
2							
3							
4							
5							
6							
设计（日期）		审核（日期）			批准（日期）		

四、编写数控加工程序

（一）编写表 5-2-3 所示的 V 带轮加工工序一的数控加工程序。

表 5-2-3　V 带轮加工工序一的数控加工程序

数控程序	程序说明

（二）程序仿真

按要求进行仿真加工，注意观察刀具轨迹，记录仿真加工中程序和刀路不合理因素，以便修改程序。修改、调试直到程序和刀路完全正确。

五、着装检查

以小组为单位，根据生产车间着装管理规定，进行着装自检与互检，按表 5-2-4 所示的内容记录检查情况。

表 5-2-4 　　　　　 小组 V 带轮工序一的着装规范检查记录表

序号	姓名	检查内容			检查人	日期	检查结果
		衣服	裤子	帽子			
1							
2							
3							
4							
5							
6							
7							
8							

六、选择工具、量具、刃具

根据本加工任务的要求和数控加工的实际情况，填写表 5-2-5 所示的工具、量具、刃具清单，并领取相应的工具、量具、刃具。

表 5-2-5 　V 带轮加工工序二的工具、量具、刃具清单

序号	名称	规格	数量	备注
1				
2				
3				
4				
5				
6				
7				
8				

七、领取毛坯

以小组为单位，领取毛坯，测量并记录所领毛坯的实际外形尺寸，判断毛坯是否有足够的加工余量及其外形是否满足加工条件，并记录在表 5-2-1 机械加工工序卡上。

八、工件装夹

本工序装夹位置是＿＿＿＿＿＿＿＿＿＿＿＿＿＿＿＿表面，＿＿＿＿＿＿＿（不怕、不能）夹伤，用＿＿＿＿＿＿＿＿＿＿＿＿＿＿＿＿＿＿＿装夹。

九、刀具安装

本工序用到的中心钻采用＿＿＿＿＿＿＿＿＿＿＿＿＿＿夹紧，麻花钻用＿＿＿＿＿＿＿＿＿＿＿＿＿＿＿＿＿夹紧。

十、对刀

根据预先确定的刀位点，按对刀方法和步骤规范对刀。

十一、程序输入与校验

输入并调试 V 带轮加工工序一端面的加工程序、钻孔加工程序。

十二、自动加工

加工中注意观察刀具切削情况，记录加工中不合理因素，以便纠正从而提高工作效率。

十三、保养机床、清理场地

加工完毕后，按照国家环保相关规定和车间要求整理现场，清扫切屑，保养机床，并正确处置废油液等废弃物；按车间规定填写交接班记录和设备日常保养记录卡。

十四、产品自检与互检

按照图样要求进行自检，填写表 5-2-6 所示的工序尺寸检测表，正确放置零件，进行产品交接确认。

表 5-2-6 V 带轮工序一尺寸检测表

序号	项目	图样要求		自检结果	互检结果	结论	备注
1	内孔/mm	$\phi24$	IT				
2							
3							
V 带轮加工工序一零件检测结论				（合格、不合格）			
自检		（签名）		日 期	年　月　日		工件编号
互检		（签名）		日 期	年　月　日		

学习活动 3 V 带轮加工工序二编程与加工

任务描述

本工位需要加工一批如图 5-3-1 所示的 V 带轮孔加工和外形,小组成员每人 1 件。所用材料为 45 号钢,毛坯尺寸为 ϕ60 mm×55 mm,钻了 ϕ24 mm 通孔,限时 2 小时。根据车间安排,按照工艺、技术要求,按时完成加工任务。

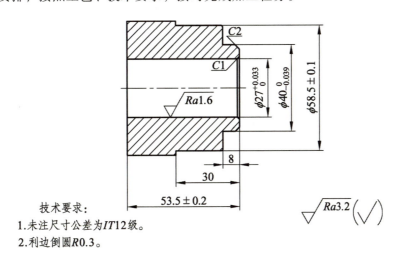

技术要求:
1. 未注尺寸公差为 *IT*12 级。
2. 利边倒圆 *R*0.3。

图 5-3-1 V 带轮加工工序二工序图

任务实施

一、明确工作任务

根据 V 带轮工艺安排可知,该工序零件毛坯尺寸为 ϕ60 mm×55 mm,已加工 ϕ24 mm 的通孔,材料为 45 号钢,工序二的加工内容分五步。第一步加工内容是平端面,保证总长为_____ mm;第二步加工内容为粗车内孔,*X* 方向留有_____ mm 的精加工余量;第三步加工内容是粗车右外形,*X* 方向留有_____ mm 的精加工余量,*Z* 方向留有_____ mm 的精加工余量;第四步加工内容是精车内孔,保证尺寸 $\phi27_0^{+0.033}$ mm、孔口倒角 *C*1;第五步加工内容是精加工右外形,保证外圆尺寸_____、长度为 8 mm、倒角 *C*2,ϕ58.5±0.1 倒圆角 *R*_____ 和长度为_____ mm。

二、加工工序

根据加工任务和工序图,填写表 5-3-1 所示的 V 带轮加工工序二的加工工序卡。

表 5-3-1 V 带轮加工工序二的加工工序卡

| 机械加工工序卡 | 产品名称 | | 零件图号 | | 共　　页 |
| | 零件名称 | | 材料牌号 | | 第　　页 |

装夹示意图与工序简图	工位号	
	设备名称	
	设备编号	
	夹具名称	
	毛坯种类	
	毛坯件数	
	毛坯待加工尺寸	
	工序号	
	工序名称	
	程序编号	

工步号	工步内容	刀号	主轴转速/（r/min）	进给量/（mm/r）	背吃刀量/mm	备注
1						
2						
3						
4						
5						
6						

设计（日期）	审核（日期）	批准（日期）

三、机械加工刀具

根据加工任务和工序图,填写表 5-3-2 所示的 V 带轮加工工序二的机械加工刀具卡。

表 5-3-2　V 带轮加工工序二的机械加工刀具卡

机械加工刀具卡	产品名称		工序号		零件材料		共　　页
	零件名称		程序编号		零件图号		第　　页
序　号	刀具号	刀具名称及规格	刀尖半径/mm		加工表面		备注
1							
2							
3							
4							
5							
6							
设计（日期）			审核（日期）		批准（日期）		

四、编写数控加工程序

（一）编写表 5-3-3 所示的 V 带轮加工工序二的数控加工程序。

表 5-3-3　V 带轮加工工序二的数控加工程序

数控程序	程序说明

（二）程序仿真

按要求进行仿真加工，注意观察刀具轨迹，记录仿真加工中程序和刀路不合理因素，以便修改程序。修改、调试直到程序和刀路完全正确。

五、着装检查

以小组为单位，根据生产车间着装管理规定，进行着装检查与互检，按表 5-3-4 所示的内容记录检查情况。

表 5-3-4 ＿＿＿＿＿＿小组 V 带轮工序二的着装规范检查记录

序号	姓名	检查内容			检查人	日期	检查结果
		衣服	裤子	帽子			
1							
2							
3							
4							
5							
6							
7							
8							

六、选择工具、量具、刃具

根据本加工任务的要求和数控加工的实际情况，填写表 5-3-5 所示的工具、量具、刃具清单，并领取相应的工具、量具、刃具。

表 5-3-5 V 带轮加工工序二的工具、量具、刃具清单

序号	名称	规格	数量	备注
1				
2				
3				
4				
5				
6				
7				
8				
9				
10				
11				

七、领取毛坯

以小组为单位，领取毛坯，测量并记录所领毛坯的实际外形尺寸，判断毛坯是否有足够的加工余量及其外形是否满足加工条件，并记录在表 5-3-1 机械加工工序卡上。

八、工件装夹

本工序装夹位置是＿＿＿＿＿＿＿＿＿＿＿＿＿＿表面，＿＿＿＿＿＿＿＿＿＿（不怕、不能）夹伤，用＿＿＿＿＿＿＿＿＿＿＿＿＿＿＿＿＿＿装夹。

九、刀具安装

本工序安装刀具时，注意刀具的安装高度为＿＿＿＿＿＿＿＿mm，镗刀杆伸出长度最少＿＿＿＿＿＿＿mm。夹紧刀杆之前，注意调整工作＿＿＿＿＿＿＿＿＿＿＿＿＿角与工作副偏角。

十、对刀

根据预先确定的刀位点，按对刀方法和步骤规范对刀。

十一、程序输入与校验

输入并调试 V 带轮加工工序二的加工程序。

十二、自动加工

加工中注意观察刀具切削情况，记录加工中不合理因素，以便纠正从而提高工作效率。

十三、保养机床、清理场地

加工完毕后，按照国家环保相关规定和车间要求整理现场，清扫切屑，保养机床，并正确处置废油液等废弃物；按车间规定填写交接班记录和设备日常保养记录卡。

十四、产品自检与互检

按照图样要求进行自检，填写表 5-3-6 所示的工序尺寸检测表，正确放置零件，并进行产品交接确认。

表 5-3-6　V 带轮加工工序二的尺寸检测表

序号	项目	图样要求		自检结果	互检结果	结论	备注
1	外圆	$\phi 58.5 \pm 0.1$	IT				
			Ra				
2		$\phi 40_{-0.039}^{0}$	IT				
			Ra				
3	长度	33	IT				
			Ra				
4		8	IT				
			Ra				
5	内孔/mm	$\phi 27_{0}^{+0.033}$	IT				
			Ra				
6	倒角	C2、R0.3					
7							
8							
V 带轮加工工序二零件检测结论				（合格、不合格）			
自检		（签名）		日期	年　月　日		工件编号
互检		（签名）		日期	年　月　日		

学习活动 4　V 带轮加工工序三编程与加工

任务描述

本工位需要加工一批如图 5-4-1 所示的 V 带轮孔加工和外形,小组成员每人 1 件。所用材料为 45 号钢,毛坯尺寸为 $\phi60$ mm×55 mm,钻了 $\phi24$ 的通孔,限时 2 小时。根据车间安排,按照工艺、技术要求,按时完成加工任务。

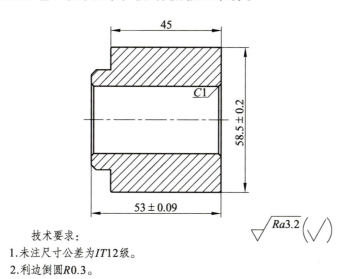

技术要求:
1.未注尺寸公差为 *IT*12 级。
2.利边倒圆 *R*0.3。

图 5-4-1　V 带轮加工工序三工序图

任务实施

一、明确工作任务

根据 V 带轮工艺安排可知,该工序零件毛坯为半成品,所用材料为 45 号钢,工序三的加工内容分三步。第一步加工内容是平端面,保证总长为(53 ± 0.09)mm、长度为 45 mm;第二步加工内容是 $\phi27$、内孔倒角 *C*1;第三步加工内容是粗车 $\phi58$ 外圆至 $\phi58.5\pm0.2$。

二、加工工序

根据加工任务和工序图,填写表 5-4-1 所示的 V 带轮加工工序三的加工工序卡。

表 5-4-1　V 带轮加工工序三的加工工序卡

机械加工工序卡	产品名称		零件图号		共　页	
	零件名称		材料牌号		第　页	
装夹示意图与工序简图				工位号		
				设备名称		
				设备编号		
				夹具名称		
				毛坯种类		
				毛坯件数		
				毛坯待加工尺寸		
				工序号		
				工序名称		
				程序编号		
工步号	工步内容	刀号	主轴转速/（r/min）	进给量/（mm/r）	背吃刀量/mm	备注
1						
2						
3						
4						
5						
6						
设计（日期）		审核（日期）		批准（日期）		

三、机械加工刀具

根据加工任务和工序图，填写表 5-4-2 所示的 V 带轮加工工序三的机械加工刀具卡。

表 5-4-2　V 带轮加工工序三的机械加工刀具卡

机械加工刀 具卡		产品名称		工序号		零件材料		共　　页	
		零件名称		程序编号		零件图号		第　　页	
序号	刀具号	刀具名称及规格		刀尖半径/mm		加工表面		备注	
1									
2									
3									
4									
5									
6									
设计（日期）			审核（日期）			批准（日期）			

四、编写数控加工程序

（一）编写表 5-4-3 所示的 V 带轮加工工序二的数控加工程序。

表 5-4-3　V 带轮加工工序三的数控加工程序

数控程序	程序说明

续表

数控程序	程序说明

（二）程序仿真

按要求进行仿真加工，注意观察刀具轨迹，记录仿真加工中程序和刀路不合理因素，以便修改程序。修改、调试直到程序和刀路完全正确。

五、着装检查

以小组为单位，根据生产车间着装管理规定，进行着装自检与互检，按表 5-4-4 所示的内容记录检查情况。

表 5-4-4 ＿＿＿＿＿＿小组的 V 带轮加工工序三的着装规范检查记录

序号	姓名	检查内容			检查人	日期	检查结果
		衣服	裤子	帽子			
1							
2							
3							
4							
5							
6							
7							
8							

六、选择工具、量具、刃具

根据本加工任务的要求和数控加工的实际情况，填写表 5-4-5 所示的工具、量具、刃具清单，并领取相应工具、量具、刃具。

表 5-4-5　Ⅴ 带轮加工工序三的工具、量具、刃具清单

序号	名称	规格	数量	备注
1				
2				
3				
4				
5				
6				
7				
8				
9				
10				
11				
12				

七、领取毛坯

以小组为单位，领取毛坯，测量并记录所领毛坯的实际外形尺寸，判断毛坯是否有足够的加工余量及其外形是否满足加工条件，并记录在表 5-4-1 机械加工工序卡上。

八、工件装夹

本工序装夹位置是＿＿＿＿＿＿＿＿＿＿＿＿＿＿＿＿表面，＿＿＿＿＿＿＿＿（不怕、不能）夹伤，用＿＿＿＿＿＿＿＿＿＿＿＿＿＿＿＿＿＿＿＿装夹。

九、刀具安装

本工序用到的外圆车刀高度为＿＿＿＿＿＿＿mm,本工位机床中心高度为＿＿＿＿＿mm,垫片高度为＿＿＿＿＿＿＿＿＿＿＿mm,以工件回转中心为准。夹紧刀杆前要注意调整刀具的＿＿＿＿＿主偏角和工作副偏角。

十、对刀

根据预先确定的刀位点，按对刀方法和步骤规范对刀。

十一、程序输入与校验

输入并调试 V 带轮加工工序三的加工程序。

十二、自动加工

加工中注意观察刀具切削情况，记录加工中不合理因素，以便纠正从而提高工作效率。

十三、保养机床、清理场地

加工完毕后，按照国家环保相关规定和车间要求整理现场，清扫切屑，保养机床，并正确处置废油液等废弃物；按车间规定填写交接班记录和设备日常保养记录卡。

十四、产品自检与互检

按照图样要求进行自检，填写表 5-4-6 所示的 V 带轮加工工序的尺寸检测表，正确放置零件，进行产品交接确认。

表 5-4-6　V 带轮加工工序三的尺寸检测表

序号	项目	图样要求		自检结果	互检结果	结论	备注
1	外圆	$\phi58.5\pm0.1$	IT				
			Ra				
2	长度	53 ± 0.09	IT				
			Ra				
3		45	IT				
4	倒角	C1、R0.3	IT				
V 带轮加工工序三零件检测结论				（合格、不合格）			
自检		（签名）		日 期	年　月　日		工件编号
互检		（签名）		日 期	年　月　日		

学习活动 5　V 带轮加工工序四编程与加工/G75

任务描述

本工位需要精加工一批如图 5-5-1 所示的 V 带轮外圆和 V 形槽，小组成员每人 1 件。所用材料为 45 号钢，毛坯尺寸为半成品，内孔和总长已加工至尺寸，外圆有 0.5 mm 的精加工余量，限时 1 天。根据车间安排，按照工艺、技术要求，按时完成加工任务。

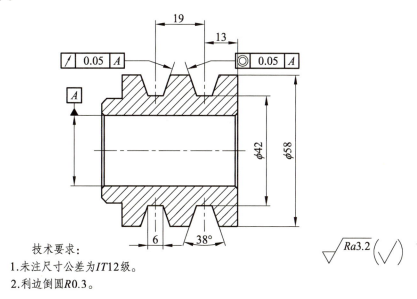

技术要求：
1. 未注尺寸公差为IT12级。
2. 利边倒圆R0.3。

图 5-5-1　V 带轮加工工序四工序图

任务实施

一、明确工作任务

根据 V 带轮工艺安排可知，该工序零件毛坯为半成品，所用材料为 45 号钢，工序四的加工内容分三步。第一步加工内容是精加工外轮廓，保证尺寸 $\phi 58_{-0.3}^{0}$ mm、两端倒圆 R0.3；第二步加工内容是粗加工两处 V 形槽，留有 0.1 mm 的精加工余量；第三步内容是精加工两处 V 型槽，保证尺寸槽底直径为 $\phi 42_{-0.25}^{0}$ mm、宽度 $6_{0}^{+0.12}$ mm、角度 38°；长度（13±0.09）mm、（19±0.1）mm。

二、加工工序

根据加工任务和工序图，填写表 5-5-1 所示的 V 带轮加工工序四的加工工序卡。

表 5-5-1　V 带轮加工工序四的工序卡

| 机械加工工序卡 | 产品名称 | | 零件图号 | | 共　页 |
| | 零件名称 | | 材料牌号 | | 第　页 |

	工位号	
	设备名称	
	设备编号	
	夹具名称	
	毛坯种类	
	毛坯件数	
	毛坯待加工尺寸	
	工序号	
	工序名称	
装夹示意图工序简图	程序编号	

工步号	工步内容	刀号	主轴转速/（r/min）	进给量/（mm/r）	背吃刀量/mm	备注
1						
2						
3						
4						
5						
6						

| 设计（日期） | 审核（日期） | 批准（日期） |
| | | |

三、机械加工刀具

根据加工任务和工序图，填写表 5-5-2 所示的 V 带轮加工工序四的机械加工刀具卡。

表 5-5-2　V 带轮加工工序四的机械加工刀具卡

机械加工刀具卡		产品名称		工序号		零件材料		共　页	
		零件名称		程序编号		零件图号		第　页	
序号	刀具号	刀具名称及规格		刀尖半径 /mm		加工表面		备注	
1									
2									
3									
4									
5									
6									
设计（日期）			审核（日期）			批准（日期）			

四、编写数控加工程序

（一）编写表 5-5-3 所示 V 带轮加工工序四的数控加工程序。

表 5-5-3　V 带轮加工工序四的数控加工程序

数控程序	程序说明

数控程序	程序说明

（二）程序仿真

按要求进行仿真加工，注意观察刀具轨迹，记录仿真加工中程序和刀路不合理因素，以便修改程序。修改、调试直到程序和刀路完全正确。

五、着装检查

以小组为单位,根据生产车间着装管理规定,进行着装自检与互检,按表5-5-4所示的内容记录检查情况。

表5-5-4 _____小组的 V 带轮加工工序四的着装规范检查记录表

序号	姓名	检查内容			检查人	日期	检查结果
		衣服	裤子	帽子			
1							
2							
3							
4							
5							
6							
7							
8							

六、选择工具、量具、刃具

根据本加工任务的要求和数控加工的实际情况,填写表 5-5-5 所示的工具、量具、刃具清单,并领取相应的工具、量具、刃具。

表5-5-5 V 带轮加工工序四的工具、量具、刃具清单

序号	名称	规格	数量	备注
1				
2				
3				
4				
5				
6				
7				
8				
9				
10				
11				
12				

七、领取毛坯

以小组为单位，领取毛坯，测量并记录所领毛坯的实际外形尺寸，判断毛坯是否有足够的加工余量及其外形是否满足加工条件，并记录在表 5-5-1 机械加工工序卡上。

八、工件装夹

本工序装夹位置是_____表面，不能夹伤，用_____装夹。由于有位置精度要求，所以需要用百分表进行找正。

九、刀具安装

本工序用到的外切槽车刀高度为_____mm，本工位机床中心高度为_____mm，垫片高度为_____mm，以工件回转中心为准。夹紧刀杆前要注意调整切槽刀的主切削刃与轴线_____，即两侧工作副偏角应_____。

十、对刀

根据预先确定的刀位点，按对刀方法和步骤规范对刀。

十一、程序输入与校验

输入并调试 V 带轮加工工序四的加工程序。

十二、自动加工

加工中注意观察刀具切削情况，记录加工中不合理因素，以便纠正从而提高工作效率。

十三、保养机床、清理场地

加工完毕后，按照国家环保相关规定和车间要求整理现场，清扫切屑，保养机床，并正确处置废油液等废弃物；按车间规定填写交接班记录和设备日常保养记录卡。

十四、产品自检与互检

按照图样要求进行自检，填写表 5-5-6 所示的 V 带轮加工工序四的工序尺寸检测表，正确放置零件，进行产品交接确认。

表 5-5-6　V 带轮加工工序四的尺寸检测表

序号	项目	图样要求		自检结果	互检结果	结论	备注
1	外圆	$\phi58$	IT				
			Ra				
2	槽 1/mm	$\phi42$	IT				
3		38°	IT				
4		13	IT				
5			Ra				
6	槽 1/mm	$\phi42$	IT				
7		38°	IT				
8		19	IT				
9			Ra				
10	倒角	2 处 R0.3					
V 带轮加工工序四零件检测结论				（合格、不合格）			
自检			（签名）	日期	年　月　日		工件编号
互检			（签名）	日期	年　月　日		

学习活动 6 V带轮的数控车削编程与加工、测评与总结

任务描述

同学们经过认真学习和辛勤劳动，完成了 V 带轮零件的加工。能够看懂零件图，完成零件的加工，是否心中充满了成就感？回想 V 带轮零件从毛坯到成品的整个加工过程，加工过程是否顺利？加工过程中遇到了哪些问题？如何解决所遇到的问题？整个学习过程有哪些教训？有什么收获？都值得同学们回顾、总结。

通过总结，可以培养同学们的思考习惯、增强同学们的责任感、加强团队凝聚力、促进同学们的成长；通过总结、展示个人、小组的经验和教训，促进全体同学的学习与成长；通过总结、展示，可以为未来的实习过程指明目标和方向，提升大家的学习效率。

任务实施

一、测评实习加工的零件尺寸

根据实习内容，填写并提供如表 5-6-1 所示的 V 带轮零件尺寸的检测评估表。

表 5-6-1 V带轮零件尺寸的检测评估表

序号	项目	图样要求		配分	检测结果	得分	备注
1	外圆	$\phi 58$	IT	3			
			Ra	2			
2		$\phi 40_{-0.039}^{0}$	IT	6			
			Ra	2			
3	长度	53±0.09	IT	6			
4		45	IT	3			
5	内孔	$\phi 27_{0}^{+0.033}$	IT	10			
6			Ra	2			
7	槽1	$\phi 42$	IT	5			
8		38°	IT	5			
9		13	IT	5			
10			Ra	5			

续表

序号	项目	图样要求		配分	检测结果	得分	备注
11	槽2	$\phi 42$	IT	5			
12		38°	IT	5			
13		19	IT	5			
14			Ra	5			
15	倒角	2 处 C1	IT	4			
16		C2	IT	2			
17	圆角	2 处 R0.3	IT	4			
18	形位公差	⊚ ⌀0.04 A		共 10			
19		整体外形		6			
V 带轮零件加工质量得分							
自检		（签名）		日期	年　月　日		工件编号
互检		（签名）		日期	年　月　日		

注：IT 和形位公差超差超差 0.01 扣 1 分；Ra 降 1 级扣 1 分。

二、总结实习材料耦合刀具损耗

填写并提供表 5-6-2 所示的数控车床基本操作时小组所消耗的材料、刀具统计表。

表 5-6-2　V 带轮零件加工小组的材料、刀具消耗表

序号	名称	规格型号	数量	单价	合计	备注
1						
2						
3						
4						
5						
6						

注：刀具正常磨损换刀不纳入消耗。

三、小组工作总结

小组工作总结需采用 PPT 方式展示实习内容，主要总结 V 带轮的数控车削加工过程中的各项实习内容。

（一）实习时间

V 带轮的数控车削加工的学习和实习时间：自_____年_____月_____日至_____月____日，共用_____节课；

（二）出勤总结

小组实习出勤总结：_____

_____

_____

_____

_____

_____

（三）着装总结

小组实习着装总结：_____

_____

_____

_____

_____

_____

（四）任务分配与执行总结

小组实习任务分配与执行总结：_____

_____

_____

_____

_____

_____

（五）团队建设总结

小组实习团队建设总结：_____

_____

_____

_____

_____

_____

（六）实习的不足与改进措施总结

小组实习的不足与改进措施：_____

_____

_____

_____

_____

_____

_____

四、个人实习总结

（一）个人实习评价

V 带轮零件的数控车削编程及加工活动个人评价如表 5-6-3 所示。

表 5-6-3　V 带轮零件加工活动个人实习评价表

评分项目	评分内容	评分标准	自我评价	小组评价	评价得分
职业素养	遵守纪律，按时出勤，实习着装规范	5			
	责任心强，积极完成教师和小组布置的任务	5			
	沟通技巧和团队精神，遇到问题不逃避，主动向同学、老师请教、倾听；与同学分享经验、提出建议；互相帮助	5			
	工具、量具、刀具按规定借用、归还	5			
	能在规定的时间如实完成工作页的填写	5			

续表

评分项目	评分内容	评分标准	自我评价	小组评价	评价得分
知识技能	机械加工工艺过程卡填写	5			
	机械加工工序卡填写	5			
	机械加工刀具卡填写	5			
	正确装夹工件、刀具，并规范对刀	5			
	规范、有序进行产品零件的调试、加工	5			
	通过小组协作，选用合适的量具，规范地对产品进行检测，并填写检测结果	5			
	代表小组分享本项目学习遇到的问题和收获（加分项）	5			
	小组展示得分	5			
零件	零件质量（尺寸检测得分/5）	20			
安全文明生产	整个项目学习过程中无安全事故发生	10			
	用完机床后及时清除铁屑，清扫机床和实习场地	5			
	保护他人不受伤害（加分项）	5			
任务总评分					

注：工艺卡填写每错一处扣 1 分；碰撞工件一次扣 2 分，碰撞卡盘一次扣 5 分；碰撞刀片一次扣两分，碰撞刀杆一次扣 5 分；最高扣分 10 分。

（二）个人工作总结

V 带轮的数控车削加工活动的个人工作总结：＿＿＿＿＿＿＿＿＿＿＿

＿＿＿＿＿＿＿＿＿＿＿＿＿＿＿＿＿＿＿＿＿＿＿＿＿＿＿＿＿＿＿＿＿＿＿

＿＿＿＿＿＿＿＿＿＿＿＿＿＿＿＿＿＿＿＿＿＿＿＿＿＿＿＿＿＿＿＿＿＿＿

＿＿＿＿＿＿＿＿＿＿＿＿＿＿＿＿＿＿＿＿＿＿＿＿＿＿＿＿＿＿＿＿＿＿＿

＿＿＿＿＿＿＿＿＿＿＿＿＿＿＿＿＿＿＿＿＿＿＿＿＿＿＿＿＿＿＿＿＿＿＿

＿＿＿＿＿＿＿＿＿＿＿＿＿＿＿＿＿＿＿＿＿＿＿＿＿＿＿＿＿＿＿＿＿＿＿

＿＿＿＿＿＿＿＿＿＿＿＿＿＿＿＿＿＿＿＿＿＿＿＿＿＿＿＿＿＿＿＿＿＿＿

＿＿＿＿＿＿＿＿＿＿＿＿＿＿＿＿＿＿＿＿＿＿＿＿＿＿＿＿＿＿＿＿＿＿＿

＿＿＿＿＿＿＿＿＿＿＿＿＿＿＿＿＿＿＿＿＿＿＿＿＿＿＿＿＿＿＿＿＿＿＿

＿＿＿＿＿＿＿＿＿＿＿＿＿＿＿＿＿＿＿＿＿＿＿＿＿＿＿＿＿＿＿＿＿＿＿

五、小组展示评价

小组展示评价可用表 5-6-4 所示的数控车床基本操作小组的展示得分记录表来表示。

表 5-6-4 V 带轮零件加工小组的展示得分记录表

序号	组名	展示人	得分	序号	组名	展示人	得分

项目六　螺旋千斤顶的数控车削编程与加工

项目描述

1. 能够分析螺旋千斤顶各零件数控加工工艺。
2. 能够根据实际情况选择螺旋千斤顶各零件数控加工工艺。
3. 能够根据螺旋千斤顶各零件数控加工工艺、数控车削加工程序选择机床、工具、量具、刀具，完成螺旋千斤顶各零件的数控车削加工。
4. 能够选择量具和方法对螺旋千斤顶各零件进行精度检测与质量分析。
5. 能够对螺旋千斤顶各零件加工学习活动过程进行总结。

学习活动 1　螺旋千斤顶的加工工艺分析

任务描述

本需要装配一批如图 6-1-1 所示的螺旋千斤顶，所用材料为 45 号钢。通过螺旋千斤顶的装配，学习、强化数控车床的基本操作，学习拟定不同的数控加工工艺路线，学会根据实际情况选用加工工艺，学习根据加工工艺路线制定加工工艺文件。

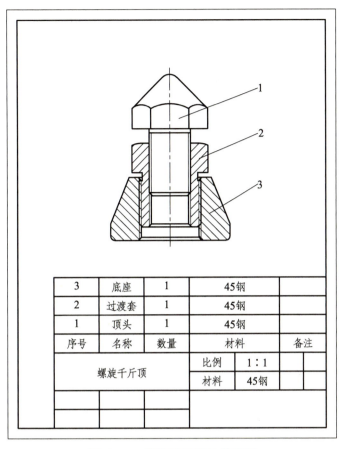

3	底座	1	45钢	
2	过渡套	1	45钢	
1	顶头	1	45钢	
序号	名称	数量	材料	备注
螺旋千斤顶			比例	1:1	
			材料	45钢	

图 6-1-1　螺旋千斤顶的装配图

任务实施

一、识读螺旋千斤顶装配图

螺旋千斤顶由_____个零件组成,分别是_____1 个、_____1 个和_____1 个,材料是_____。

二、识读螺旋千斤顶零件图

(一)精度分析

1. 螺旋千斤顶顶头标注公差的尺寸有哪些? 公差值是多少?

_____

_____

_____

_____

2. 螺旋千斤顶过渡套标注公差的尺寸有哪些？公差值是多少？

3. 螺旋千斤顶底座标注公差的尺寸有哪些？公差值是多少？

4. 螺旋千斤顶零件形位公差有哪些？被测要素是什么？有无基准？基准是什么？

5. 螺旋千斤顶零件表面质量要求最高的是哪一级？是哪几个表面？

（二）基准分析

螺旋千斤顶顶头长度方向的设计基准是_____；
螺旋千斤顶过渡套长度方向的设计基准是_____；
螺旋千斤顶底座长度方向的设计基准是_____。

三、选用机床

根据本单位实际情况，螺旋千斤顶零件加工选用的数控机床型号及数控系统分别是什么？

_____

_____

_____

_____

_____

四、数控车削加工工艺

（一）螺旋千斤顶顶头数控车削加工工艺

1. 小组共有_____人，需加工_____件。结合实际情况，螺旋千斤顶顶头加工工序划分可采用_____（工序集中/工序分散）原则，毛坯尺寸为_____mm。

2. 螺旋千斤顶顶头加工可分成_____次装夹，_____道工序。

（1）第一次装夹采用_____装夹，分为_____道工序，工序主要包括：_____

_____

_____

_____

_____

_____

_____

_____

_____

根据加工任务和工序图,填写表 6-1-1 所示的螺旋千斤顶顶头第一次夹装的加工工序卡。

表 6-1-1　螺旋千斤顶顶头第一次夹装的工序卡零件

名称	毛坯种类	工序名称	工序号
装夹示意图与工序简图			

(2)第二次装夹采用＿＿＿＿＿＿装夹,分＿＿＿＿＿＿道工序,工序主要包括:

_____

_____

_____

_____

_____

_____

_____

_____

_____

_____

_____

根据加工任务和工序图,填写表 6-1-2 所示的螺旋千斤顶顶头第二次夹装的加工工序卡。

表 6-1-2　螺旋千斤顶顶头第二次夹装的工序卡

零件名称	毛坯种类	工序名称	工序号

装夹示意图与工序简图

（二）螺旋千斤顶过渡套数控车削加工工艺

1. 小组共有＿＿＿＿＿＿＿人，需加工＿＿＿＿＿＿＿件，结合单位实际情况，决定螺旋千斤顶过渡套加工工序划分采用＿＿＿＿＿＿＿＿＿＿＿＿（工序集中/工序分散）原则，毛坯尺寸选＿＿＿＿＿＿＿mm。

2. 螺旋千斤顶过渡套加工分成了＿＿＿＿＿＿＿次装夹，＿＿＿＿＿＿＿道工序。

（1）第一次装夹采用＿＿＿＿＿＿＿装夹，分＿＿＿＿＿＿道工序，工序主要包括：

＿＿

＿＿

＿＿

＿＿

＿＿

＿＿

＿＿

根据加工任务和工序图,填写表 6-1-3 所示的螺旋千斤顶过渡套第一次夹装的加工工序卡。

表 6-1-3　螺旋千斤顶过渡套第一次夹装的工序卡

零件名称	毛坯种类	工序名称	工序号
装夹示意图与工序简图			

（2）第二次装夹采用＿＿＿＿＿＿＿＿＿装夹,分＿＿＿＿＿＿＿道工序,工序主要包括:

＿＿＿＿＿＿＿＿＿＿＿＿＿＿＿＿＿＿＿＿＿＿＿＿＿＿＿＿＿＿＿＿＿＿＿＿＿＿＿

＿＿＿＿＿＿＿＿＿＿＿＿＿＿＿＿＿＿＿＿＿＿＿＿＿＿＿＿＿＿＿＿＿＿＿＿＿＿＿

＿＿＿＿＿＿＿＿＿＿＿＿＿＿＿＿＿＿＿＿＿＿＿＿＿＿＿＿＿＿＿＿＿＿＿＿＿＿＿

＿＿＿＿＿＿＿＿＿＿＿＿＿＿＿＿＿＿＿＿＿＿＿＿＿＿＿＿＿＿＿＿＿＿＿＿＿＿＿

＿＿＿＿＿＿＿＿＿＿＿＿＿＿＿＿＿＿＿＿＿＿＿＿＿＿＿＿＿＿＿＿＿＿＿＿＿＿＿

根据加工任务和工序图,填写表 6-1-4 所示的螺旋千斤顶过渡套第二次夹装的加工工序卡。

表 6-1-4 螺旋千斤顶过渡套第二次夹装的工序卡

零件名称	毛坯种类	工序名称	工序号

装夹示意图与工序简图

（三）螺旋千斤顶底座数控加工工艺

1. 小组共有_____人，需加工_____件。结合单位实际情况，决定螺旋千斤顶底座加工工序划分采用_____（工序集中/工序分散）原则，毛坯尺寸为_____mm。

2. 螺旋千斤顶底座加工分成了_____次装夹，_____道工序。

（1）第一次装夹采用_____装夹，分_____道工序，工序主要包括：

_____

_____

_____

_____

_____

_____

_____

_____

根据加工任务和工序图，填写表 6-1-5 所示的螺旋千斤顶底座第一次夹装的加工工序卡。

表 6-1-5　螺旋千斤顶底座第一次夹装的工序卡

零件名称	毛坯种类	工序名称	工序号

装夹示意图与工序简图

（2）第二次装夹采用_____装夹，分_____道工序，工序主要包括：

_____

_____

_____

_____

_____

_____

_____

_____

_____

　　根据加工任务和工序图，填写表 6-1-6 所示的螺旋千斤顶底座第二次夹装的加工工序卡。

表 6-1-6　螺旋千斤顶底座第二次夹装的工序卡

零件名称	毛坯种类	工序名称	工序号

装夹示意图与工序简图

五、确定加工的刀具和量具

根据加工任务和工序图，确定螺旋千斤顶零件加工所需要的刀具和量具，填写表 6-1-7 所示的工具、刀具、量具清单。

表 6-1-7　螺旋千斤顶零件加工的工具、刀具、量具清单

序号	名称	规格	数量	备注
1				
2				
3				
4				
5				
6				
7				
8				
5				
9				
10				

六、制订加工工艺文件

根据加工任务和工序图，制订螺旋千斤顶零件的加工工艺文件，填写表 6-1-8~表 6-1-10 所示的机械加工工艺过程卡。

表 6-1-8　螺旋千斤顶顶头车削的加工工艺过程卡

机械加工工艺过程卡		产品名称		零件图号		共　　页		
		零件名称		材料牌号		第　　页		
工序号	工种	工序内容			设备	工艺装备	工时	
10								
20								
30								
40								
50								
60								
70								
80								
设计（日期）			审核（日期）			批准（日期）		

表 6-1-9　螺旋千斤顶过渡套车削的加工工艺过程卡

机械加工工艺过程卡		产品名称		零件图号		共　　页		
		零件名称		材料牌号		第　　页		
工序号	工种	工序内容			设备	工艺装备	工时	
10								
20								
30								
40								
50								
60								
70								
80								
设计（日期）			审核（日期）			批准（日期）		

表 6-1-10　螺旋千斤顶底座的加工工艺过程卡

机械加工工艺过程卡		产品名称		零件图号		共　页	
		零件名称		材料牌号		第　页	
工序号	工种	工序内容			设备	工艺装备	工时
10							
20							
30							
40							
50							
60							
70							
80							
设计（日期）			审核（日期）		批准（日期）		

学习活动 2 螺旋千斤顶顶头编程与加工

任务描述

本工位需要加工一批如图 6-2-1 所示的螺旋千斤顶顶头零件，小组成员每人一件，所用材料为 45 号钢的圆棒料，限时 1 天。根据车间安排，按照工艺、技术要求，按时完成加工任务。

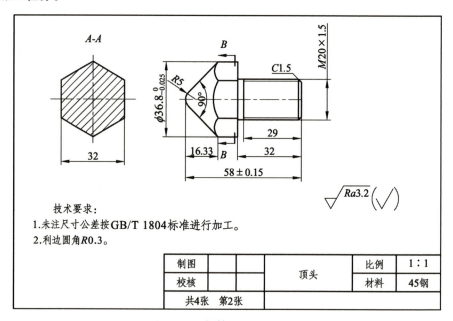

技术要求：
1.未注尺寸公差按GB/T 1804标准进行加工。
2.利边圆角R0.3。

制图			顶头	比例	1:1
校核				材料	45钢
共4张	第2张				

图 6-2-1 螺旋千斤顶的顶头

任务实施

一、明确工作任务

根据工艺安排，螺旋千斤顶顶头加工毛坯尺寸为_____mm，分成_____次装夹，_____道工序。各工序的加工内容是_____

_____

_____

_____

_____

二、加工工艺

根据任务要求，填写表 6-2-1 所示螺旋千斤顶顶头的机械加工工序卡。

表 6-2-1 螺旋千斤顶顶头的机械加工工序卡

| 机械加工工序卡 | 产品名称 | | 零件图号 | | 共 页 |
| | 零件名称 | | 材料牌号 | | 第 页 |

装夹示意图与工序简图		工位号	
		设备名称	
		设备编号	
		夹具名称	
		毛坯种类	
		毛坯件数	
		毛坯待加工尺寸	
		工序号	
		工序名称	
		程序编号	

工步号	工步内容	刀号	主轴转速/（r/min）	进给量/（mm/r）	背吃刀量/mm	备注
1						
2						
3						
4						
5						
6						

设计（日期）	审核（日期）	批准（日期）

三、机械加工的刀具

根据任务要求，填写表 6-2-2 所示螺旋千斤顶顶头的机械加工刀具卡。

表 6-2-2　螺旋千斤顶顶头的机械加工刀具卡

机械加工刀具卡	产品名称		工序号		零件材料		共　　页
	零件名称		程序编号		零件图号		第　　页
序号	刀具号	刀具名称及规格	刀尖半径/mm		加工表面		备注
1							
2							
3							
4							
5							
6							
设计（日期）			审核（日期）			批准（日期）	

四、数控加工程序

（一）编写表 6-2-3 所示的螺旋千斤顶顶头零件的数控加工程序。

表 6-2-3　螺旋千斤顶顶头零件的数控加工程序

数控程序	程序说明

续表

数控程序	程序说明

（二）程序仿真

按要求进行仿真加工，注意观察刀具轨迹，记录仿真加工中程序和刀路不合理因素，以便修改程序。修改、调试直到程序和刀路完全正确。

五、着装检查

以小组为单位，根据生产车间着装管理规定，进行着装自检与互检，按表 6-2-4 所示的内容记录检查情况。

表 6-2-4 _____小组的螺旋千斤顶顶头加工的着装规范检查记录表

序号	姓名	检查内容			检查人	日期	检查结果
		衣服	裤子	帽子			
1							
2							
3							
4							
5							
6							
7							
8							

六、选择工具、量具、刃具

根据本加工任务的要求和数控加工的实际情况，填写表 6-2-5 所示的工具、量具、刃具清单，并领取相应的工具、量具、刃具。

表 6-2-5 螺旋千斤顶顶头加工工具、量具、刃具清单

序号	名称	规格	数量	备注
1				
2				
3				
4				
5				
6				
7				
8				
9				
10				
11				
12				

七、领取毛坯

以小组为单位，领取毛坯，测量并记录所领毛坯的实际外形尺寸，判断毛坯是否有足够的加工余量及其外形是否满足加工条件，记录在表 6-2-1 机械加工工序卡上。

八、工件装夹

螺旋千斤顶顶头加工分_____次装夹，第一次用_____装夹，第二次用_____装夹。

九、刀具安装

装刀时注意_____高度，刀杆伸出_____和工作主偏角与工作副偏角。

十、对刀

根据预先确定的刀位点，按对刀方法和步骤规范对刀。

十一、程序输入与校验

输入并调试螺旋千斤顶顶头加工程序。

十二、自动加工

加工中注意观察刀具切削情况，记录加工中不合理因素，以便纠正从而提高工作效率。

十三、保养机床、清理场地

加工完毕后，按照国家环保相关规定和车间要求整理现场，清扫切屑，保养机床，并正确处置废油液等废弃物；按车间规定填写交接班记录和设备日常保养记录卡。

十四、产品自检与互检

按照图样要求进行自检，填写表 6-2-6 所示的螺旋千斤顶顶头加工工序的尺寸检测表，正确放置零件，并进行产品交接确认。

表 6-2-6　螺旋千斤顶顶头的尺寸检测表

序号	项目	图样要求		配分	检测结果	得分	备注
1	外圆	$\phi 36.8^{0}_{-0.25}$	IT	8			
2	长度	58±0.15	IT	15			
3		32	IT	8			
4		29	IT	8			
5		16.33	IT	8			
6	螺纹/mm	M20×1.5	IT	25			
7	圆弧	R5	IT	5			
8		90°	IT	5			
9	倒角	C1.5	IT	2			
10	圆角	1 处 R0.3	IT	2			
11	整体外形及 Ra			14			
螺旋千斤顶顶头加工质量得分							
自检		（签名）		日期	年　月　日		工件编号
互检		（签名）		日期	年　月　日		

注：IT 和形位公差超差超差 0.01 扣 1 分；Ra 降 1 级扣 1 分。

学习活动 3　螺旋千斤顶过渡套编程与加工

任务描述

本工位需要加工一批如图 6-3-1 所示的螺旋千斤顶过渡套零件，小组成员每人一件。所用材料为 45 号钢圆棒料，限时 1 天。根据车间安排，按照工艺、技术要求，按时完成加工任务。

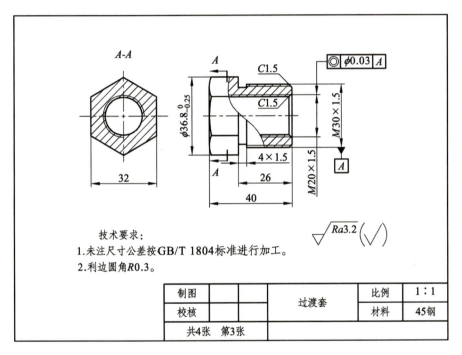

图 6-3-1　螺旋千斤顶的过渡套

任务实施

一、明确工作任务

根据工艺安排，螺旋千斤顶过渡套加工毛坯尺寸为_____mm，分成_____次装夹，_____道工序。各工序的加工内容是 _____

_____

_____

二、加工工艺

根据任务要求，填写表 6-3-1 所示螺旋千斤顶过渡套的机械加工工序卡。

表 6-3-1　螺旋千斤顶过渡套的机械加工工序卡

机械加工工序卡	产品名称		零件图号		共　　页	
	零件名称		材料牌号		第　　页	

					工位号	
					设备名称	
					设备编号	
					夹具名称	
					毛坯种类	
					毛坯件数	
					毛坯待加工尺寸	
					工序号	
					工序名称	
装夹示意图与工序简图					程序编号	

工步号	工步内容	刀号	主轴转速/（r/min）	进给量/（mm/r）	背吃刀量/mm	备注
1						
2						
3						
4						
5						
6						

设计（日期）	审核（日期）	批准（日期）

三、机械加工的刀具

根据任务要求，填写表 6-3-2 所示螺旋千斤顶过渡套的机械加工刀具卡。

表 6-3-2　螺旋千斤顶过渡套的机械加工刀具卡

机械加工刀具卡	产品名称		工序号		零件材料		共　　页	
	零件名称		程序编号		零件图号		第　　页	
序号	刀具号	刀具名称及规格		刀尖半径/mm		加工表面		备注
1								
2								
3								
4								
5								
6								
设计（日期）			审核（日期）			批准（日期）		

四、数控加工程序

（一）编写表 6-3-3 所示的制螺旋千斤顶过渡套零件的数控加工程序。

表 6-3-3　螺旋千斤顶过渡套零件的数控加工程序

数控程序	程序说明

续表

数控程序	程序说明

（二）程序仿真

按要求进行仿真加工，注意观察刀具轨迹，记录仿真加工中程序和刀路不合理因素，以便修改程序。修改、调试直到程序和刀路完全正确。

五、着装检查

以小组为单位，根据生产车间着装管理规定，进行着装自检与互检，按表 6-3-4 所示的内容记录检查情况。

表 6-3-4 ＿＿＿＿＿＿＿＿＿＿小组的螺旋千斤顶过渡套加工的着装规范检查记录表

序号	姓名	检查内容			检查人	日期	检查结果
		衣服	裤子	帽子			
1							
2							
3							
4							
5							
6							
7							
8							

六、选择工具、量具、刃具

根据本加工任务的要求和数控加工的实际情况，填写表 6-3-5 所示的工具、量具、刃具清单，并领取相应的工具、量具、刃具。

表 6-3-5 螺旋千斤顶顶头加工的工具、量具、刃具清单

序号	名称	规格	数量	备注
1				
2				
3				
4				
5				
6				
7				
8				
9				
10				
11				
12				

七、领取毛坯

以小组为单位，领取毛坯，测量并记录所领毛坯的实际外形尺寸，判断毛坯是否有足够的加工余量及其外形是否满足加工条件，并记录在表 6-3-1 机械加工工序卡上。

八、工件装夹

螺旋千斤顶过渡套加工分＿＿＿＿＿次装夹，第一次采用＿＿＿＿＿＿＿＿＿装夹，第二次用＿＿＿＿＿＿＿＿＿＿＿＿＿＿＿＿＿装夹。

九、刀具安装

装刀时注意＿＿＿＿＿＿＿＿＿＿＿高度，镗刀杆伸出长度最少＿＿＿＿＿＿mm，内螺纹刀杆伸出长度最少＿＿＿＿＿＿＿＿mm。夹紧刀杆之前，注意调整工作主偏角与工作副偏角。

十、对刀

根据预先确定的刀位点，按对刀方法和步骤规范对刀。

十一、程序输入与校验

输入并调试螺旋千斤顶过渡套加工程序。

十二、自动加工

加工中注意观察刀具切削情况，记录加工中不合理因素，以便纠正从而提高工作效率。

十三、保养机床、清理场地

加工完毕后，按照国家环保相关规定和车间要求整理现场，清扫切屑，保养机床，并正确处置废油液等废弃物；按车间规定填写交接班记录和设备日常保养记录卡。

十四、产品自检与互检

按照图样要求进行自检，填写表 6-3-6 所示的螺旋千斤顶过渡套加工工序的尺寸检测表，正确放置零件，进行产品交接确认。

表 6-3-6　螺旋千斤顶过渡套尺寸检测表

序号	项目	图样要求		配分	检测结果	得分	备注
1	外圆	$\phi 36.8^{0}_{-0.25}$	IT	5			
2	长度	40	IT	5			
3		26	IT	5			
4	螺纹/mm	$M20 \times 1.5$	IT	30			
5		$M30 \times 1.5$	IT	20			
6	槽/mm	4×1.5	IT	5			
7	倒角	3 处 C1.5	IT	6			
8	圆角	2 处 R0.3	IT	6			
9	形位公差	◎ 0.03 A		8			
10		整体外形		10			
螺旋千斤顶过渡套加工质量得分							
自检		（签名）		日期	年　　月　　日		工件编号
互检		（签名）		日期	年　　月　　日		

备注：IT 和形位公差超差超差 0.01 扣 1 分；Ra 降 1 级扣 1 分。

学习活动 4　螺旋千斤顶底座编程与加工

任务描述

本工位需要加工一批如图 6-4-1 所示的螺旋千斤顶底座零件，小组成员每人一件。所用材料为 45 号钢的圆棒料，限时 1 天。根据车间安排，按照工艺、技术要求，按时完成加工任务。

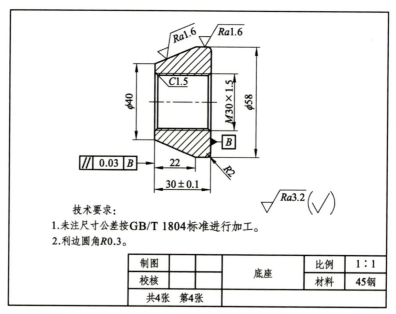

技术要求：
1.未注尺寸公差按GB/T 1804标准进行加工。
2.利边圆角R0.3。

制图		底座	比例	1∶1
校核			材料	45钢
共4张　第4张				

图 6-4-1　螺旋千斤顶的底座

任务实施

一、明确工作任务

根据工艺安排，螺旋千斤顶底座加工毛坯尺寸为＿＿＿＿＿＿＿＿＿＿＿＿mm，分成＿＿＿＿＿＿次装夹，＿＿＿＿＿＿＿道工序。各工序的加工内容是 ＿＿＿＿＿＿

＿＿＿＿＿＿＿＿＿＿＿＿＿＿＿＿＿＿＿＿＿＿＿＿＿＿＿＿＿＿＿＿＿＿＿＿＿＿

＿＿＿＿＿＿＿＿＿＿＿＿＿＿＿＿＿＿＿＿＿＿＿＿＿＿＿＿＿＿＿＿＿＿＿＿＿＿

＿＿＿＿＿＿＿＿＿＿＿＿＿＿＿＿＿＿＿＿＿＿＿＿＿＿＿＿＿＿＿＿＿＿＿＿＿＿

＿＿＿＿＿＿＿＿＿＿＿＿＿＿＿＿＿＿＿＿＿＿＿＿＿＿＿＿＿＿＿＿＿＿＿＿＿＿

二、加工工艺

根据任务要求，填写表 6-4-1 所示螺旋千斤顶底座的机械加工工序卡。

表 6-4-1　螺旋千斤顶底座的机械加工工序卡

机械加工工序卡	产品名称		零件图号		共　　页	
	零件名称		材料牌号		第　　页	

				工位号	
				设备名称	
				设备编号	
				夹具名称	
				毛坯种类	
				毛坯件数	
				毛坯待加工尺寸	
装夹示意图与工序简图				工序号	
				工序名称	
				程序编号	

工步号	工步内容	刀号	主轴转速/（r/min）	进给量/（mm/r）	背吃刀量/mm	备注
1						
2						
3						
4						
5						
6						

设计（日期）	审核（日期）	批准（日期）

三、机械加工的刀具

根据任务要求，填写表 6-4-2 所示螺旋千斤顶底座的机械加工刀具卡。

表 6-4-2　螺旋千斤顶底座机械加工刀具卡

机械加工刀具卡	产品名称		工序号		零件材料		共　　页	
	零件名称		程序编号		零件图号		第　　页	
序号	刀具号	刀具名称及规格		刀尖半径 /mm		加工表面		备注
1								
2								
3								
4								
5								
6								
设计（日期）			审核（日期）			批准（日期）		

四、数控加工程序

（一）编写表 6-4-3 所示的螺旋千斤顶底座的数控加工程序。

表 6-4-3　螺旋千斤顶底座的零件加工程序

数控程序	程序说明

续表

数控程序	程序说明

（二）程序仿真

按要求进行仿真加工，注意观察刀具轨迹，记录仿真加工中程序和刀路不合理因素，以便修改程序。修改、调试直到程序和刀路完全正确。

五、着装检查

以小组为单位，根据生产车间着装管理规定，进行着装自检与互检，按表 6-4-4 所示的内容记录检查情况。

表 6-4-4 　　　　　　小组的螺旋千斤顶底座加工的着装规范检查记录表

序号	姓名	检查内容			检查人	日期	检查结果
		衣服	裤子	帽子			
1							
2							
3							
4							
5							
6							
7							
8							

六、选择工具、量具、刃具

根据本加工任务的要求和数控加工的实际情况，填写表 6-4-5 所示的工具、量具、刃具清单，并领取相应的工具、量具、刃具。

表 6-4-5　螺旋千斤顶底座加工的工具、量具、刃具清单

序号	名称	规格	数量	备注
1				
2				
3				
4				
5				
6				
7				
8				
9				
10				
11				
12				

七、领取毛坯

以小组为单位，领取毛坯，测量并记录所领毛坯的实际外形尺寸，判断毛坯是否有足够的加工余量及其外形是否满足加工条件，并记录在表 6-4-1 机械加工工序卡上。

八、工件装夹

螺旋千斤顶底座加工分＿＿＿＿＿＿＿次装夹，第一次采用＿＿＿＿＿＿＿＿装夹，第二次采用＿＿＿＿＿＿＿＿＿＿装夹。

九、刀具安装

装刀时注意＿＿＿＿＿＿＿＿＿＿高度，镗刀杆伸出长度最少＿＿＿＿＿mm，内螺纹刀杆伸出长度最少＿＿＿＿＿＿＿mm。夹紧刀杆之前，注意调整工作主偏角与工作副偏角。

十、对刀

根据预先确定的刀位点，按对刀方法和步骤规范对刀。

十一、程序输入与校验

输入并调试螺旋千斤顶底座加工程序。

十二、自动加工

加工中注意观察刀具切削情况，记录加工中不合理因素，以便纠正从而提高工作效率。

十三、保养机床、清理场地

加工完毕后，按照国家环保相关规定和车间要求整理现场，清扫切屑，保养机床，并正确处置废油液等废弃物；按车间规定填写交接班记录和设备日常保养记录卡。

十四、产品自检与互检

按照图样要求进行自检，填写表 6-4-6 所示螺旋千斤顶底座的工序尺寸检测表，正确放置零件，进行产品交接确认。

表 6-4-6　螺旋千斤顶底座的尺寸检测表

序号	项目	图样要求		配分	检测结果	得分	备注
1	外圆	$\phi58$	IT	5			
2		$\phi40$	IT	5			
3	长度	30±0.1	IT	10			
4		22	IT	5			
5	螺纹/mm	M30×1.5	IT	35			
6	倒角	2 处 C1.5	IT	10			
7	圆角	1 处 R2	IT	5			
8	粗糙度	2 处 Ra1.6		5			
9	形位精度	// 0.03 B		10			
10		整体外形		10			
	螺旋千斤顶底座加工质量得分						
	自检	（签名）	日期	年　　月　　日			工件编号
	互检	（签名）	日期	年　　月　　日			

注：IT 和形位公差超差超差 0.01 扣 1 分；Ra 降 1 级扣 1 分。

学习活动 5 螺旋千斤顶零件的数控车削编程与加工-测评与总结

任务描述

同学们经过认真学习和辛勤劳动，完成了螺旋千斤顶零件的加工。能够看懂零件图，完成零件的加工，是否心中充满了成就感？回想螺旋千斤顶零件从毛坯到成品的整个加工过程，加工过程是否顺利？加工过程中遇到了哪些问题？如何解决所遇到的问题？整个学习过程有哪些教训？有什么收获？都值得同学们回顾、总结。

通过总结，可以培养同学们的思考习惯、增强同学们的责任感、加强团队凝聚力、促进同学们的成长；通过总结、展示个人、小组的经验和教训，促进全体同学的学习与成长；通过总结、展示，可以为未来的实习过程指明目标和方向，提升大家的学习效率。

任务实施

一、测评实习加工的零件尺寸

根据实习内容，填写并提供表 6-5-1 所示的螺旋千斤顶零件加工质量评估表。

表 6-5-1 螺旋千斤顶零件加工的质量评估表

序号	名称	得分	备注
1	顶头		
2	底座		
3	过渡套		
4	平均分		

二、总结实习材料和刀具消耗

根据实习内容，填写并提供表 6-5-2 所示的螺旋千斤顶零件加工小组材料、刀具消耗表。

表 6-5-2 螺旋千斤顶零件加工的小组材料、刀具消耗表

序号	名称	规格型号	数量	单价	合计	备注
1						
2						
3						

续表

序号	名称	规格型号	数量	单价	合计	备注
4						
5						
6						
备注：刀具正常磨损换刀不纳入消耗。						

三、小组工作总结

小组工作总结需采用 PPT 方式展示实习内容，主要总结螺旋千斤顶的数控车削加工过程中的各项实习内容。

（一）实习时间

螺旋千斤顶零件数控车削加工的学习和实习时间:自_____年____月____日至____月____日共用时_____节课。

（二）出勤总结

小组实习出勤总结：_____

_____

_____

_____

_____

_____

_____

（三）着装总结

小组实习着装总结：_____

_____

_____

_____

_____

_____

_____

（四）任务分配与执行总结

小组实习任务分配与执行总结：＿＿＿＿＿＿＿＿＿＿＿＿＿＿＿＿＿

＿＿＿＿＿＿＿＿＿＿＿＿＿＿＿＿＿＿＿＿＿＿＿＿＿＿＿＿＿＿＿＿

＿＿＿＿＿＿＿＿＿＿＿＿＿＿＿＿＿＿＿＿＿＿＿＿＿＿＿＿＿＿＿＿

＿＿＿＿＿＿＿＿＿＿＿＿＿＿＿＿＿＿＿＿＿＿＿＿＿＿＿＿＿＿＿＿

＿＿＿＿＿＿＿＿＿＿＿＿＿＿＿＿＿＿＿＿＿＿＿＿＿＿＿＿＿＿＿＿

＿＿＿＿＿＿＿＿＿＿＿＿＿＿＿＿＿＿＿＿＿＿＿＿＿＿＿＿＿＿＿＿

（五）团队建设总结

小组实习团队建设总结：＿＿＿＿＿＿＿＿＿＿＿＿＿＿＿＿＿＿＿＿

＿＿＿＿＿＿＿＿＿＿＿＿＿＿＿＿＿＿＿＿＿＿＿＿＿＿＿＿＿＿＿＿

＿＿＿＿＿＿＿＿＿＿＿＿＿＿＿＿＿＿＿＿＿＿＿＿＿＿＿＿＿＿＿＿

＿＿＿＿＿＿＿＿＿＿＿＿＿＿＿＿＿＿＿＿＿＿＿＿＿＿＿＿＿＿＿＿

＿＿＿＿＿＿＿＿＿＿＿＿＿＿＿＿＿＿＿＿＿＿＿＿＿＿＿＿＿＿＿＿

＿＿＿＿＿＿＿＿＿＿＿＿＿＿＿＿＿＿＿＿＿＿＿＿＿＿＿＿＿＿＿＿

（六）实习的不足与改进措施

小组实习的不足与改进措施：＿＿＿＿＿＿＿＿＿＿＿＿＿＿＿＿＿＿

＿＿＿＿＿＿＿＿＿＿＿＿＿＿＿＿＿＿＿＿＿＿＿＿＿＿＿＿＿＿＿＿

＿＿＿＿＿＿＿＿＿＿＿＿＿＿＿＿＿＿＿＿＿＿＿＿＿＿＿＿＿＿＿＿

＿＿＿＿＿＿＿＿＿＿＿＿＿＿＿＿＿＿＿＿＿＿＿＿＿＿＿＿＿＿＿＿

＿＿＿＿＿＿＿＿＿＿＿＿＿＿＿＿＿＿＿＿＿＿＿＿＿＿＿＿＿＿＿＿

＿＿＿＿＿＿＿＿＿＿＿＿＿＿＿＿＿＿＿＿＿＿＿＿＿＿＿＿＿＿＿＿

＿＿＿＿＿＿＿＿＿＿＿＿＿＿＿＿＿＿＿＿＿＿＿＿＿＿＿＿＿＿＿＿

四、个人实习总结

（一）个人实习评价

螺旋千斤顶零件的数控车削编程及加工活动个人评价如表 6-5-3 所示。

表 6-5-3　螺旋千斤顶零件的数控车削编程及加工活动的个人评价表

评分项目	评分内容	评分标准	自我评价	小组评价	评价得分
职业素养	遵守纪律，按时出勤，实习着装规范	5			
	责任心强，积极完成教师和小组布置的任务	5			
	沟通技巧和团队精神，遇到问题不逃避，主动向同学、老师请教、倾听；与同学分享经验、提出建议；互相帮助	5			
	工具、量具、刀具按规定借用、归还	5			
	能在规定的时间如实完成工作页的填写	5			
知识技能	机械加工工艺过程卡填写	5			
	机械加工工序卡填写	5			
	机械加工刀具卡填写	5			
	正确装夹工件、刀具，并规范对刀	5			
	规范、有序进行产品零件的调试、加工	5			
	通过小组协作，选用合适的量具，规范地对产品进行检测，并填写检测结果	5			
	代表小组分享本项目学习遇到的问题和收获（加分项）	5			
	小组展示得分	5			
零件	零件质量（尺寸检测得分/5）	20			
安全文明生产	整个项目学习过程中无安全事故发生	10			
	用完机床后及时清除铁屑，清扫机床和实习场地	5			
	保护他人不受伤害（加分项）	5			
	任务总评分				

注：工艺卡填写每错一处扣 1 分；撞工件一次扣 2 分，撞卡盘一次扣 5 分；打刀片一次扣两分，打刀杆一次扣 5 分；最高扣分 10 分。

（二）个人工作总结

螺旋千斤顶零件加工活动的个人工作总结：＿＿＿＿＿＿＿＿＿＿＿＿＿＿＿

＿＿＿＿＿＿＿＿＿＿＿＿＿＿＿＿＿＿＿＿＿＿＿＿＿＿＿＿＿＿＿＿＿＿＿＿＿

＿＿＿＿＿＿＿＿＿＿＿＿＿＿＿＿＿＿＿＿＿＿＿＿＿＿＿＿＿＿＿＿＿＿＿＿＿

＿＿＿＿＿＿＿＿＿＿＿＿＿＿＿＿＿＿＿＿＿＿＿＿＿＿＿＿＿＿＿＿＿＿＿＿＿

＿＿＿＿＿＿＿＿＿＿＿＿＿＿＿＿＿＿＿＿＿＿＿＿＿＿＿＿＿＿＿＿＿＿＿＿＿

＿＿＿＿＿＿＿＿＿＿＿＿＿＿＿＿＿＿＿＿＿＿＿＿＿＿＿＿＿＿＿＿＿＿＿＿＿

_____

_____

_____

_____

_____

_____

_____

_____

五、小组展示评价

小组展示评价可用表 6-5-4 所示的数控车床基本操作小组展示得分记录表来表示。

表 6-5-4　螺旋千斤顶零件加工时小组的展示得分记录表

序号	组名	展示人	得分	序号	组名	展示人	得分

参考文献

[1] 张同兴. 数控车床操作与零件加工[M]. 北京：中国劳动社会保障出版社，2013.

职业技术教育紧缺型人才培养与产教融合特色系列教材

职业教育智能制造·机器人工程专业产教融合重点推优系列

四川省中等职业教育名校名专业名实训基地建设工程成果系列

数控车削编程与加工学习册

主　编　刘维国　　翟斌元

副主编　何金坪　　陈　春　　李保正

　　　　钟　杰　　周　奎　　郭金鹏

参　编　郎　昆　　冯海英

西南交通大学出版社

·成都·

图书在版编目（CIP）数据

数控车削编程与加工. 1，学习册 / 刘维国，翟斌元
主编. -- 成都：西南交通大学出版社，2024. 11.
（职业教育智能制造·机器人工程专业产教融合重点推优
系列）（四川省中等职业教育名校名专业名实训基地建设
工程成果系列）. -- ISBN 978-7-5774-0140-9

Ⅰ. TG519.1

中国国家版本馆 CIP 数据核字第 20248EU223 号

职业教育智能制造·机器人工程专业产教融合重点推优系列
四川省中等职业教育名校名专业名实训基地建设工程成果系列

Shukong Chexiao Biancheng yu Jiagong：Xuexice/Gongzuoye
数控车削编程与加工：学习册/工作页

主　编 / 刘维国　翟斌元

策划编辑 / 李晓辉
责任编辑 / 雷　勇
责任校对 / 谢玮倩
封面设计 / 吴　兵

西南交通大学出版社出版发行

（四川省成都市金牛区二环路北一段 111 号西南交通大学创新大厦 21 楼　610031）
营销部电话：028-87600564　　028-87600533
网址：https://www.xnjdcbs.com
印刷：四川玖艺呈现印刷有限公司

成品尺寸　185 mm × 260 mm
总 印 张　24.5　　总字数　550 千
版　　次　2024 年 11 月第 1 版　　印次　2024 年 11 月第 1 次

书　　号　ISBN 978-7-5774-0140-9
套价（全2册）　68.00 元

课件咨询电话：028-81435775

　　"数控车削编程与加工"是职业院校数控技术专业必修的一门专业课。本教材以数控技术、机械制造及自动化等专业的人才培养为目标，以"数控车削编程与加工"课程标准以及数控加工职业技能等级考核标准为依据，遵循学生职业能力培养的基本规律，按照数控加工的工作岗位能力需求设置教材内容。本教材依据"应用为目的，必需、够用为度"的原则，以加工零件为主要载体，把理论知识、实践技能与实际应用结合在一起；以工作过程为导向，突出培养实训技能，力求从实际应用的需求出发，将数控编程理论知识、数控机床操作、数控零件加工等实践技能和机械加工技术、人员职业素养培养有机地融为一体。

　　本书分为 6 个项目，强调安全文明生产的必要性和重要性，系统地介绍数控车床（GSK980TDc 系统、FANUC 0i Mate-TD 系统）的基本操作，数控车床（GSK980TDc 系统）编程的相关知识，简要介绍典型零件加工过程中的工艺知识，旨在培养学生融会贯通知识的能力。本教材的主要特点包括：

　　（1）基于工作流程编排教材内容，注重实践教学和生产工艺，突出"工艺"的指导作用。教材分为学习册和工作页，学习册包含任务描述、任务目标、任务准备，工作页包括任务描述、任务实施等环节，学生以完成任务为目标进行理论学习和实践操作，践行"做中学，学中做"的教学理念。教师加以引导和指导，突出"教、学、做、测、评一体"的教学模式。

（2）对接数控车工职业技能等级标准，参考"数控车削加工职业技能等级（高级）"要求，提炼任务目标和任务内容，设计"1+X"课证融通评价体系。

（3）配套教案、视频、课件等数字资源丰富，体现"互联网+"新形态一体化教材理念。

（4）以科技报国的家国情怀和精益求精的大国工匠精神为主线，融入职业素养元素，体现"立德树人"的教育理念。

广元中核职业技术学院的刘维国和翟斌元担任主编，广元中核职业技术学院的何金坪、陈春、李保正、钟杰以及四川工程职业技术大学的周奎、四川交通职业技术学校的郭金鹏担任副主编，广元中核职业技术学院的郎昆、冯海英参与编写，全书由刘维国统稿。

本书的编写人员均本着严谨的态度参与编写工作，但由于水平有限，难免出现疏漏和不当之处，恳请广大师生不吝指正。

编　者

2024 年 5 月

二维码目录

序号	资源名称	资源类型	资源页码
1	外圆刀对刀	视频	73
2	G01 编程加工	视频	87
3	G90 编程加工	视频	96
4	G71 编程加工	视频	105
5	G92 编程加工	视频	125
6	G76 编程加工	视频	125
7	G71Ⅱ编程加工	视频	131
8	G73 编程加工	视频	139
9	G74 编程加工	视频	149
10	G75 编程加工	视频	159

目录

CONTENTS

项目一 安全文明生产与数控车床基础知识

项目描述

数控车削编程与加工是一门实践性很强的课程。在进入学校数控实习车间进行实操前，为了让学生对装备制造业的安全文明生产、现场管理要求等有直观的认知，保证学生能够完成基础的数控车床维护保养，设计一系列实践活动。希望学生通过这些实践活动，在保证安全的前提下养成良好的学习习惯和工作习惯，为后续安全实习、文明实习打下坚实的基础。

项目目标

1. 明确安全文明生产的重要意义，树立安全文明生产的理念。
2. 了解 6S 管理的基本内容和重要性。
3. 了解数控机床的发展历史和发展方向。
4. 能够描述数控车床的原理、结构、种类和组成。
5. 能够独立完成数控机床的日常维护保养。

任务 1　生产车间 6S 管理与安全文明生产

任务描述

学生经过前期的理论学习，将进入学校数控实习车间进行学习。在实际操作之前，让学生参观企业装备制造生产车间或学校装备制造实习车间，开阔同学们的视野，了解车间的整体布局和功能分区，感受车间对 6S 管理和安全文明生产的重视，了解车间现场 6S 管理的内容和安全文明生产的要求，培养学生严谨工作态度和安全生产意识，为后续的安全实习、有序实习、高效实习做好知识上、心理上和物质上的准备工作。

任务目标

1. 熟悉 6S 管理的基本内容。
2. 熟悉生产车间安全警示牌的含义。
3. 熟悉实训车间安全文明生产的管理办法。
4. 熟悉数控车床的安全操作规程。

任务准备

一、6S 管理

（一）6S 管理的发展

6S 管理起源于日本。最初是 5S 管理，即在生产现场中对人员、机器、材料、方法等生产要素进行有效管理。针对企业中每位员工的日常行为提出要求，倡导从小事做起，力求使每位员工都养成事事"讲究"的习惯，从而达到提高整体工作质量的目的。

我国企业结合安全生产活动，在原来 5S 管理基础上增加了安全（Safety）要素，形成 6S 管理。现在，6S 管理已在全球范围内广泛采用。6S 管理提出的目标简单、明确、实用、效果显著，就是为员工创造一个干净、整洁、舒适、科学合理的工作场所和空间环境，通过实施有效的 6S 管理，最终提升人的素质，为企业造就一个高素质的优秀群体。

（二）6S 管理的内涵

6S 管理是指对现场所处的状态不断进行整理（Seiri）、整顿（Seiton）、清扫（Seiso）、清洁（Seiketsu）、素养（Shitsuke）、安全（Safety），以提升人的素养。这六个项目在英语中均以"S"开头，因此简称 6S 管理，其内涵主要包括：

（1）整理（Seiri）是"6S"管理的第一步，也是基础的一步。

整理（Seiri）的目的是区分生产现场中的必需品和非必需品，只保留有用的物品，清除无用的物品，为后续的管理工作腾出空间。这一步骤有助于减少空间浪费，提高生产效率。

（2）整顿（Seiton）是"6S"管理的第二步。

整顿（Seiton）的目的是将生产现场中的必需品按照一定的规则摆放整齐，做好标识，以便能够迅速找到和使用。通过整顿，可以减少寻找物品的时间，提高整体的工作效率。

（3）清扫（Seiso）是"6S"管理中的第三步。

清扫（Seiso）就是清除生产现场中的垃圾、灰尘和污垢，使工作场所保持干净整洁。这不仅有助于提高生产设备的使用寿命，还有助于减少污染，提高工作环境质量，减少安全事故的发生，提高员工的工作积极性。

（4）清洁（Seiketsu）是"6S"管理中的第四步。

清洁（Seiketsu）是在整理、整顿、清扫的基础上进行的，目的是保持前三个"S"的成果，使生产现场始终保持干净整洁的状态。通过"清洁（Seiketsu）"，维持工作场所的清洁和整洁，形成制度化、规范化的管理，有助于保持工作场所的长期清洁和有序，提高工作效率。

（5）素养（Shitsuke）是"6S"管理中的第五步。

素养（Shitsuke）是指通过教育和培训，使员工养成良好的工作习惯，自觉遵守规章制度，提高员工的整体素养。这有助于提升企业形象，增强员工的归属感和凝聚力。

（6）安全（Safety）是"6S"管理中的第六步。

安全（Safety）是指关注工作场所的安全问题，采取必要的措施以确保员工的人身安全和设备的安全运行。这有助于减少安全事故的发生，保障企业的稳定发展。

（三）6S 管理的作用

6S 管理是一种有效的现场管理工具，通过改善工作环境、提高员工素养、减少浪费、保障安全、提升效率等方面全面提升企业的竞争力。6S 管理的作用主要包括：

（1）保障安全。

6S 管理能够确保工作场所的清晰明亮、通道顺畅、公共区域整洁有序，从而降低安全事故发生的可能性，保障员工的人身安全和设备的安全运行。

（2）保障品质。

6S 管理强调按照标准作业，确保产品按标准要求生产。正确地使用和保养检测仪器和机械设备，避免产生次品，保障产品品质。

（3）减少浪费。

6S 管理有助于减少人力、场所、时间等方面的浪费，降低产品的生产成本，提高产品的生产效率和企业的利润。例如，通过整顿和清洁，可以减少物品寻找的时间和浪费，提高工作效率。

（4）提升效率。

6S 管理能够帮助企业提升整体的工作效率。物品的有序摆放减少了物料的搬运时间，同时干净整洁的工作环境也有助于提高生产效率和产品质量。

（5）提升企业形象。

通过实施6S 管理，企业的工作场所将变得整洁有序，有助于提升企业的外部形象，增加客户对企业的信任度和满意度。

（6）提升员工归属感。

在自己创造的干净、整洁的环境中工作，是自身能力和素质的一种体现，员工的成就感和尊严可以得到一定程度的满足，能够提升员工的精神面貌，从而提高员工的工作积极性和满意度，增强员工的凝聚力和归属感。

二、安全文明生产

"安全文明生产"是"以人为本"的具体体现。在生产过程中，企业要把员工的生命安全放在首位，通过科学的管理和技术手段，减少和避免事故的发生。"安全文明生产"不仅能够保护员工的生命安全和身体健康，还能够提高企业的生产效率和经济效益，为企业的长期、稳定发展奠定坚实的基础。

安全文明生产对每个人的发展极其重要，不仅关系到个人的生命安全和身体健康，还能够提高学习、工作、生活的幸福感。因此，应该高度重视安全文明生产，确保在生产、学习活动中注重安全生产、遵循法律法规、注重环境保护、促进人与自然和谐共生，积极推动、落实安全文明生产的实现。

（一）四不伤害原则

四不伤害原则内容：不伤害自己、不伤害他人、不被他人伤害、保护他人不受伤害。

1. 不伤害自己

（1）保持正确的工作态度及良好的身体心理状态，保护自己的责任主要靠自己。

（2）掌握自己操作的设备或生产活动中的危险因素及控制方法，遵守安全规则，使用必要的防护用品，不违章作业。

（3）任何活动或设备都可能是危险的，确认无伤害威胁后再实施，三思而后行。

（4）杜绝侥幸、自大、逞能、想当然的心理，莫以患小而为之。

（5）积极参加安全教育训练，提高识别和处理危险的能力。

（6）虚心接受他人对自己不安全行为的纠正。

2. 不伤害他人

（1）如果你的生产活动会影响他人安全，请尊重他人生命，不制造安全隐患。

（2）对不熟悉的活动、设备、环境要做到多听、多看、多问，事先做好必要的沟通协商。

（3）操作设备尤其是启动、维修、清洁、保养时，要确保他人在免受影响的区域。

（4）将你所知的或由你造成的危险及时报告相关责任人，以便加以消除或进行标识。

3. 不被他人伤害

（1）提高自我防护意识，保持警惕，及时发现并报告危险。

（2）将你拥有的安全知识及经验与同事共享，帮助他人提高事故预防技能。

（3）不忽视已标识的、潜在危险，除非得到充足防护或安全许可。

（4）纠正他人可能危害自己的不安全行为，不伤害生命比不伤害情面更重要。

（5）冷静处理所遭遇的突发事件，正确应用所学安全技能。

（6）拒绝他人的违章指挥，即使是你的主管。不被伤害是你的权利。

4. 保护他人不受伤害

（1）任何人在任何地方发现任何事故隐患都要主动告知或提示他人。

（2）提示他人遵守各项规章制度和安全操作规范。

（3）提出安全建议，互相交流，向他人传递有用的信息。

（4）视安全为集体的荣誉，为团队贡献安全知识，与他人分享经验。

（5）关注他人身体、精神状况等异常变化。

（6）一旦发生事故，在保护自己的同时，要主动帮助身边的人摆脱困境。

（二）车间安全警示标识

车间安全警示标识主要包括：

（1）红色：表示禁止、停止、消除和危险的意思。

（2）黄色：表示注意、警告的意思，如皮带轮防护罩。

（3）蓝色：表示必须遵守的意思，如命令标志。

（4）绿色：表示通告安全和提供信息的意思，如启动按钮。

（5）红白相间条纹：表示禁止通行、跨越的意思，比单独用红色要醒目，如护栏等。

（6）黄黑相间条纹：表示注意的意思，如起重机回转平台等。

（7）蓝白相间条纹：表示方向，如交通指向标。

（三）数控车工安全操作规程

数控车工安全操作规程主要包括：

（1）进入实训中心，操作人员应穿好工作服，佩戴护目镜，戴好工作帽，女同志应将头发压入工作帽内；严禁戴手套操作，不允许扎领带或穿宽松的衣物；穿劳保服应遵循的三紧原则包括领口紧、袖口紧、下摆紧。

（2）不要在数控机床周围放置障碍物，确保工作空间足够大。

（3）必须按正常的顺序开关机床。开机前应仔细检查车床各部分是否完好，检查数控系统及各电器附件的插头、插座是否连接可靠，确定无故障后再进行操作。通电后，检查各开关按钮或按键是否正常、灵活，机床有无异常现象。

（4）机床工作前要进行预热，认真检查润滑系统是否正常工作。如果机床长时间未开动，可先采用手动方式向各部分提供油润滑。

（5）服从安排，听从指挥。操作前必须熟悉机床性能和数控系统的基本功能和指令，必须在老师的指导下而不得擅自启动或操作车床数控系统，更不准随意改动车床系统的参数设置。

（6）实习学生在操作时，其他人员禁止操作控制面板上的任何按钮，以免发生意外事故。操作时，按压按键或开关时不得用力过猛。

（7）机床导轨面和工作台上禁止放置工件、刀具、量具或其他物品。

（8）工作时所使用的工具、夹具、量具以及工件应尽可能集中在操作者的周围。常用的放在近处，不常用的放在远处。物件放置应有固定的位置，使用后要放回原位。

（9）毛坯、半成品、成品应该分开，规范整齐放置。

（10）利用卡盘扳手装夹工件后，必须及时取下，刀具和工件必须装卡牢固可靠，不得超负荷切削。手动对刀和换刀时，应注意选择合适的进给速度，确保刀架距工件有足够的转位距离，避免发生碰撞。

（11）更换工件、夹具、测量工件时必须停车，把刀具移至安全距离后才能进行更换工件、夹具以及测量工件。

（12）机床启动前要观察周围环境，确认无人正对卡盘；机床启动后，要站在安全位置上，以避开机床移动部件和铁屑。不能靠近正在旋转的工件，更不能用手触摸旋转工件表面，也不能用量具测量旋转工件的尺寸，以防发生人身安全事故。

（13）手摇进给和手动进给操作时，必须检查各种开关所选择的位置是否正确，弄清楚正方向和负方向，认准按键，然后再进行操作。

（14）试切和加工时，刃磨刀具和更换刀具后一定要重新对刀。

（15）输入和修改程序后应认真核对，确保无误。在自动运行程序前，必须认真检查程序，确保程序的正确性。

（16）自动切削前，必须关好机床防护门；自动加工时，操作者不能离开机床，密切关注切削加工状态，如果发生意外情况及时处理。

（17）机床运转时，不要无故触摸开关和按键，防止误操作。禁止用手或其他任何方式接触正在旋转中的主轴、工件或其他运动部位。

（18）牢记急停开关位置。在操作过程中必须集中注意力，谨慎操作，一旦发现异常应及时按下复位按钮或急停开关。机床报警后要查明原因并做好记录，消除报警、排除故障后再开机检查。

（19）车床主体应按照有关要求进行文明使用和养护，以提高机床的使用精度和延长机床的使用寿命。

（20）加工完毕后，做好机床卫生清扫工作，不准用手直接清除铁屑，应使用专门工具清扫；擦净导轨面上的切削液，涂上防锈油，把滑板移至中间位置，按要求顺序关机。

安全生产是安全与生产的有机统一，其宗旨是安全促进生产，生产必须安全。安全生产要紧紧围绕"以人为本"这个中心；树立安全理念，养成安全习惯。随时牢记安全这个使命和责任，养成安全操作的好习惯。

三、参观准备

（一）学校准备

在做好参观准备时，学校应该准备的事项主要包括：

（1）任课教师向学校有关部门提出到企业或学校实习场所参观的申请，申请材料包括班级、人数、时间、参观内容等。

（2）学校与企业或学校实习场所的管理人员或老师对接，拟定参观的时间、参观车间的类别、参观路线等。

（3）学校根据实际情况拟定乘车路线或步行路线。需要乘车则事先安排好接送车辆、接送时间和地点；步行则根据情况决定是否向当地交管部门报备，根据情况决定是否请交管部门协助。

（二）学生准备

在做好参观准备时，学生应该准备的事项主要包括：

（1）明确学生分组，明确时间和参观路线，参观过程中各组的位置，同组同学相互帮助，预防走散；每组选出组长，参观过程中发生意外情况先小组处理，小组无法处理的则组长应及时向带队老师报告。

（2）明确参观的目的和预期收获，列出想要了解或解决的问题。

（3）准备必要的装备如纸、笔、相机、录音设备等，以便记录参观过程中的重要信息。

（三）参观前的安全教育及参观过程注意事项

参观前的安全教育及参观过程中应该注意的事项主要包括：

（1）所有学生听从带队老师的统一指挥和安排。

（2）遵守车间的规章制度，尊重车间工作员工，不干扰车间的正常运营，不许拍照的地方不要拍照。

（3）未经允许，不得触碰车间的机器设备、不得触摸现场摆放的零件产品。

（4）用心观察企业的生产现场，了解"6S"管理在生产现场管理中的应用。

（5）记录参观过程中的重要信息，包括现场的警示牌、机床布局、机床安全操作规程、机械加工现场管理制度等。

任务 2　数控车床基础知识

任务描述

了解数控机床的发展史和发展方向，了解我国数控机床的现状；了解数控机床的种类；了解数控机床的结构，为使用、维护、保养数控机床打下基础；了解数控加工在国民经济中的地位，了解数控专业的发展前景，坚定学生学好数控的信心。

任务目标

1. 熟悉数控机床的发展史和数控机床的发展方向。
2. 熟悉数控车床的结构、种类、特点及应用。
3. 熟悉数控车床的主要部件及功能。
4. 熟悉数控车床的加工特点。

一、基本概念

数控是数字控制（Numerical Control，NC）的简称，是指利用数字、字符或其他符号对某一工作（如加工、测量、装配等）进行可编程控制的自动化处理。

数控技术（Numerical Control Technology，NCT）是指利用数字量及字符发出指令并实现自动控制的技术，数控技术已经成为制造业实现自动化、柔性化、集成化生产的基础技术。

数控系统（Numerical Control System，NCS）是指采用数字控制技术的控制系统。

计算机数控系统（Computer Numerical Cnotrol，CNC）是指以计算机为核心的数控系统。

数控机床（Numerical Control Machines Tools，NCMT）是指采用数字控制技术对机床的加工过程进行自动控制的一类机床，是一种综合应用了计算机技术、自动控制技术、精密测量技术和机床加工技术等于一体的机电一体化产品，是现代制造技术的基础。

数控加工是根据被加工零件的图样和工艺要求，编制零件数控加工程序，将零件数控加工程序输入数控系统并控制数控机床中刀具和工件做相对运动，从而加工出合格零件的一种加工方法。

二、数控机床的发展

（一）数控机床的发展史

数控机床的发展史可以追溯到 20 世纪初期。随着机械制造技术的不断进步，数控机床逐渐从简单的机械控制发展到现在的计算机数字控制。数控机床的发展阶段主要包括：

（1）初始阶段（1900 年-1950 年）。

机械制造技术进入精密化阶段，为数控机床的发展奠定了基础。

（2）起源与试验阶段（1952 年）。

美国军方在麻省理工学院的协助下试制成功世界上第一台由大型立式仿形钳床改装而成的三坐标数控铣床，这台铣床实现了同时控制三轴的运动。该铣床虽然主要用于试验，但为后续的数控机床发展奠定了基础。

（3）第一代数控机床（1954 年）。

美国本迪克斯公司基于帕尔森斯专利，生产了第一台工业用数控机床。此时，数控机床仍然处于起步阶段，但已经开始向工业化应用迈进。

（4）第二代数控机床（1959 年）。

随着晶体管元器件的广泛应用，数控系统中开始采用晶体管和印制电路板，数控机床进入了第二代。同年，美国克耐·杜列克公司发明了带有自动换刀装置的数控机床，称为"加工中心"，成为数控机床发展中的一个重要里程碑。

（5）第三代数控机床（1960 年）。

小规模集成电路投入市场后，由于其体积小、功耗低，进一步提高了数控系统的可靠性，数控机床进入第三代。此时，数控机床开始采用专用控制的硬件逻辑数控系统。

（6）第四代数控机床（1970 年前后）。

随着计算机技术的发展，小型计算机的价格急剧下降，开始取代专用控制的硬件逻辑数控系统。由计算机作为控制单元的数控系统称为第四代数控系统，标志着数控机床开始全面进入计算机控制时代。

（7）第五代数控机床（1974 年）。

美国、日本等首先研制出以微处理器为核心的数控机床，即第五代数控机床，此类数控机床得到飞速发展和广泛应用，微处理器为核心的数控机床（MNC）也被统称为计算机数控系统（CNC）。

（8）柔性制造系统与单元。

1967 年，英国首先将几台数控机床连接成具有柔性的加工系统，即柔性制造系统（FMS）。20 世纪 80 年代初，国际上又出现了柔性制造系统（Flexible Manufacturing System，FMS），进一步提高了生产效率和灵活性。

（9）智能化、网络化阶段（1990 年至今）。

进入 21 世纪后，随着互联网和云计算的飞速发展，数控机床发展到了一个新的阶段。数控机床不仅能够实现远程监控和数据共享，还可以通过云计算技术实现大数据分析和人工智能处理，数控机床的生产效率和精度得到进一步提高，极大地降低了生产成本。

我国于 1958 年成功研制了第一台数控机床，由于当时的技术水平低、工业基础薄弱，数控机床的发展经历了一些波折。改革开放后，我国开始大量引进国外的数控技术和设备，逐步实现了数控机床的国产化和产业化。目前，我国技术水平和生产能力逐年提高，在高档数控机床研制方面已经取得了一定的成果。例如：五轴复合加工机床、大型龙门加工中心、高速切割数控机床等。同时，也应注意到，我国数控机床主要面临的困难包括产品精度、刀库存储、控制系统等方面。

（二）数控机床的发展趋势

1. 数控系统的发展

数控系统的发展主要包括：

（1）数控系统开放化的趋势。

开放式数控系统按开放的层次不同可分为开放人-机控制接口、开放系统核心接口、开放体系结构 3 种途径，它们的开放层次不同，难度不等，获得的开放效果也相差很大。

（2）数控系统小型化的趋势。

随着微电子技术的发展，大规模集成电路的集成度越来越高，体积越来越小。数控设备生产厂家采用超大规模集成电路以及表面安装工艺（SMT）实现了三维立体装配，将整个 CNC 装置做得很小，以适应机械制造业机电一体化的要求。

（3）数控系统优化人机交互方式的趋势。

为了使操作者容易掌握数控机床的操作，数控设备生产厂家努力改善人机接口、简化编程，尽量采用对话方式以方便用户操作。

（4）数控系统产品配套性的提高。

数控系统性能主要受 CNC 性能的影响，还与数控系统的主轴、进给驱动装置以及相关检测反馈元件的性能密切相关。如果系统组成相互间的匹配度高，用户就可以获得最好的使用效果。为了达到最佳的使用效果，数控设备厂家越来越重视数控系统的配套。

（5）数控系统的智能化趋势。

随着工业技术的发展，制造业要求制造过程更快、更容易，以适应生产需要。目前，智能闭环加工技术正被数控系统广泛采用，这种技术利用传感器获得实时信息，以提高生产效率和取得更高质量的产品。

2. 制造材料的发展

为了使机床轻量化，常使用各种复合材料如轻合金、陶瓷和碳素纤维等。目前聚合物混凝土制造的基础件具有性能优异、密度大、刚性好、内应力小、热稳定性好、耐腐蚀、制造周期短等特点，特别是其阻尼系数大，抗振减振性能特别好。利用聚合物混凝土制造的机床底座，在铸铁中填充混凝土或聚合物混凝土，提高了振动阻尼性能，其减振性能是铸铁件的 8~10 倍。

3. 机床结构的发展

机床结构的发展主要包括：

（1）箱中箱结构。

为了提高刚度和减轻重量，机床采用了框架式箱形结构，将一个框架式箱形移动部件嵌入另一个框架箱中。

（2）台上台结构。

为了扩充工艺功能，立式加工中心常采用双重回转工作台，在一个回转工作台上加装另一个（或多个）回转工作台。

（3）主轴摆头。

为了扩充工艺功能，卧式加工中心常采用双重主轴摆头。

（4）重心驱动。

龙门式机床的横梁和龙门架采用两根滚珠丝杆驱动，形成虚拟重心驱动。近年来，为了提高效率和精度，中小型机床采用了重心驱动方式。加工中心主轴滑板及其下边的工作台将单轴偏置驱动优化为双轴重心驱动，消除了启动和定位时由单轴偏置驱动产生的振动，提高了精度。

（5）螺母旋转式滚珠丝杆副。

重型机床的工作台行程通常由几米到十几米，以前一般采用齿轮、齿条传动。为了消除间隙，后来采用双齿轮驱动，但这种驱动方法的结构复杂，高精度齿条制造困难。

目前，一般采用大直径（直径已达 200~250 mm）、长度为 20 m 的滚珠丝杆副，通过丝杆固定、螺母旋转的方式来实现工作台的移动。

（6）八角形滑枕。

八角形滑枕具有双 V 字形导向面、导向性能好、各向热变形均匀、刚性好的特点。

数控机床的发展还伴随着一系列的技术革新，如加工中心的出现、柔性制造系统的应用等。这些技术革新进一步推动了数控机床的发展，使其在各行业中得到广泛应用。

数控机床的发展史是一个不断进步、不断创新的过程。随着技术的不断发展，数控机床在未来继续发挥重要作用。

三、数控车床的种类

在企业生产过程中，因行业和应用领域的不同，机床的种类繁多，每一个企业所采用的切削加工机床有所差异。但从广泛性和通用性的角度来看，数控车床是机械加工企业中使用最为广泛的切削加工机床之一。数控车床的种类多样，可以根据不同的特性进行分类。

（一）按车床主轴位置分类

数控车床按主轴位置可分为立式数控车床和卧式数控车床。

1. 立式数控车床

立式数控车床简称为数控立车，车床的主轴垂直于水平面，包含一个直径很大的圆形工作台用于来装夹工件，如图 1-2-1 所示。这类车床主要用于加工径向尺寸大、轴向尺寸相对较小的大型复杂零件。

图 1-2-1　立式数控车床

2. 卧式数控车床

卧式数控车床的主轴平行于水平面，刀架在垂直面内移动。卧式数控车床又分为数控水平导轨卧式车床和数控倾斜导轨卧式车床，如图 1-2-2 所示。卧式数控车床的倾斜导轨结构可以使车床具有更好的刚性，易于排除切屑。

（a）数控水平导轨卧式车床

（b）数控倾斜导轨卧式车床

图 1-2-2　卧式数控车床

（二）按车床功能分类

数控车床按功能可分为经济型数控车床、普通数控车床和车削中心。

1. 经济型数控车床

经济型数控车床一般采用步进电机和单片机控制车床的进给系统，是一种简单的数控车床，具有成本低、自动化程度低、功能差、车削精度低的特点，适用于车削要求低的零件。

2. 普通数控车床

普通数控车床的结构经过特殊设计，可以根据车削要求配备通用的数控系统。

3. 车削中心

车削中心是指在普通数控车床的基础上增加了动力头和 C 轴控制功能，是一种以车床为基本体，集动力铣、钻、镗等功能于一体的复合加工机械。车削中心在车削过程中一次性完成工件的二次或三次加工工序，极大地提高了加工效率和加工精度。

（三）按控制系统分类

数控车床控制系统的种类较多，可划分为国内控制系统和国外控制系统。

1. 国外控制系统

国外控制系统主要包括德国西门子数控系统、法国 Num 数控系统、西班牙 FAGOR 数控系统、日本 FANUC 数控系统等。

2. 国内控制系统

国产控制系统主要包括华中数控系统、广州数控系统、金工数控系统、北京精雕数控系统、沈阳蓝天数控系统、开通数控系统、华兴数控系统、凯恩帝数控系统等。

（四）按运动方式分类

数控机床按运动方式可分为点位控制数控机床、点位/直线控制数控机床、轮廓控制数控机床，具体内容主要包括：

（1）点位控制数控机床可以精确控制机床从一个位置到另一个位置的移动，但不能控制机床在两点之间的运动轨迹。

（2）点位/直线控制数控机床在点位控制数控机床的基础上，还能控制机床进行直线运动。

（3）轮廓控制数控机床能够控制机床进行连续的复杂运动轨迹。

（五）按控制方式分类

数控机床按控制方式可分为开环控制方式、闭环控制方式和半闭环控制方式。

1. 开环控制方式

开环控制方式是指系统中没有位置检测装置、输出信号不反馈到输入端的一种控制方式。开环控制方式具有结构简单、成本低、准确性相对较差的特点，主要适用于工件加工条件变化较小的情况，如木工、石材雕刻、车床削加等简单的加工。

2. 闭环控制方式

闭环控制方式是指系统中有位置检测装置、输出信号反馈到输入端并进行比较的一种控制方式。封闭环控制方式具有控制精度高、成本高的特点，主要适用于精密加工要求高的工艺，比如精密雕刻、精密钻孔、汽车发动机零部件加工等。

3. 半闭环控制方式

半闭环控制方式是指介于开环和闭环之间，系统中部分位置检测装置的输出信号反馈到输入端并进行比较的一种控制方式。半封闭环控制方式具有成本适中、适用于一些中等精度加工的特点，如普通车削、多边形镗孔等。

不同数控机床控制系统各有优劣，对于不同的加工要求需要选择不同的控制系统。随着工业4.0和智能化制造的不断推进，数控机床的控制系统也会更加智能化和自适应化，能够更好地适应工业现代化的生产需求。

（六）按工艺性能分类

数控车床按工艺性能可分为螺纹数控车床、活塞数控车床、曲轴数控车床等。

此外，数控车床还可以按加工方式、结构布局、适用范围等进行分类，但是这些分类方法并不是完全独立的，有时一个数控车床可能同时属于多个类别。

四、数控车床的结构

数控车床主要由车床主体、控制部分、驱动部分、辅助部分组成，如图1-2-3所示。

这些部件分工协作，实现高精度、高效率的切削加工。

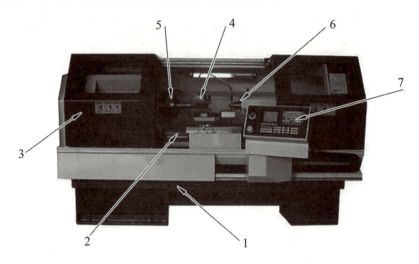

1—床身；2—导轨；3—防护门；4—刀架；5—机床主轴；

6—尾座；7—数控系统。

图 1-2-3 数控车床外形图

（一）车床主体

车床主体是数控车床的基础件，由床身、主轴与主轴箱、进给箱与滚珠丝杠、导轨、丝杆和光杆、机械传动机构、床身与工作台、刀架、底座组成，具体内容主要包括：

（1）床身。

床身是车床的主体部分，通常由铸铁或钢制成。床身的主要功能是支撑工件和刀具，使车削过程平稳、准确进行。床身通常分为上、下两部分，上部为刀架支撑工具和刀架滑动的部分，下部为工件的支撑和定位的部分。

（2）主轴与主轴箱。

主轴是数控车床的关键部件，其回转精度对加工零件精度有很大影响。主轴箱用于安装主轴，实现主轴的变速和转向。对于具有无级自动调速功能的数控车床，其主轴箱的传动结构已经简化。

（3）进给箱与滚珠丝杠。

进给箱与滚珠丝杠是将回转运动转化为直线运动，或将直线运动转化为回转运动的理想的产品。滚珠丝杠是工具机械和精密机械上最常使用的传动元件，其主要功能是将旋转运动转换成线性运动，或将扭矩转换成轴向反复作用力，同时兼具高精度、可逆性和高效率的特点。由于具有很小的摩擦阻力，滚珠丝杠被广泛应用于各种工业设备和精密仪器。

（4）导轨。

导轨是数控车床的导向装置，用于保证进给运动的准确性和平稳性。导轨的精度和刚度对车床的加工精度有很大影响。目前，定型生产的数控车床一般采用贴塑导轨。

（5）丝杆和光杆。

丝杆和光杆是数控车床的传动部件，用于将电动机的旋转运动转换为工件的直线运动或旋转运动。

（6）机械传动机构。

除了部分主轴箱内的齿轮传动等机构外，数控车床的机械传动机构在原普通车床传动链的基础上做了一些简化。伺服单元是 CNC 和车床之间连接的环节，可以将 CNC 装置中的微弱信号放大，成为大功率驱动装置的驱动信号。

（7）床身与工作台。

床身是数控车床的基础部件，用于支撑和安装其他部件。工作台用于安装和固定工件，以便进行加工。

（8）刀架。

刀架用于安装刀具，实现刀具的自动更换和定位。刀架的结构和性能对加工效率和加工精度有很大影响。

（9）底座。

底座是车床床身的重要组成部分，位于车床的下部，并通过螺栓等定位装置固定在基础上。底座的主要功能是支持床身和主轴箱，通过底座上的脚轮或垫片等装置调整车床的水平度和稳定性。

（二）数控装置

数控装置是数控车床的核心，接收来自编程器或外部设备输入的零件加工程序，经过译码、运算和逻辑处理后输出各种控制信号和指令，控制机床各执行机构的动作，自动完成零件的加工。

（三）驱动装置

驱动装置由伺服驱动装置和动力装置组成。

1. 伺服驱动装置

数控机床的伺服驱动装置是控制数控机床执行机构精确运动的系统，能够将数控装置发出的指令信号转换成机床执行部件的驱动信号，使机床执行部件按照指令要求进行运动。数控机床的伺服驱动装置是数控机床中至关重要的组成部分，其性能直接影响机床的加工精度和效率。

伺服驱动装置的特点主要包括：

（1）高精度。

伺服驱动系统能够精确控制机床执行部件的运动，满足高精度加工的需求。

（2）高速度。

伺服驱动系统具有快速响应的能力，可以实现高速加工。

（3）高动态响应。

伺服驱动器具有很高的动态响应能力，可以快速调节工具的位置和转速。

（4）高稳定性。

伺服驱动系统能够保持稳定的性能，确保加工过程的可靠性。

伺服驱动装置按用途和功能可划分为：

（1）进给驱动系统。

进给驱动系统控制机床工作台坐标或刀架坐标的切削进给运动，提供切削过程所需的力矩。

（2）主轴驱动系统。

主轴驱动系统控制机床主轴的旋转运动，为主轴提供驱动功率和所需的切削力。

伺服驱动装置按使用的执行元件可划分为：

（1）电液伺服系统。

电液伺服系统的伺服驱动装置主要采用电液脉冲马达和电液伺服马达。

（2）电气伺服系统。

电气伺服系统的伺服驱动装置主要采用伺服电机如步进电机、直流电机和交流电机等。

2. 动力装置

数控机床的动力装置是指保证机床精度、效率和灵活性的关键部分，可分为进给电机和主轴电机。

1）进给电机

进给电机主要负责数控机床主轴的移动和床身上工作台的移动。在数控机床中，电机的种类和应用有所不同。进给电机主要包括：

（1）旋转电机。

旋转电机分为步进电机和伺服电机两种。

①步进电机。

步进电机驱动装置是数控机床上常见的一种驱动方式，通过施加脉冲信号来控制电机的转动角度，实现机床轴的移动。步进电机驱动装置具有结构简单、价格便宜、转矩小的特点，适用于较小工件的加工。

②伺服电机。

伺服电机驱动装置是目前数控机床上最为常用的一种驱动方式，通过反馈系统来实现闭环控制，能精确控制机床轴的位置、速度和加速度，具有输出功率大、质量好特点。

（2）直线电机。

直线电机是一种将电能直接转换成直线运动的机械能，不需要任何中间转换机构的传动装置。数控机床中直线电机的运用主要体现在其作为驱动装置，可以直接实现机床的直线运动。

直线电机通常由一个固定的磁场和一个可移动线圈（或磁场）组成，通过施加电流来激励线圈从而产生力和运动。直线电机中旋转电机定子的部分称为初级，相当于旋转电机转子的部分称为次级。当直线电机的初级通以交流电时，次级就会在电磁力的作用下做直线运动。

直线电机在数控机床中的应用特点主要包括：

①高速、高精度加工。

由于直线电机具有高速响应和低惯性的特点，可以减小加工过程中的误差和振动，从而提高加工精度。通过直线电机的驱动，数控机床可以实现高速、高精度的加工，提高生产效率和产品质量。

②简化传动结构。

直线电机可以直接实现机床的直线运动，省去了中间机械传动装置或环节如齿轮、皮带等，从而简化了传动结构，降低了机械摩擦和系统的弹性变形，进一步提高了加工精度。

③灵活性和适应性。

直线电机可以方便地安装在数控机床的各个部位，实现各种复杂的运动轨迹。这使得数控机床具有更高的灵活性和适应性，可以满足各种复杂工件的加工需求。

④智能化和柔性化生产。

通过直线电机的驱动，自动化生产线可以实现连续、稳定运行，提高了生产效率和产品质量。同时，直线电机还可以与传感器、控制器等相互配合，实现生产过程的智能化和柔性化。

数控机床的直线电机可以带来诸多优势，如提高加工精度、简化传动结构、提高灵活性和适应性以及实现智能化和柔性化生产等。随着科技的不断发展，直线电机在数控机床领域的应用将会越来越广泛。

2）主轴电机

主轴电机通常采用伺服电机或变频电机，根据数控装置的指令实现主轴的无级调速和正反转。主轴的精度和稳定性直接影响加工零件的精度和表面质量。

（四）辅助装置

数控机床的辅助装置主要包括：

（1）冷却装置。

冷却装置用于带走加工过程中产生的热量，避免加工过程中温度过高而引起工件变形、刀具磨损，从而起到保证产品质量、保护刀具、保护机床的作用。

（2）润滑装置。

润滑装置用于对机床各部件进行润滑，减少磨损和摩擦，提高机床的使用寿命。

（3）照明系统。

（4）自动排屑系统。

（5）其他辅助部件。

数控车床的其他辅助部件还包括尾座、防护罩等其他辅助部件，以满足特定的加工需求。这些部件共同构成了数控车床的完整结构，使其能够实现高精度、高效率的切削加工。

五、数控车床的主要技术参数

数控车床的主要技术参数反映了数控车床的加工能力、加工范围、加工工件大小、主轴转速范围、装夹刀具数量、装夹刀杆尺寸和加工精度等指标，数控车床的主要技术参数是选择数控车床的重要依据。

为了识别数控车床的主要技术参数，本部分以 CAK6150Di/890 数控车床主要技术参数为例进行说明。CAK6150Di/890 数控车床的主要技术参数如表 1-2-1 所示。

表 1-2-1 CAK6150Di/890 数控车床主要技术参数

项　目			技术参数
加工范围	床身最大回转直径/mm		$\phi500$
	滑板上最大回转直径/mm		$\phi280$（注：配卧式六工位刀架）
	最大工件长度/mm		890
	最大车削长度/mm		850
	最大车削直径/mm		$\phi400$（注：配卧式六工位刀架）
主轴	主轴孔径/mm		$\phi70$
	主轴转速范围/（r/min）		22～2 200（变频自动三挡无级）
滑板移动速度	X 轴/Z 轴快移速度/（m/min）		5/10
尾座	套筒行程/mm		150
	尾座套筒锥孔		莫氏 5 号
刀架	刀位数		6
	民杆尺寸	外圆/mm	25×25
		内孔/mm	$\phi32$、$\phi25$
	X 轴行程/mm		250
	Z 轴行程/mm		850
主要精度	工件精度		$IT6～IT7$
	工件表面精度		$Ra1.6$

六、数控车床的加工特点

对于大批量生产，采用自动化加工设备可以获得良好的经济效益。大批量生产自动化加工的基础是严格的生产工艺流程，从而需要建立流水化生产线。对于小批量生产，由于生产的产品品种多、批量小以及加工方法差异较大，难以实现加工的自动化，不能采用大批量生产的刚性自动化方式。因此，大力发展柔性制造技术成为机械加工自动化的必然之路。

柔性制造技术实际上是计算机控制的自动化制造技术，包含计算机控制的单台加工设备和各种规模的自动化制造系统。数控机床是实现柔性自动化的最重要设备，与其他加工设备相比，数控机床具有的特点主要包括：

（1）加工精度高、加工质量稳定。

数控机床的加工精度通常非常高，其脉冲当量普遍达到了 0.001 mm，定位精度普遍可达 0.03 mm，重复定位精度可达 0.01 mm。进给传动链的反向间隙与丝杠螺距误差等均可由数控装置进行补偿，从而避免了人为的干扰因素，提高了加工精度。数控机床的传动系统与机床结构都具有很高的刚度和热稳定性，制造精度高，保证了加工质量的稳定性。

（2）加工生产效率高。

数控机床的主轴转速和进给量的调整范围都比普通机床设备的范围大，可以选用最有利的切削用量，从而提高生产效率。数控机床的自动化程度高，装夹定位和过程检验少，特别是采用自动换刀装置的数控加工中心，可以在同一台机床上实现多道工序连续加工，进一步提高了生产效率。

（3）减轻劳动强度、改善劳动条件。

数控机床的工作按照预先编制好的加工程序自动连续完成，除了输入加工程序、操作键盘、装卸工件、关键工序的中间测量及观看设备运行外，操作者不需要进行烦琐、重复的手工操作。

（4）对零件加工的适应性强、灵活性好。

数控机床能实现多坐标轴联动，加工程序可按被加工零件的要求进行变换，而机床本身不必调整，特别适合多品种、小批量、高生产率的生产需要。数控机床加工新工件时，只需重新编制新工件的加工程序就能实现新工件的加工，特别适合单件、小批量及试制新产品的工件加工。

（5）有利于生产的现代化管理。

数控机床使用数字信息与标准代码处理、控制加工，为实现生产过程的自动化创造了条件，有效地简化了检验、工夹具和半成品之间的信息传递。数控机床能准确地计算出单个产品的工时，有利于合理安排生产、实现生产管理的现代化。

（6）经济效益良好。

尽管数控设备的价格昂贵，但由于其加工精度高、废品率低、减少了调度环节等，生产成本下降，可获得良好的经济效益。

七、数控车床的加工应用范围

数控车床主要用于轴类、套类、盘类等回转体零件的加工，如各种内外圆柱面、内外圆锥面、圆柱螺纹、圆锥螺纹、车槽、钻孔、扩孔、铰孔等工序，以及普通车床上不能完成的由各种曲线构成的回转面、非标准螺纹、变螺距螺纹等表面的加工。车削加工中心还可以完成径向和轴向平面铣削、曲面铣削、中心线不在零件回转中心的端面孔和径向孔的钻削加工等。

数控车床加工的应用范围非常广泛，涵盖的加工应用范围主要包括：

（1）轴类零件或盘类零件的内外圆柱面、任意锥角的内外圆锥面的加工。数控车床可以精确控制这些面的形状和尺寸，确保零件的质量和精度。

（2）复杂回转内外曲面和圆柱、圆锥螺纹等切削加工。这些零件在航空、汽车、模具等领域有着广泛的应用，数控车床能够满足这些领域对高精度、高质量零件的需求。

（3）切槽、钻孔、扩孔、铰孔及镗孔等加工。这些加工操作在机械制造业中非常常见，数控车床能够自动完成这些操作，提高生产效率和加工精度。

（4）加工各种复杂的平面、曲面和壳体类零件。如各类凸轮、模具、连杆、叶片、螺旋桨和箱体等零件的铣削加工，同时还可以进行钻、扩、铰、攻螺纹、钻孔等加工。这些零件在机械制造、模具制造等领域有着广泛的应用。

（5）数控车床还可以加工各种材料如金属、塑料、陶瓷等，可以加工各种形状的零件如直线、曲线、轮廓形状等，以及实现各种复杂表面如螺旋、球面等的加工。同时，数控车床的加工尺寸范围广，从微小的零件到大型零件都可以加工。

数控车床加工的应用范围非常广泛，涵盖了机械制造、模具制造、航空、汽车等多个领域，是现代制造业中不可或缺的重要设备之一。

任务 3　数控车床维护与保养

任务描述

操作技术人员必须明白数控车床维护与保养的目的和意义，才能从思想上重视维护与保养工作；通过教师现场讲解、示范操作，让学生了解所用机床的结构和主要技术参数，掌握数控车床维护与保养的要求、内容和方法，能独立完成数控车床的日常维护与保养工作。

任务目标

1. 熟悉数控车床维护与保养的目的和意义。
2. 熟悉实习用数控车床的结构和主要技术参数。
3. 熟悉数控车床维护与保养的基本要求。
4. 熟悉数控车床维护与保养的内容和方法。
5. 能独立完成所用数控车床的日常维护与保养。

任务准备

一、数控车床维护与保养的目的和意义

数控车床是一种综合应用计算机技术、自动控制技术、自动检测技术以及精密机械设计和制造等先进技术的高新技术产物，是技术密集程度及自动化程度都很高的机电一体化产品。与普通机床相比较，数控机床不仅具有零件加工精度高、生产效率高、产

品质量稳定、自动化程度极高的特点，还可以完成普通机床难以完成或根本不能完成的复杂曲面零件的加工。因此，数控车床在机械制造业中的地位越来越重要。

在企业生产过程中，数控车床能否发挥提高加工精度、保证产品质量稳定、提高生产效率的作用，不仅取决于车床本身的精度和性能，很大程度上与操作者在生产中能否正确地对数控车床进行维护保养和使用密切相关。

做好数控车床的日常维护与保养工作，才可以延长零部件的使用寿命，减少机械部件的磨损，防止意外事故的发生，满足车床长时间稳定工作的要求，充分发挥数控车床的加工优势。因此，数控车床的维护与保养工作显得非常重要，必须给予高度重视。数控车床维护保养的优点主要包括：

（1）延长设备寿命。

数控车床的投入成本较高，如果缺乏维护保养，设备的寿命会逐渐缩短。通过定期清洁、润滑和检查，可以减少零部件的磨损，降低发生故障的概率，延长设备的使用寿命。

（2）提高加工精度和保持加工的稳定性。

数控车床的加工精度和稳定性对于提高加工产品的质量至关重要。通过定期检查和保养数控车床的各个部件，可以保持设备的精度和稳定性，确保加工零件的质量和精度，提高生产效率。

（3）提升安全性能。

数控车床在运转过程中可能存在一些安全隐患，如电气系统问题、安全保护装置失效等。通过定期检查设备的安全保护装置和电气系统，可以确保设备安全可靠运行，减少意外事故的发生，保障操作人员的人身安全。

（4）降低故障率。

良好的维护保养可以降低数控车床的故障率，减少生产中断时间，提高生产效率。这有助于保障生产计划的顺利进行，降低生产成本。

（5）保障生产效率和产品质量。

数控车床的维护保养可以确保设备处于最佳状态，从而保障生产效率和产品质量。这对于企业的生产经营具有重要意义。

数控车床的维护保养对于企业的生产经营具有重要意义。通过定期清洁、润滑、检查和调整设备，可以延长设备寿命、提高加工精度和保持加工的稳定性、提升安全性能、降低故障率和提高生产效率等。因此，企业应该重视数控车床的维护保养工作，确保设备长期稳定运行。

二、数控车床维护与保养的基本要求

数控车床维护与保养的基本要求主要包括：
（1）高度重视数控车床的维护与保养工作。
数控车床的操作者不能只管操作，忽视数控车床的日常维护与保养。
（2）提高操作人员的综合素质。

数控车床的操作难度比普通车床要大，这是因为数控车床是典型的机电一体化产品，所涉及的知识面较广，操作人员应具备机、电、液、气等领域的专业知识。另外，机床电气控制系统中的 CNC 系统升级、更新换代比较快，如果不定期参加专业理论知识的培训，就无法熟练操作新的 CNC 系统。因此，操作人员必须具备较高素质，还必须接受培训，系统学习机床原理、性能、润滑部位及方式等专业知识。另外，在数控车床的使用与管理方面，应制订一系列适合生产实际的管理制度或措施。

（3）为数控车床创造一个良好的使用环境。

数控车床含有大量的电子元件，高温、潮湿、粉尘和振动等环境容易造成电子元件间短路，导致机床运行不正常。因此，要求数控机床的使用环境应保持清洁、干燥、恒温和无振动；电源应保持稳压，一般只允许±10%的波动。

（4）严格遵守操作规程。

数控车床一般都有一套专有的操作规程，是保证操作人员人身安全和设备安全、产品质量等的重要措施。因此，操作者必须按照操作规程进行操作，特别注意操作过程中的开机、关机顺序以及其他注意事项。车床在第一次使用或长期未使用时，应先空转几分钟。

（5）提高数控车床的开动率。

设备在使用初期故障率相对来说会大一些，因此新购置的数控车床应尽快投入使用，尽量在设备保修期内充分暴露数控机床的制造缺陷。在生产任务不足的情况，必须保证数控机床定期通电，每次空运行 1 h，利用车床运行时的发热量去消除或降低机床内的湿度。

（6）制订并严格执行数控车床的管理制度。

除了对数控车床进行日常维护外，还必须制订并严格执行数控车床管理制度。数控机床的管理制度主要包括定人、定岗和定责任的"三定" 制度以及定期检查制度、规范的交接班制度等，这也是数控机床管理、维护与保养的主要内容。

三、数控车床的保养与维护

（一）数控车床的保养

数控车床的保养内容主要包括：
（1）清理工作位置，清洗机床外表面。
（2）拆下并清洗机床各罩盖，保持内外清洁、无锈蚀、无油渍。
（3）刀架和滑板部位的保养。
（4）车床尾座部位的保养。
（5）车床主轴部位的保养。
（6）车床交换齿轮箱部位的保养。
（7）进给箱的保养。
（8）清理主电动机和主轴箱 V 带轮，检查并调整 V 带的松紧。

（9）清洗丝杠。

（10）润滑部位的保养。

（11）电气部分的保养。

（二）数控车床日常维护

数控车床日常维护的周期、检查部位和检查要求见表 1-3-1 所示。

表 1-3-1　数控车床日常维护及保养

检查周期	检查部位	检查要求
每天	导轨润滑油箱	检查油标油量。检查润滑泵定时启动供油及停止
每天	X、Z 轴的轴向导轨面	清除切屑及污物，检查导轨面有无划伤
每天	压缩空气气源压力	检查气动控制系统压力
每天	主轴润滑恒温油箱	工作正常，油量充足并能调节温度范围
每天	机床液压系统	油箱、液压配无异噪声，压力指示正常，管路及各接头无泄漏
每天	各种电气柜散热通风装置	各电气柜冷却风扇工作正常，风道过滤网无堵塞
每天	各种防护装置	导轨、机床防护罩等无松动、无漏水
每半年	滚珠丝杠	清洗丝杠上的旧润滑脂，涂上新润滑脂
不定期	切削液箱	检查液面高度，经常清洗过滤器等
不定期	排屑器	经常清理切屑
不定期	清理废油池	及时取走能油池中的废洁，以免外溢
不定期	调整主轴驱动带轮松紧程度	按照机床说明书调整
不定期	检查各轴导轨上的镶条	按照机床说明书调整

（三）数控系统日常维护与保养

数控系统日常维护与保养的内容主要包括：

（1）严格遵守操作规程和日常维护制度。

（2）尽量少开数控柜和强电柜的柜门。

机加工车间的空气中一般都含有油雾、灰尘甚至金属粉末，一旦黏附在数控系统内的电路板或电子元器件上容易引起元器件间绝缘电阻的下降，甚至损坏元器件及电路板。有的用户为了让数控机床超负荷长期工作，采取打开数控柜的柜门来让数控系统散热，其结果是加速了数控系统的老化甚至损坏。

（3）定时清扫数控柜的散热通风系统。

检查数控柜上的各个冷却风扇工作是否正常；每半年或每季度检查一次风道过滤器是否有堵塞现象，若过滤网上灰尘积聚过多应及时清理，否则会导致数控柜内温度过高。

（4）直流电动机电刷的定期检查和更换。

直流电动机电刷的过度磨损，会影响电动机的性能，甚至损坏电动机。

（5）定期更换存储用电池。

一般数控系统内对 CMOS RAM 存储器件设有可充电电池维护电路，以保证系统不通电期间能保持 RAM 存储器的内容。一般情况下，每年更换一次电池以确保系统正常工作。电池的更换应在数控系统供电状态下进行，以防止更换电池时 RAM 内信息丢失。

（6）备用电路板的维护。

备用的印制电路板长期不用时，应定期装到数控系统中通电运行一段时间，以防损坏。

拓展和分享

劳模精神、劳动精神、工匠精神的内涵

劳模精神、劳动精神、工匠精神是以爱国主义为核心的民族精神和以改革创新为核心的时代精神的生动体现，主要包括：

（1）劳模精神——爱岗敬业、争创一流，艰苦奋斗、勇于创新，淡泊名利、甘于奉献。

这 24 个字精准概括了劳模精神的丰富内涵，道出了劳动模范之所以能在广大劳动者群体中脱颖而出的根本原因，为新时代广大劳动者群体提出了奋斗的目标和方向。

（2）劳动精神——崇尚劳动、热爱劳动、辛勤劳动、诚实劳动。

这 16 个字是对劳动精神的高度概括和生动诠释，为新时代坚持和弘扬劳动精神指明了方向，提供了遵循劳动精神的准则。

（3）工匠精神——执着专注、精益求精、一丝不苟、追求卓越。

这 16 个字生动概括了工匠精神的深刻内涵，激励广大劳动者走技能成才、技能报国之路，立志成为高技能人才和大国工匠。

劳动精神是劳模精神、工匠精神的根基。离开劳动创造，劳模精神和工匠精神就是无源之水、无本之木。劳模精神和工匠精神是劳动精神向更高水平的发展、在更高层次的升华。

思考与练习

1. 简述 6S 管理的内容和作用。
2. 简述安全生产的重要意义。
3. 操作数控车床时应注意哪些事项？
4. 简述斜床身数控车床的特点。
5. 简述经济型数控车床的特点。
6. 数控车床由哪几个部分组成？
7. 数控车床加工特点有哪些？主要加工哪些表面和零件？
8. 简述数控车床维护保养的目的和意义。

项目二 数控车床基本知识与基本操作

项目描述

数控车削的编程与加工，对技术人员的要求较高。学生在具有了责任心和安全意识后，当学习数控系统基本知识与数控车床基本操作。了解数控系统的功能、种类，熟悉指定数控车削系统的系统面板的布局和功能，熟悉指定数控车削系统的操作面板的布局和功能，在指定的数控车床上完成数控车床的一些基本操作，为后续的零件加工打下坚实的基础。

项目目标

1. 熟悉数控车床开关机的顺序。
2. 熟悉数控车床系统面板的功能、布局及各按键的含义和功能。
3. 熟悉数控车床操作面板的功能、布局及各按键的含义和功能。
4. 熟悉数控操作面板、数控系统面板以及利用显示屏设置机床状态。
5. 熟悉数控操作面板、数控系统面板以及利用显示屏控制主轴和刀架的运动。
6. 熟悉车床数控系统中输入、编辑程序的方法以及模拟程序运动轨迹。
7. 熟悉根据毛坯和加工内容合理选择刀具和正确安装刀具的方法。
8. 熟悉数控加工运动和坐标系相关规定，掌握机床坐标系、工件坐标系相关规定，能根据工件结构特点合理选择工件坐标原点。

任务 1 GSK980TDc 系统数控车床基本操作

任务描述

学生已经具备了安全文明生产相关知识和意识，对数控车床的结构也有了一定的了解。现在需要在数控机床的三爪夹紧、不装刀的情况下，让学生利用 GSK980TDc 系统数控车床完成以下操作：

（1）按正确顺序开机。

（2）分别在手动模式和手轮模式下录入：

①在对应刀号处输入指定刀号的补偿值。

②按规定的速度、距离进行前后、左右移动刀架，观察屏幕坐标数值变化情况并总结变化规律。

③转动刀架到指定刀位。

④让主轴按指定的速度进行正转、反转和停转。

（3）在编辑模式下将指定的程序录入数控系统。

（4）在确保安全的前提下运行录入数控系统的程序并观察机床运动情况。

（5）按规定的顺序关机。

任务目标

1. 熟悉正确开关 GSK980TDc 系统数控车床的步骤。

2. 熟悉 GSK980TDc 数控车床系统面板的功能、布局、组成及各按键的作用。

3. 熟悉 GSK980TDc 数控车床操作面板的功能、布局、组成及各按键的作用。

4. 熟悉手动模式和手轮模式下让主轴正转、停转、反转，让刀架转动到指定刀位，按指定速度和距离进行前后、左右移动刀架。

5. 熟悉在 MDI 模式下让主轴正转、停转、反转，让刀架转动到指定刀位，按指定速度和距离进行前后、左右移动刀架。

6. 熟悉在 GSK980TDc 数控车床系统中新建程序，把指定程序内容输入数控系统并进行编辑、修改、运行程序，观察刀具的运动轨迹，然后删除程序。

任务准备

一、GSK980TDc 车床数控系统操作界面

GSK980TDc 车床数控系统的操作界面板主要由 CRT 显示器、系统操作面板、机床操作面板 3 部分组成。CRT 显示器与系统操作面板是弱电操作面板，直接与数控系统

进行通信，称其为 CRT/MDI 面板；机床操作面板是强电操作面板，通过面板上的按钮与开关直接控制机床工作，称其为机械操作面板。GSK980TDc 车床数控系统操作界面如图 2-1-1 所示。

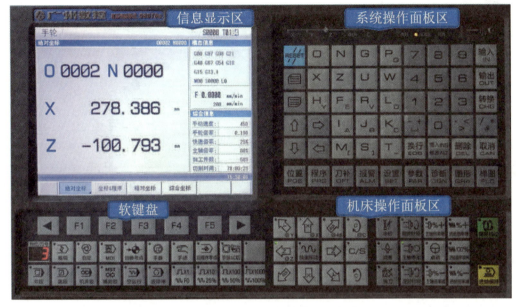

图 2-1-1　GSK980TDc 车床数控系统操作界面

（一）操作界面各区域的功能

1. CRT 显示器

CRT 显示器主要用于菜单操作显示、系统状态显示和故障报警等功能的显示，还可用于显示加工轨迹的图形仿真等。

2. 系统操作面板

系统操作面板又称为 NC 键盘，包括 MDI 键盘及功能键等。MDI 键盘一般具有标准化的字母、数字和符号（有的通过上档键实现），主要用于零件程序的编辑、参数输入、MDI 操作及管理等。功能键一般用于系统菜单的操作。

3. 机床操作面板

机床操作面板又称为机床控制面板 MCP，集中了系统的所有按钮，故可称为按钮站。这些按钮用于直接控制机床的动作或加工过程，如启动、暂停加工程序的运行、手动进给坐标轴、调整进给速度等。

（二）认识 GSK980TDc 数控车床面板

1. GSK980TDc 车床数控系统面板

GSK980TDc 数控系统面板布局、各按键名称及功能如表 2-1-1 所示。

表 2-1-1　GSK980TDc 数控系统面板布局及各按键名称及功能

按　键	名　称	功　能
	面板布局	用于数控系统的控制，包括系统参数设置、程序编辑与调用、刀具偏置设置与修改等
位置 POS	位置键	用于显示当前加工位置的机床坐标值或工件坐标系
程序 PRG	程序键	用于显示正在执行或者编辑的程序内容
刀补 OFT	刀补键	用于设置、显示刀具补偿值和工件坐标系
报警 ALM	报警信息显示键	用于显示报警界面、报警时间、报警类型等
设置 SET	设置页面	通过连续按此键，可以进行设置界面、图形界面的转换
参数 PAR	参数页面	通过连续按此键，可以进行参数界面、螺距补偿参数界面的转换
诊断 DGN	诊断页面	通过连续按此键，可以进行诊断界面、机床面板界面、宏变量界面的转换
换行 EOB	结束符号键	结束一段程序的输入并且换行
插入INS 修改ALT	插入、替换显示键	程序编辑中字符的插入和替换光标所在位置的字符
删除 DEL	删除键	用于删除光标所在处的数据，或者删除一个程序或者全部程序
取消 CAN	取消键	取消输入区域内的数据
输入 IN	输入键	把输入区域内的数据输入参数界面
转换 CHG	转换键	用于切换数字/字母键输入的字符
RESET	复位键	用于停止操作、解除报警、CNC 复位
翻页键	翻页键	用于向上或者向下翻页
↑ ← ↓ →	光标移动键	用于改变光标在程序中的位置

2. GSK980TDc 车床操作面板

GSK980TDc 数控机床操作面板上各按键的名称和功能如表 2-1-2 所示。

表 2-1-2　GSK980TDc 数控机床操作面板各按键名称及功能

按键	名　称	功　能
编辑	编辑键	按此键可以直接通过操作面板输入程序和编辑程序
自动	自动模式键	进入自动加工模式，自动运行程序
MDI	手动数据输入键	手动直接录入指令代码，按循环启动键后执行
回参考点	回参考点键	通过手动方式，各轴回到机床的参考点
手脉	手轮进给键	配合手轮，沿顺时针、逆时针方向转动 X 轴、Z 轴
手动	手动模式键	可使 X、Z 轴移动，实现主轴转动、手动换刀等动作
单段	单段	程序单段/连续运行状态切换，指示灯亮时为单段运行
跳段	程序段跳选键	程序段是否跳段的开关。打开时，指示灯亮，程序跳段
机床锁	机床锁键	机床锁打开时指示灯亮，轴动作输出无效，自动、录入、机床回零、手脉及手动方式下有效
MST 辅助锁	辅助功能开/关键	辅助功能打开时指示灯亮，M.S.T.功能输出无效，自动方式、录入方式下有效
空运行	空运行开/关键	空运行有效时，指示灯亮，忽略进给速度限制
冷却	切削液开/关键	切削液开/关
润滑	润滑开/关键	机床润滑开/关
换刀	换刀键	转换刀位，手动及手脉方式下有效
顺时针转　主轴停止　逆时针转	主轴控制键	可主轴顺时针方向转动，主轴停止、主轴逆时针方向转动，手动方式有效
主轴倍率增　主轴倍率减	主轴倍率键	主轴速度的调整，任何方式下有效

按键	名　称	功　能
	进给倍率键	进给速度的调整，自动、手脉及手动方式下有效
	手动、手脉倍率选择键	手脉转动倍率的选择，手脉、手动方式下有效
	手脉轴选择键	选择手摇脉冲发生器（手脉）对应的机床移动轴，手脉方式下有效
	手动进给快速移动键	手动操作方式下 X、Y、Z 轴正向/负向移动，机床回零、手动及手脉方式下有效，快速移动开/关
	循环启动键	程序自动逐行运行，自动、录入方式下有效
	进给保持键	系统暂停，重新执行时按循环启动键，自动方式、录入方式下有效
	电源控制按钮键	机床系统电源开/关
	急停按钮键	按下此键，机床和系统紧急停止，右旋按钮弹起可以释放
	手轮	手脉方式下顺时针、逆时针旋转，可以移动机床各坐标轴

（三）GSK980TDc 数控车床开、关机

在机床的主电源开关接通之前，操作者必须做好检查工作，检查机床的防护门、电气柜门等是否关闭，所有油量是否充足等，检查操作是否遵守了《机床使用说明书》中规定的注意事项。当以上各项均符合要求时，方可进行送电操作。

1. 开机步骤

GSK980TDc 数控车床的开机步骤主要包括：

（1）将车间配电柜的机床供电开关置于"开"状态。

（2）将机床电源开关置于"开"状态，机床照明灯亮。

（3）按数控系统"电源开"按钮，数控系统自检正常后完成启动，否则发出"急停"报警信号。

（4）右旋弹起"急停"按钮键，点按系统面板左上角的"复位"按钮键，系统无任何报警提示后开机完成。

2. 关机步骤

GSK980TDc 数控车床的关机步骤主要包括：

（1）将机床打扫干净，机床的 X 轴、Z 轴移至中间位置，停止机床的所有动作。

（2）按下"急停"按钮。

（3）按数控系统的"电源关"按钮。

（4）将机床强电电源开关置于"关"状态。

（5）将车间配电柜给机床供电开关置于"关"状态。

（四）GSK980TDc 车床数控系统基本操作

GSK980TDc 车床数控系统有 6 个主要工作模式，分别是"手动模式""手脉模式""自动模式""MDI 录入模式""回零操作模式""编辑操作模式"。6 个主要工作模式的功能形成互锁，其中一个有效，其余 5 个均失效。

1. 手动模式

按 <kbd>手动</kbd> 键，手动指示灯亮，进入手动操作模式。在手动模式下可以进行坐标轴移动、主轴控制、其他手动操作，其中坐标轴移动包括手动进给、手动快速移动、手动进给及手动快速移动速度选择，主轴控制包括主轴逆时针旋转、主轴顺时针旋转、主轴停止，其他手动操作包括冷却液控制、润滑控制、手动换刀控制、刀补值的输入及修调等操作。

1）坐标轴移动

（1）手动进给。

在"手动模式"下，按住进给轴 <kbd>↑</kbd> 或 <kbd>↓</kbd> 键，向 X 轴相应方向开始移动，移动速度可通过调整进给倍率进行改变；松开按键时 X 轴、Z 轴运动停止。本系统支持同时移动两个轴，可以支持各轴同时回零。

（2）手动快速移动。

按下 <kbd>快速移动</kbd> 键，指示灯亮则进入手动快速移动状态，再按轴进给方向键，各轴以快速运行速度运行。

（3）手动进给及手动快速移动速度选择。

在手动进给时，可通过操作面板按键 <kbd>进给倍率+</kbd> 和 <kbd>进给倍率-</kbd> 选择手动进给倍率，共 21 级（0%~200%）。在手动快速移动时，可按 <kbd>×1 F0</kbd> <kbd>×10 25%</kbd> <kbd>×100 50%</kbd> <kbd>×1000 100%</kbd> 选择手动快速移动速度的倍率，快速倍率有 0%、25%、50%、100% 共 4 挡。

快速倍率选择可对下面的移动速度有效：G00 快速进给、固定循环中的快速进给、G28 时的快速进给、手动快速进给。

例如：当快速进给速度为 6 m/min 时，如果倍率为 50%，则速度为 3 m/min。

2）主轴控制

（1）主轴逆时针旋转。

在录入方式下给定 S 转速。手动/手脉/单步方式下按下 <kbd>主轴逆时针</kbd> 键，主轴逆时针方向转动。

（2）主轴顺时针旋转。

在录入方式下给定 S 转速。手动/手脉/单步方式下按下 ![键] 键，主轴顺时针方向转动。

（3）主轴停止。

手动/手脉/单步方式下按下 ![键] 键，主轴停止转动。

3）其他手动操作

（1）冷却液控制。

按 ![键] 键，冷却液在开与关之间进行切换。指示灯亮表示打开冷却液，指示灯灭表示关闭冷却液。

（2）润滑控制。

按住润滑键 ![键] 为开，松开润滑键 ![键] 为关。指示灯亮表示打开润滑，指示灯灭表示关闭润滑。

（3）手动换刀控制。

在手动/手脉/单步方式下，按下 ![键] 键，刀架旋转换下一把刀。

（4）刀补值的输入及修调。

2. 手脉模式

按 ![键] 键，手脉指示灯亮，进入手脉操作模式方式。手脉模式可进行坐标轴移动控制、移动轴及方向控制、主轴控制、冷却液控制、润滑控制、手动换刀控制等操作。

1）坐标轴移动控制

在手脉方式时，机床每次按选择的步长进行移动。按 ![键] 键选择移动增量，移动增量会在屏幕页面上显示。如按 ![键] 键，在"位置"界面显示手脉增量每格为 10 μm，即 0.01 mm。

2）移动轴及方向控制

在手脉操作方式下，选择手脉控制的方式移动轴，按下相应的键（ ![键] 、 ![键] ）即可通过手脉控制方式控制移动轴及方向。如采用手脉控制方式移动 X 轴，按下 ![键] 键后该按键上面的指示灯闪烁，此时摇动手脉可移动 X 轴。手脉（手摇脉冲发生器）控制的进给方向由手脉旋转方向决定，详见机床制造厂家的说明书。一般来说，手脉顺时针旋转方向为进给的正方向，手脉逆时针旋转方向为进给的负方向。

3）其他手动操作

其他操作如主轴控制、冷却液控制、润滑控制、手动换刀控制等，都属于手动操作模式。

3. 自动模式

按 ![键] 键，自动指示灯亮，进入自动操作模式。自动模式可选择自动运行程序、自动运行的启动、自动运行的停止、从任意段自动运行、空运行、单段运行、机床锁住运行、辅助功能锁住运行、自动运行中的进给和快速速度的修调、自动运行中的主轴速度修调。

1）自动运行程序

选择自动运行程序模式的步骤主要包括：

（1）自动方式输入程序。

按 ⬛ 键进入自动模式。按 ⬛ 键进入"目录"页面显示，移动光标找到目标程序。按 ⬛ 键进行确认。

（2）编辑方式载入程序。

按 ⬛ 键进入编辑操作方式。按 ⬛ 键进入"目录"页面显示，移动光标找到目标程序。按 ⬛ 键进行确认。按 ⬛ 键进入自动操作方式。

2）自动运行的启动

通过"自动运行程序的选择"所介绍的 2 种方法，选择好要启动的程序后按下 ⬛ 键，开始自动运行程序，可切换到"位置""程序""图形"等界面下观察程序运行情况。

程序的运行是从光标所在行开始的，所以在按下 ⬛ 键前最好先检查一下光标是否在需要运行的程序段上，各模态值是否正确。若程序要从起始行开始运行但此时光标不在起始行位置，可按"复位"键后再按"循环起动"键就可以实现从起始行开始自动运行程序。

注：自动方式下运行程序，不可修改工件坐标系和基偏移量。

3）自动运行的停止

在程序自动运行时，要停止自动运行的程序，系统提供了 5 种停止程序的方法，主要包括：

（1）程序停（M00）。执行含有 M00 的程序段后，程序暂停运行，模态信息全部被保存起来。按 ⬛ 键后程序继续执行。

（2）程序选择停（M01）。程序运行前，按 ⬛ 键则程序选择停的指示灯亮。当程序执行到含有 M01 的程序段后，程序暂停运行，模态信息全部被保存起来。按 ⬛ 键后程序继续执行。

（3）按 ⬛ 键程序自动运行，按 ⬛ 键后机床呈下列状态：机床进给减速停止；在执行暂停（G04 代码）时，停止计时，进入进给保持状态；其余模态信息被保存；按 ⬛ 键后程序继续执行。

（4）按 ⬛ 键，停止当前操作或者解除报警，CNC 复位。

（5）按下急停按钮机床和系统紧急停止，右旋按钮弹起可以释放。另外，在自动方式、录入方式的 MDI 界面下运行程序，切换至其他方式下也可使机床停止下来，具体包括：

①切换到编辑、录入界面，机床运行完当前程序段后停止下来。

②切换到手动、手脉、单步方式界面，机床中断操作立即停止。

③切换到机械回零界面，机床减速停止。

4）从任意段自动运行

系统支持从当前加工程序的任意段自动运行。具体操作步骤如下：

（1）按 ⌘（手动）键进入手动方式，启动主轴及其他辅助功能。

（2）在 MDI 方式下运行程序各模态值，必须保证模态值正确。

（3）按 ⌘（编辑）键进入编辑操作方式，按 程序（PRG）键进入程序页面显示，在[目录]中找到要加工的程序。

（4）打开程序，将光标移动到要运行的程序段前。

（5）按 ⌘（自动）键进入自动操作方式。

（6）按 ⌘（循环起动）循环启动键进入自动运行方式。

5）空运行

在程序控制数控机床进行工件加工前，可以用"空运行"来检验程序，一般配合"辅助锁""机床锁"一起使用。

按 ⌘（自动）键进入自动操作方式，按 ⌘（空运行）键则键上指示灯亮，表示已进入空运行状态。

6）单段运行

如要检测程序单段的运行情况，可选择"程序单段"运行。

在自动、MDI 方式下，按 ⌘（单段）键则键上指示灯亮，表示已进入单段运行状态。运行单段程序时，每执行完一个程序段后系统停止运行，按 ⌘（循环起动）循环启动键则系统继续运行下一个程序段，如此反复直至程序运行结束。

7）机床锁住运行

"自动"操作方式下，按 ⌘（机床锁）键则键上指示灯亮，表示已进入机床锁住运行状态。此时机床各轴不移动，但显示的位置坐标与机床运动时一样，并且都能执行 M、S、T 指令，此功能用于程序校验。

8）辅助功能锁住运行

"自动"操作方式下，按 ⌘（MST 辅助锁）键则键上指示灯亮，表示已进入辅助功能锁住运行状态。此时不能执行 M、S、T 指令，与机床锁住功能一起用于程序校验。

9）自动运行中的进给和快速速度的修调

"自动"运行时，系统可以通过修正调整进给、快速移动倍率来改变运行时的移动速度。

自动运行时，可通过"进给倍率按键" ⌘⌘⌘（进给倍率增 进给倍率100% 进给倍率减）选择进给速度，进给倍率可实现 21 级的实时调节。

自动运行时，可按 ⌘⌘⌘⌘（LX1 F0 LX10 25% LX100 50% LX1000 100%）键来选择快移的速度，快速倍率可实现 F0、25%、50%、100%四档调节。

10）自动运行中的主轴速度修调

自动运行时，可按 ⌘⌘（主轴倍率增 主轴倍率减）调整主轴倍率来改变主轴速度，主轴倍率可实现 50%~120%共 8 级实时调节。

按一次 ⌘（主轴倍率增）键则转速倍率增加一级，每级为 10%，到 120%时不再增加。

按一次 ⌘（主轴倍率减）键则转速倍率减少一级，每级为 10%，到 50%时不再减少。

4. MDI 录入模式

按 ▣ 键则 MDI 指示灯亮,按 程序 键则系统进入 MDI 录入操作模式,如图 2-1-2 所示。

系统在录入方式下除了可进行录入、修改参数、偏置等操作外,还提供了 MDI 运行功能,通过此功能可以直接输入代码并运行。本章只介绍录入操作中的 MDI 运行功能。

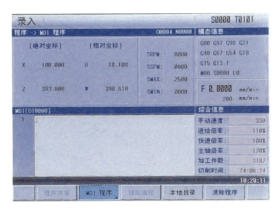

图 2-1-2　MDI 录入程序界面

1)MDI 代码段输入

MDI 状态下的输入代码段:MDI 状态下可连续输入多段程序;MDI 状态下的输入方式与编辑状态下的程序输入方式一样。

2)MDI 代码段运行与停止

输入代码段后,按 ⬛ 键即可运行 MDI 代码段程序。机床依次执行 MDI 程序段的命令,完毕后模态保持,MDI 所有代码程序清屏;运行过程中按 ⬛ 键可暂停代码段运行,按 ⬛ 键继续;按"复位"键可终止代码段运行。

3)MDI 代码段字段值的修改与清除

如果字段输入过程中出错,可按 取消 键取消输入;如果代码段输入完毕后才发现错误,可重新输入正确内容替代错误内容或按 RESET 键清除所有输入内容,重新输入。

5. 回零操作模式

按 ⬛ 键,回参考点的指示灯亮,进入回参考点操作模式。

1)机床零点(机械零点)概念

机床坐标系是机床固有的坐标系,机床坐标系的原点称为机械零点(或机床零点),是机床制造者规定的机械原点,通常安装在 X 轴和 Z 轴正方向的最大行程处。数控装置上电时并不知道机械零点,通常要进行自动或手动回机械零点。

2)手动机械回零的操作步骤

(1)按 ⬛ 键进入机械回零操作方式,这时液晶屏幕右下角显示"机械回零"字样。

(2)选择要回归机械零点的 X 轴、Z 轴(X 轴先回归机械零点,Z 轴再回归机械零点)。

（3）机床沿着机械零点方向移动，在减速点以前机床快速移动，碰到减速开关后再按数据参数 P342～P346 设定的速度回归机械零点，脱离挡块后再按数据参数 P099 设定的速度移动到机械零点即参考点。回到机械零点时坐标轴停止移动，回零指示灯亮。

6. 编辑操作模式

在编辑模式下，可以直接通过系统面板调用、新建、输入、编辑、修改、删除程序；可以预览数控系统中程序的刀具轨迹；可以把 U 盘的程序复制到数控系统；可以把数控系统的程序复制到 U 盘。

按 ⚙ 键则编辑指示灯亮，进入编辑操作模式。按系统面板上的 程序PRG 键会在"程序内容""本地目录"两个界面间切换，也可按显示屏下方的软键进入相应的界面。"程序内容"界面可以新建、编辑、修改、删除程序，可以预览数控系统中程序的刀具轨迹，如图 2-1-3 所示。"本地目录"界面可以查看系统存储总容量、已用容量和剩余容量；可以查看系统存储的程序个数，每个程序的程序名、大小和修改时间；可以选择要编辑、操作的程序，可以预览选中程序的程序内容。本地目录界面如图 2-1-4 所示。

图 2-1-3　程序内容

图 2-1-4　本地目录

1）新建程序与程序内容的输入

（1）按  键进入编辑操作方式。

（2）按 键进入程序内容界面。

（3）按地址键 后依次键入数字键（此处以新建 O1234 程序为例），在数据栏后显示"O1234"。

（4）按 键或 键，屏幕左上角显示"程序→本地程序[O1234] 插入"，表示当前编辑本地[1234]程序，程序内容编辑状态是"插入"状态（按 键可在"插入""修改""宏编辑" 3 种状态间切换），数据栏会显示"新建了文件 O1234.CNC"，如图 2-1-5 所示。

图 2-1-5　新建程序

（5）利用 NC 键盘，将要编写的程序内容逐字输入，按 键换行，系统生成";"号，光标自动跳到下一行。输入的代码将自动保存到系统中，切换到其他工作方式时系统也将自动保存程序。

2）光标的定位方法

选择编辑方式，按 键，显示程序内容界面。光标定位方法主要包括：

（1）按 键，光标上移一行，若光标所在列大于上一行末列，光标移到上一行末尾。

（2）按 键，光标下移一行，若光标所在列大于下一行末列，光标移到下一行末尾。

（3）按 键，光标右移一列，若光标在行末可移到下一行行首。

（4）按 键，光标左移一列，若光标在行首可移到上一行行尾。

（5）按 键，向上滚屏，光标移至上一屏。

（6）按 键，向下滚屏，光标移至下一屏。

（7）按 键，光标返回程序开头。

（8）点按双字符键 ，输入内容在两个字母之间切换。

3）字的插入、删除、修改

选择"编辑"方式，按 键，显示程序画面，将光标定位在要编辑位置。在程序的编辑状态下，进行字的操作主要包括：

（1）字的插入。

将光标移到需要插入的地方，按 插入INS修改ALT 键，屏幕左上角显示为"插入"状态，光标显示为闪烁的下划线。输入要插入的内容，系统将输入的内容插入到光标的左边。

（2）字的删除（插入状态）。

在输入程序时发现输入的代码字出错，可按 取消CAN 键删除光标前的代码。在输入程序时发现输入的代码字出错，可按 删除DEL 键删除光标后的代码。

（3）字的修改。

删除需要修改的字，插入需要的内容。将光标移到需要修改的地方，按 插入INS修改ALT 键则屏幕左上角显示编辑状态为"修改"状态，光标显示为选中字符状态，输入修改的内容，系统将光标选中的内容替换为输入的内容。

4）单个程序段的删除

选择"编辑"方式，按 程序PRG 键进入[程序内容]界面，将光标移至需删除的程序段行首，按 N ＋ 删除DEL 键则出现"系统提示：再次按'删除'键执行删除"，按下面板的 删除DEL 键即可删除光标所在段。

注：不管该段有没有顺序号，都可以按 删除DEL 键删除程序段（执行采操作时光标须在行首）。

5）单个程序的删除

删除存储器中某个程序的步骤主要包括：

（1）选择"编辑"操作方式。

（2）进入程序显示页面，提供两种方法删除程序的方法：按 O 键后，键入地址；输入程序名，按 删除DEL 键，则删除存储器中对应的程序；选择程序界面下的"目录"界面，用光标选中需要删除的程序名，按 删除DEL 键，系统状态栏提示"确认删除当前文件"，再次按 输入IN 键后状态栏提示"删除成功"，即成功删除光标选中的程序。

6）全部程序的删除

删除存储器中全部程序的步骤主要包括：

（1）选择"编辑"操作方式。

（2）进入程序显示页面。

（3）按 O 键并键入地址。

（4）依次键入数字键"9999"。

（5）按 删除DEL 键，删除存储器中所有的程序。

7）程序的复制

复制程序的具体操作步骤主要包括：

（1）选择"编辑"方式。

（2）进入程序显示页面；在[目录]界面中用光标选中需要复制的程序，按 输入IN 键后进入程序显示画面。

（3）按地址键 O ，输入新程序号。

（4）按"复制"键，文件复制完毕，进入新程序编辑界面。

（5）按"目录"可以看到新复制的程序名。

（6）将当前程序复制并另存为新的程序名。

8）程序输入完毕，按"轨迹预览"下的键，可观察程序的刀具运动轨迹，如图 2-1-6 所示，此界面可对轨迹效果进行调整。

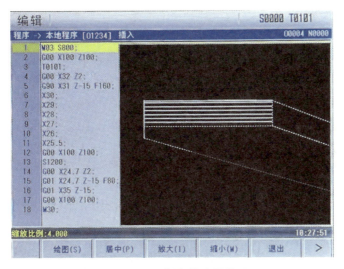

图 2-1-6　程序轨迹预览

7. 刀补的输入与修调

任何工作模式下按系统面板的刀补键 刀补 ，进入"刀偏设置"界面；按刀补键 刀补 可在"刀偏设置""宏变量""工件坐标系"三个界面切换，也可按显示屏下方的软键切换至相应的界面。在"刀偏设置"界面，可进行刀补的输入与修调，如图 2-1-7 所示。

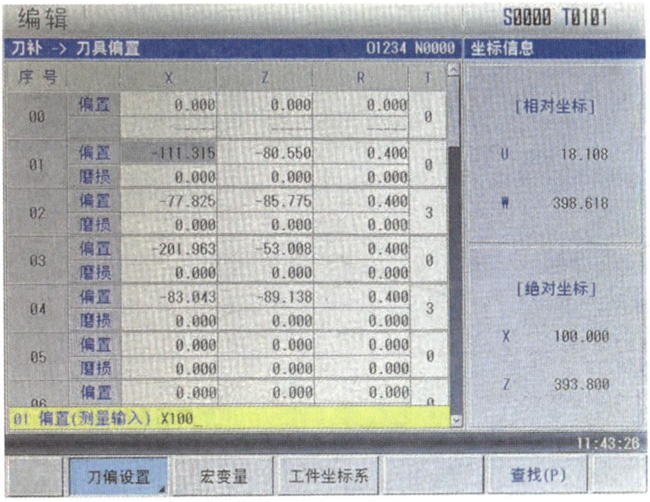

图 2-1-7　刀偏设置界面

1）刀补值的输入

例：设置 1 号刀的补值为 X100、Z100。

在"刀偏设置"界面，按 ↑ 或 ↓ 键，移动光标至"01 偏置（测量输入）"右侧，输入"X100",屏幕左下角显示"X100",按 输入 键,完成 X 方向的 1 号刀的补值设置;输入"Z100",按 输入 键,完成 Z 方向的 1 号刀的补值设置。系统自动把当前位置和机械零点的距离加 100,作为 1 号刀的刀具偏置值,记录在相应的偏置值里。

2)刀补值的修调

刀补值的修调只能使用 U、W 输入。

例:设置 1 号刀 X 轴的补值增加 0.010 mm。

在"刀偏设置"界面,按 ↑ 或 ↓ 键,移动光标至 02 右侧,输入"U0.01",按 输入 键系统自动在原来的刀补值基础上增加 0.01 mm,2 号刀的 X 向偏置值会变大 0.01 mm。

注意:每次往数控系统输入刀补数据后,仔细检查屏幕上显示的数据是否有误,确认无误后再按 输入 键。

8. 位置界面观察坐标信息和系统信息

GSK980TDc 包含"绝对坐标""坐标&程序""相对坐标""综合坐标"四个界面(图 2-1-8)来观察坐标信息和系统信息,用户根据需要选择相应界面进行信息观察。

任何工作模式下按 位置 键进入坐标信息界面,点按 位置 键可在"绝对坐标""坐标&程序""相对坐标""综合坐标"四个界面间切换,也可按显示屏下方的软键进入相应的显示界面。

所有坐标界面的左上方显示当前工作模式,右上方显示当前主轴转速和刀号的补刀值;右侧是系统当前模态信息和综合信息。模态信息状态可以通过同组模态代码替换,综合信息的速度和倍率状态可以通过机床操作面板的相应按键进行调整。数控机床的坐标主要包括:

(1)绝对坐标:显示当前刀位与工件原点的距离和方向,随刀位点和工件原点的变动而变化。

(2)坐标&程序:显示综合坐标信息及当前选中程序的内容。

(3)相对坐标:显示相对前一点的坐标增量。

(4)综合坐标:显示当前刀位点的相对坐标、绝对坐标和机床坐标。

(5)机床坐标:显示滑板基准点远离机床零点的距离和方向。

(a)绝对坐标

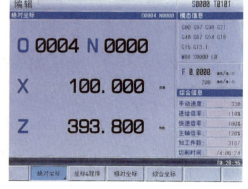

(b)坐标&程序

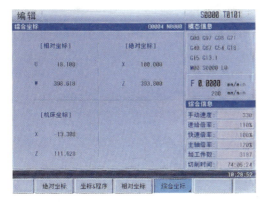
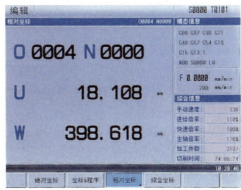

（c）相对坐标   （d）综合坐标

图 2-1-8　坐标位置、系统信息界面

（6）相对坐标的清零：在"相对坐标"显示界面，按系统面板的字母"U"键，显示屏上的"U"呈闪烁状，按系统面板上的 █ 键，则系统以当前位置为相对坐标的 X 方向零点，"U"后的坐标数值归零。同样的方法可以把"W"后的坐标数值归零。

任务 2　FANUC 0i Mate-TD 系统数控车床基本操作

任务描述

本项目任务 1 让学生熟悉了 GSK980TDc 系统数控车床的基本操作，现在需要数控机床的三爪夹紧、不装刀的情况下，让学生利用 FANUC 0i Mate-TD 系统数控车床完成以下操作：

（1）按正确顺序开机。

（2）分别在手动模式和手轮模式下录入：

①在对应刀号输入指定刀补值。

②按要求速度和距离，前后、左右移动刀架，观察屏幕坐标数值变化情况并总结变化规律。

③转动刀架至指定刀位。

④让主轴按指定速度正转、反转和停转。

（3）在编辑模式下将指定程序录入数控系统。

（4）在确保安全的前提下，运行录入数系统的程序并观察机床运动过程。

（5）按正确顺序关机。

任务目标

1. 熟悉正确开关 FANUC 0i Mate-TD 系统数控车床的步骤。

2. 熟悉 FANUC 0i Mate-TD 数控车床系统面板的功能、布局、组成及各键的作用。

3. 熟悉 FANUC 0i Mate-TD 数控车床操作面板的功能、布局、组成及各键的作用。

4. 熟悉手动模式和手轮模式下主轴正转、停转、反转，让刀架转动至指定刀位，按指定速度和距离前后、左右移动刀架。

5. 熟悉在 MDI 模式下让主轴正转、停转、反转，让刀架转动到指定刀位，按要求的速度和距离进行前后、左右移动刀架。

6. 熟悉在 FANUC 数控车床系统中新建程序，把指定程序内容输入数控系统，进行程序的编辑、修改、运行，观察刀具运动轨迹，然后删除程序。

任务准备

一、FANUC 0i Mate-TD 车床数控系统操作界面

FANUC 0i Mate-TD 车床数控系统操作界面由系统操作界面和机床操作界面两部分组成。

（一）系统操作界面

系统操作面板由系统厂家定义，只要使用该数控系统，其布局都相同。FANUC 0i Mate-TD 车床的数控系统的操作面板由 CRT 显示器、系统操作面板两部分组成，是弱电操作面板，直接与数控系统进行通信，称其为 CRT/MDI 面板，如图 2-2-1 所示。

1. CRT 显示器

CRT 显示器主要用于菜单操作显示、系统状态显示和故障报警等功能的显示，还可用于显示加工轨迹的图形仿真等。

图 2-2-1　FANUC 0i Mate-TD 数控车床的系统操作界面

2. 系统操作面板

系统操作面板又称为 NC 键盘，包括 MDI 键盘及功能键等。MDI 键盘一般具有标

准化的字母、数字和符号（有的通过上档键实现），主要用于零件程序的编辑、参数输入、MDI 操作及管理等。功能键一般用于系统的菜单的操作。

3. 机床操作面板

机床控制面板又称为机床控制面板 MCP，集中了系统的所有按钮，故可称为按钮站。这些按钮用于直接控制机床的动作或加工过程，如启动、暂停加工程序的运行、手动进给坐标轴、调整进给速度等。

（二）机床操作界面

机床操作界面是强电操作面板，通过面板上的按钮与开关直接控制机床工作，称其为机械操作面板，如图 2-2-2 所示。机床操作界面由机床厂家定义，功能相同，但布局有差异。

（a）旋转指针式操作界面

（b）按键式操作界面

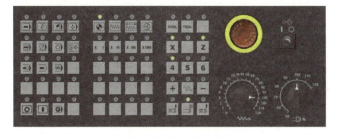

（c）旋转指针式显示界面

（d）按键式显示界面

如图 2-2-2　FANUC 0i Mate-TD 数控车床的机床操作界面

1. FANUC 0i Mate-TD 车床数控系统面板

FANUC 0i Mate-TD 数控系统面板布局、各按键名称及功能如表 2-2-1 所示。

表 2-2-1　FANUC 0i Mate-TD 数控系统面板各按键名称及功能

按　键	名　称	功　能
	面板布局	用于数控系统的控制，包括系统参数设置、程序编辑与调用、刀具偏置设置与修改等
	位置键	用于显示当前加工位置的机床坐标值或工件坐标值
	程序键	用于显示正在执行或者编辑的程序内容
	报警信息显示键	用于显示报警界面、报警时间、报警类型等
	设置页面	通过连续按此键，可以进行刀具偏置界面、坐标系设置界面的转换
	系统页面	按此键可以进入系统参数设置界面
	结束符号键	结束一段程序的输入并且换行
	替换显示键	程序编辑过程中用于替换光标所在位置的字符
	删除键	用于删除光标所在处的数据，或者删除一个程序或者全部程序

按　键	名　称	功　能
CAN	取消键	删除光标前面的数据
INSERT	输入键	把输入区域内的数据输入参数界面
SHIFT	上档键	用于切换同一键位的字母/数字的输入
RESET	复位键	用于停止操作、解除报警、CNC 复位
PAGE	翻页键	用于向上或者向下翻页
光标移动键	光标移动键	用于改变光标在程序中的位置

2. FANUC 0i Mate-TD 车床数控操作面板

FANUC 0i Mate-TD 车床数控操作面板布局因厂家不同而不同，但功能相同。数控操作面板的区域主要包括：

1）功能模块区

功能模块区包括"电源开""电源关""急停""程序保护""手脉""循环启动""进给保持"等按键。

2）工作模式选择区

工作模式选择区主要包括与工作模式相关的"手动""手脉""MDI""编辑""自动""回零"等按键。工作模式的选择方式主要包括：

（1）有的厂家采用功能键来选择对应的工作模式，如按下某一功能键则对应的指示灯亮，屏幕上显示该功能键对应的工作模式生效，如图 2-2-2（b）、图 2-2-2（d）所示。

（2）有的厂家采用旋钮指针来选择对应的工作模式，旋转指针旋转到某一功能模式时则屏幕上显示该工作模式生效，如图 2-2-2（a）、图 2-2-2（c）所示。

数控机床的工作模式具有互锁功能，既选中某一种工作模式则其他工作模式无效。

3）程序运行控制区

程序运行控制区主要包括程序自动运行时所需功能的"跳段""单段""空运行""机

床锁""选择停止"等按键，可以单选、多选相应的按键。

4）主轴控制区

主轴控制区主要包括控制主轴"正转""停转""反转"的按键以及控制主轴的"升速""降速"的按键。

5）移动进给控制区

移动进给控制区主要包括控制刀架"前""后""左""右"移动的按键以及调整相应倍率的调节键。

6）辅助功能区

辅助功能区主要包括开关冷却液的按键、松紧卡盘的按键以及顶松尾座的按键等。

FANUC 0i Mate-TD 数控机床操作面板的区域、按键名称及功能如表 2-2-2 所示。

表 2-2-2　FANUC 0i Mate-TD 数控机床操作面板按键名称及功能

区　域	名　称	功　能
工作模式 选择区	编辑键	通过操作面板输入程序和编辑程序
	自动模式键	进入自动加工模式，自动运行程序
	手动数据输入键	手动直接录入指令代码，按循环启动键后执行
	回参考点键	通过手动方式，各轴返回机床参考点
	手轮进给键	配合手轮按顺时针方向和逆时针方向转动 X 轴、Z 轴
	手动模式键	可使 X 轴、Z 轴移动，实现主轴转动，手动换刀等动作
程序运行 控制区	单段键	程序单段/连续运行状态切换，指示灯亮时为单段运行
	程序段跳选键	首标"/"符号的程序段是否跳段的开关，打开时指示灯亮，程序跳段
	机床锁键	机床锁打开时指示灯亮，轴动作时输出无效，自动、录入、机床回零、手脉及手动方式时有效
	辅助功能开/关键	辅助功能打开时指示灯亮，M.S.T.功能时输出无效，自动方式、录入方式时输出有效
	空运行开/关键	空运行有效时指示灯亮，忽略进给速度限制
辅助 功能区	切削液开/关键	打开、关闭切削液
	润滑开/关键	打开、关闭机床润滑
	换刀键	转换刀位，手动及手脉方式时有效
主轴 控制区	主轴控制键	主轴按顺时针方向转动、主轴停止、主轴按逆时针方向转动，手动方式时有效
	主轴倍率键	主轴速度的调整，任何方式都有效

区 域	名 称	功 能
移动进给控制区	进给倍率键	进给速度的调整，自动、录入、手脉及手动方式时均有效
	手动、手脉倍率选择键	手脉转动倍率的选择，手脉、手动方式时具有效
	手脉轴选择键	选择手摇脉冲发生器（手脉）对应的机床移动轴，手脉方式时有效
	手动进给快速移动键	手动操作方式时 X、Y、Z 轴的正向/负向移动；机床回零、手动及手脉方式时快速移动
功能模块区	循环启动键	程序自动逐行运行，自动、录入方式时均有效
	进给保持键	系统暂停，自动方式、录入方式下均有效。如果需要重新启动系统则按循环启动键。
	电源控制按钮键	开关机床系统电源
	急停按钮键	按下此键，机床和系统紧急停止，右旋按钮弹起释放
	手轮键	手脉方式下可以顺时针、逆时针旋转，移动机床各坐标轴

（三）FANUC 0i Mate-TD 数控车床开、关机

在机床的主电源开关接通之前，操作者必须做好检查工作，检查机床的防护门、电气柜门等是否关闭，所有油量是否充足等，检查操作是否遵守了《机床使用说明书》中规定的注意事项。当以上各项均符合要求时，方可进行送电操作。

1. 开机步骤

FANUC 0i Mate-TD 数控车床的开机步骤主要包括：

（1）将车间配电柜的机床供电开关置于"开"状态。

（2）将机床电源开关置于"开"状态，机床照明灯亮。

（3）按下数控系统电源控制"开"按钮，数控系统自检正常后完成启动，否则提示急停报警。

（4）右旋弹起"急停按钮键"，点按系统面板左上角的"复位"键，系统无任何报警提示时完成开机。

2. 关机步骤

FANUC 0i Mate-TD 数控车床的关机步骤主要包括：

（1）将机床打扫干净，机床的 X、Z 轴移至中间位置，停止机床的所有动作。

（2）按下"急停"按钮。

（3）按下数控系统电源控制"关"按钮。

（4）将机床强电电源开关置于"关"状态。

（5）将车间配电柜给机床供电开关置于"关"状态。

（四）FANUC 0i Mate-TD 车床数控数控系统基本操作

FANUC 0i Mate-TD 车床数控数控系统有 6 个主要功能，分别是"手动模式""手脉模式""自动模式""MDI 录入模式""回零操作模式""编辑操作模式"。6 个主要功能形成互锁，其中一个有效，其余 5 个失效。

1. 手动模式

选择"手动"操作模式，可进行坐标轴移动、主轴控制、冷却液控制、润滑控制、手动换刀控制、刀补值的输入及修调等操作。

1）坐标轴移动

（1）手动进给。

在"手动模式"下，按住进给轴的"+X"按键或"–X"按键，向 X 轴相应方向开始移动，移动速度可通过调整"进给倍率"进行改变；松开按键时 X 轴、Z 轴运动停止。本系统支持同时移动两个轴，可以支持各轴同时回零。

（2）手动快速移动。

按下 ⟮ᴖ⟯ 键，指示灯亮则表示进入手动快速移动状态，再按轴进给方向键，各轴以快速运行速度运行。

2）主轴控制

（1）主轴逆时针旋转。

在录入方式下给定 S 转速。手动/手脉/单步模式下按下"主轴反转"按键，主轴逆时针方向转动。

（2）主轴顺时针旋转。

在录入方式下给定 S 转速。手动/手脉/单步方式下按下"主轴正转"按键，主轴顺时针方向转动。

（3）主轴停止。

手动/手脉/单步方式下按下"主轴停转"按键，主轴停止转动。

3）其他手动操作

（1）冷却液控制。

按"冷却液"开关，冷却液在开与关之间进行切换。指示灯亮表示打开冷却液，指示灯灭表示关闭冷却液。

（2）润滑控制。

按住"润滑键"表示打开润滑，松开"润滑键"表示关闭润滑。指示灯亮表示打开润滑，指示灯灭表示关闭润滑。

（3）手动换刀控制。

在手动/手脉/单步方式下，按下"换刀"按键，刀架旋转换下一把刀。

（4）刀补值的输入及修调。

2. 手脉模式

选择"手脉"操作模式，可进行坐标轴移动步长设置、移动轴及方向的选择、主轴控制、冷却液控制、润滑控制、手动换刀控制等操作。

1）坐标轴移动步长设置

在手脉模式时，机床每次按选择的步长进行移动。按"步长选择"键选择移动增量，移动增量会在屏幕上显示。手脉增量有 ×1、×10、×100 三种，单位为 μm，即每格表示增加 0.001 mm、0.01 mm、0.1 mm。有的机床的手脉增量有四种，每格表示增加 1 mm。

2）移动轴及方向的选择

在手脉操作模式时，选择手脉控制的模式移动轴，按下相应的"X"键、"Z"键即可，通过手脉控制模式移动该轴。如采用手脉控制模式移动 X 轴，按下"X"键后该键上面的指示灯亮，此时摇动手脉可移动 X 轴。手脉（手摇脉冲发生器）控制的进给方向由手脉旋转方向决定，详见机床制造厂家的说明书。一般来说，手脉顺时针旋转方向为进给的正方向，手脉逆时针旋转方向为进给的负方向。

3）其他手动操作

其他操作如主轴控制、冷却控制、润滑控制、手动换刀控制等都属于手动操作模式。

3. 自动模式

选择"自动"操作模式，可选择自动运行程序、自动运行的启动、自动运行的停止、从程序任意段自动运行、空运行、单段运行、机床锁住运行、辅助功能锁住运行、自动运行中的进给速度和快速速度修调、自动运行中的主轴速度修调。

1）自动运行程序

自动运行程序的方式主要包括：

（1）自动方式载入程序。

选择自动操作模式；按 ▣ 键进入【程序】页面，在"程序目录"界面移动光标找到目标程序；按 ◈ 键进行确认。

（2）编辑方式载入程序。

选择编辑操作模式。按 ▣ 键进入【程序】页面，在"程序目录"界面移动光标找到目标程序；按 ◈ 键进行确认；选择自动操作模式；

2）自动运行的启动

通过"自动运行程序的选择"所介绍的 2 种方法，选择好要启动的程序后，按下"循环起动"键，开始自动运行程序，可切换到"位置""程序""图形"等界面下观察程序运行情况。

程序的运行是从光标的所在行开始的，所以在按下"循环起动"键前最好先检查一下光标是否在需要运行的程序段上，各模态值是否正确。若程序要从起始行开始运行但此时光标不在此行，可按"复位"键后再按"循环起动"键就可以实现从起始行开始自动运行程序。

注：自动方式下运行程序，不可修改工件坐标系和基偏移量。

3）自动运行的停止

在程序自动运行时，要停止自动运行的程序，系统提供了5种停止程序的方法，主要包括：

（1）程序停（M00）。

执行含有M00的程序段后，程序暂停运行，模态信息全部被保存起来。按"循环起动"键后程序继续执行。

（2）程序选择停（M01）。

程序运行前，若按"选择停"键则"程序选择停"的指示灯亮。当程序执行到含有M01的程序段后，程序暂停运行，模态信息全部被保存起来。按"循环起动"键后程序继续执行。

（3）按"进给保持"键机床进行自动运行，机床呈现的状态主要包括：

①机床进给减速停止。

②在执行暂停（G04代码）时停止计时，进入进给保持状态。

③其余模态信息被保存。

④按"循环起动"键后程序继续执行。

（4）按"复位"键 ，停止当前所在操作或解除报警，CNC复位。

（5）按下"急停"按钮，机床和系统紧急停止，右旋按钮弹起可以释放。另外，在自动方式、录入方式的MDI界面下运行程序，切换至其他方式下也可使机床停止下来，具体包括：

①切换到编辑、录入界面，机床运行完当前程序段后停止下来。

②切换到手动、手脉、单步方式界面，机床中断操作立即停止。

③切换到机械回零界面，机床减速停止。

4）从程序任意段自动运行

系统支持从当前加工程序的任意段自动运行。具体操作步骤如下：

（1）选择手动操作模式，启动主轴及其他辅助功能。

（2）在MDI方式下运行程序各模态值，必须保证模态值正确。

（3）选择"编辑操作"模式，按 键进入程序页面显示，在[目录]中找到要加工的程序。

（4）打开程序，将光标移动到要运行的程序段前。

（5）选择自动操作模式。

（6）按"循环启动"键进行自动运行方式。

5）空运行

在程序控制数控机床进行元件加工前，可以用"空运行"来检验程序，一般配合"辅助锁""机床锁"一起使用。

进入自动操作方式，按"空运行"键则键上指示灯亮，表示已进入空运行状态。

6）单段运行

如要检测程序单段的运行情况，可选择"单段"运行。

在自动、MDI方式下，按"单段"键则键上指示灯亮，表示已进入单段运行状态。运行单段程序时，每执行完一个程序段后系统停止运行，按"循环起动"键则系统继续运行下一个程序段，如此反复直至程序运行结束。

7）机床锁住运行

"自动"操作模式下，按"机床锁"键则键上指示灯亮，表示已进入机床锁住运行状态。此时机床各轴不移动，但显示的位置坐标与机床运动时一样，并且都能执行M.S.T指令，此功能用于程序校验。

8）辅助功能锁住运行

"自动"操作方式下，按"辅助锁"键则键上指示灯亮，表示已进入辅助功能锁住运行状态。此时不能执行M.S.T指令，与机床锁住功能一起用于程序校验。

9）自动运行中的进给速度和快速速度修调

"自动"运行时，系统可以通过修正调整进给、快速移动倍率来改变运行时的移动速度。程序给定进给速度的10%~150%共15级可调。快速移动速度即G00默认速度的0%、25%、75%、100%共4级可调。

10）自动运行中的主轴速度修调

自动运行时可调整主轴倍率来改变主轴速度，主轴倍率可实现50%~120%共8级实时调节。

转速倍率增加一级，增加给定转速的10%，到120%时不再增加；转速倍率减少一级，减少给定转速的10%，到50%时不再减少。

4. MDI录入模式

选择MDI操作模式则屏幕上显示"MDI"，按 ▣ 键则系统进入MDI录入操作模式，如图2-2-3所示。

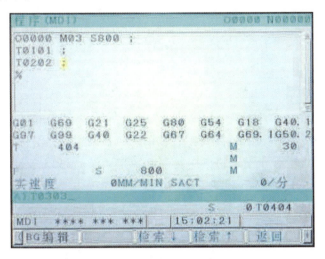

图2-2-3 MDI录入程序界面

系统在MDI录入模式下除了可进行录入、修改参数、偏置等操作外，还提供了MDI运行功能，通过此功能可以直接输入代码并运行。录入操作中的MDI运行功能主要包括：

（1）MDI 代码段输入。

MDI 状态下输入代码段，MDI 状态下可连续输入多段程序。MDI 状态下的输入方式与编辑状态下的程序输入方式一样。

（2）MDI 代码段运行与停止。

输入代码段后，按"循环启动"键即可运行 MDI 代码段程序。机床依次执行 MDI 程序段的命令后保持模态，MDI 所有代码程序消失；运行过程中按"进给保持"键可暂停代码段运行，按"循环启动"键继续；按"复位"键![RESET]可终止代码段运行。

（3）MDI 代码段字段值的修改与清除。

如果字段输入过程中出错，可按![键]键取消输入；如果代码段输入完毕后才发现错误，可重新输入正确内容替代错误内容或按![RESET]键清除所有输入内容，重新输入。

5. 回零操作模式

选择"回零操作"模式，屏幕显示"回参考点"，进入回参考点操作模式。

1）机床零点（机械零点）概念

机床坐标系是机床固有的坐标系，机床坐标系的原点称为机械零点（或机床零点），是机床制造者规定的机械原点，通常安装在 X 轴和 Z 轴正方向的最大行程处。数控装置上电时并不知道机械零点，通常要进行自动或手动回机械零点。

2）手动机械回零的操作步骤

手动机械回零的操作步骤主要包括：

（1）选择"回零操作"模式，这时液晶屏幕右下角显示"机械回零"字样。

（2）选择要回归机械零点的 X 轴、Z 轴（X 轴先回归机械零点，Z 轴再回归机械零点）。

（3）机床沿着机械零点方向移动，在减速点以前机床快速移动，碰到减速开关后再按系统设定速度移动到机械零点（也即参考点）。回到机械零点时坐标轴停止移动，回零指示灯亮。

6. 编辑操作模式

FANUC 0i Mate-TD 车床数控系统有"FG：编辑"和"BG：编辑"两种编辑模式。在"FG：编辑"模式下，可以直接通过系统面板调用、新建、输入、编辑、修改、删除程序；可以把外部存储器的程序复制到数控系统；可以把数控系统的程序复制到外部存储器。"BG：编辑"模式又称后台编辑模式，是数控系统在执行某一程序进行自动加工时，允许编辑其他程序的功能，即可以同时进行自动加工和程序编辑两个任务。

选择编辑操作模式时，按系统面板上的![键]键进入编辑程序界面。按系统面板上的![键]键可以切换"程序""程序目录"两个界面，也可以按显示屏下方的"程序""列表"下的键进入相应的界面。"程序"界面可以新建、编辑、修改、删除、调用程序，如图 2-2-4 所示。"程序目录"界面可以查看系统存储总容量、已用容量和剩余容量；可以查看系统存储的程序个数，每个的程序名、大小和修改时间；可以选择要编辑、操作的程序，如图 2-2-5 所示。

1）新建程序与程序内容的输入

（1）选择"编辑"键进入编辑操作模式。

（2）按 ▨ 键进入程序内容界面。

（3）按地址键"O"后依次键入数字键"2024"（此处以新建 O2024 程序为例），在数据栏后显示"O2024"。

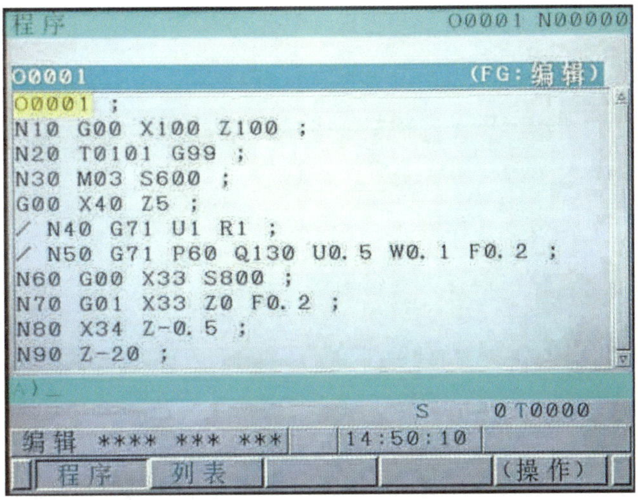

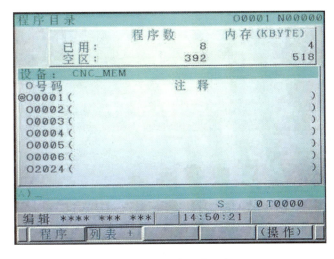

图 2-2-4　程序界面

图 2-2-5　程序目录界面

（4）按 ▨ 键，屏幕左上角显示"程序/O2024"，右上角显示（FG：编辑），表示当前编辑的是本地"O2024"程序，如图 2-2-6 所示。

（5）利用 NC 键盘，将要编写的程序内容逐字输入，输入内容显示在图 2-2-6 所示

的"A）_"后的数据栏里。在输入每一段程序时刻按 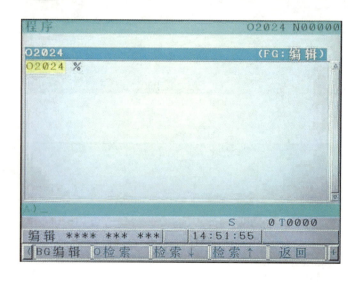 键换行，系统在程序段行末生成";"号。数据栏可以输入多段程序，按 键后数据栏的内容输入到数控系统。系统自动保存输入的代码，切换其他工作方式时系统也将自动保存程序。

2）光标的定位方法

（1）选择编辑方式，按 键后显示程序内容界面。

（2）按 键，光标上移一行，若光标所在列大于上一行末列，光标移到上一行末尾。

（3）按 键，光标下移一行，若光标所在列大于下一行末列，光标移到下一行末尾。

（4）按 键，光标右移一列，若光标在行末可移到下一行行首。

（5）按 键，光标左移一列，若光标在行首可移到上一行行尾。

（6）按 键，向上滚屏，光标移至上一屏。

（7）按 键，向下滚屏，光标移至下一屏。

（8）按 键，光标返回程序开头。

（9）按上档键 ，输入内容为键盘上部字符，须按一次上档键。

图 2-2-6　新建程序

3）字的插入、删除、修改

选择"编辑"方式，按 键显示程序画面，将光标定位在要编辑位置。在程序的编辑状态下，进行字的操作主要包括：

（1）程序中字的插入、修改和删除。

将光标移到要插入的位置，输入要插入的内容，按 键后系统会将输入的内容插入在光标左边的位置；按 键后系统会将输入内容替换掉光标所在位置的内容；按 后系统会删除光标所在位置的内容。

（2）输入字的删除。

在输入程序时发现数据栏的代码字出错，可按 键删除光标前的代码。在输入程序时发现数据栏的代码字出错，可按 键删除程序段。

4）单个程序的删除

需要删除数控系统存储器中的某个程序时，其操作步骤主要包括：选择"编辑"操作方式；进入程序显示页面，可选择如下2种删除程序方法的任一种来删除程序：

（1）键入地址"O"；输入程序数字，按 键，系统提示"程序（xx）是否删除？""取消/执行"，按"执行"键则删除存储器中对应的程序。

（2）在程序界面选择"程序目录"界面，移动光标选中需要删除的程序名，按 键，系统提示"程序（xx）是否删除？""取消/执行"，按"执行"键则删除存储器中对应的程序。

5）全部程序的删除

删除存储器中全部程序的步骤主要包括：

（1）选择"编辑"操作方式。

（2）进入程序显示页面。

（3）键入地址"O"。

（4）依次键入数字键"－9999"。

（5）按 键，系统提示"是否删除所有程序？""取消/执行"，按"执行"键则删除存储器中的所有程序。

6）程序的复制

复制存储器中程序的步骤主要包括：

（1）选择"编辑"方式。

（2）在程序内容显示页面，调入需要复制的程序，按"操作"键切换至如图2-2-7所示界面，此界面可以查找需要的程序内容，按屏幕下的"⟹"键后切换至图2-2-8所示的界面。

图 2-2-7　程序检索界面

图 2-2-8　程序选择、复制界面

按"选择"键后可以选择需要复制的内容，按　↑　↓　←　→　键可以加选或减选，也可按"全选"键选择全部程序内容。按"复制"键将选择的内容读入内存，光标移至需要的地方或在其他程序内按"粘贴"键，"按 BUFF 执行键"后将所选内容被复制到新地方。

7. 刀补的输入与修调

任何工作模式下按系统面板的　　设置键，进入"偏置/磨损"界面，如图 2-2-9（a）所示；按"设定"键后可选择"磨损""形状"两个按键分别进入相应的界面，如果选择按"形状"键则系统进入如图 2-2-9（b）所示界面，可进行刀具偏置的测量输入与修改。测量输入前须指定坐标轴 X 或 Z；修改刀具偏置值时光标移至需要修改的位置，直接输入需要增、减的数据，按"+输入"键后再按"执行"键，修改完毕。

1）刀补值的输入

例：设置 1 号刀的补值为 X100、Z100。

在"偏置/形状"界面，按　↑　或　↓　键，移动光标至 001 右侧，输入"X100"，屏幕左下角数据栏显示"X100"，按"测量"键完成 X 方向的 1 号刀的补值输入；输入"Z100"，按"测量"键完成 Z 方向的 1 号刀的补值输入。系统自动把当前位置和机械零点的距离加 100，作为 1 号刀的刀具偏置值，记录在相应的偏置值里。

（a）偏置/磨损

号.	X轴	Z轴	半径	TIP
G 001	-377.716	-100.000	0.400	3
G 002	-366.976	-547.254	0.400	3
G 003	-390.996	-542.754	0.400	2
G 004	-491.691	-556.203	0.400	2
G 005	0.000	0.000	0.000	0
G 006	77.453	0.000	0.000	0
G 007	0.000	-0.330	0.000	0
G 008	0.000	0.000	0.000	0

（b）偏置/形状

图 2-2-9　刀偏设置界面

2）刀补值的修调

FANUC 0i Mate-TD 刀补值的修调直接输入数值，数值前不能有坐标轴字符。

例：1 号刀 X 轴的刀补值增加 0.010 mm。

在"偏置/形状"界面，按 ↑ ↓ ← → 键，移动光标到"G 001"和"X轴"所对应的单元格，如图 2-2-9（b）所示，输入"0.01"，按"+输入"键后再按"执行"键，系统自动在原来的刀补值基础上加上 0.01 mm，1 号刀的 X 向偏置值会变大 0.01 mm。

8.位置界面观察坐标信息和系统信息

FANUC 0i Mate-TD 有"绝对""相对""综合" 3 个界面可以观察坐标信息和系统信息，用户根据需要可以选择相应的界面来观察相应的信息。

任何工作模式下按 键，进入坐标信息界面。点按 键可在"绝对""相对""综合" 3 个界面间切换，也可按显示屏下方的软键进入相应的显示界面。所有坐标界面的左上角显示了当前坐标方式、右上角显示了当前坐标轴数值，右下角显示了当前主轴转速与刀号刀补号，如图 2-2-10 所示。系统的坐标主要包括：

（1）绝对坐标：显示当前刀位与工件原点的距离和方向，随刀位点和工件原点的变动而变化。

（2）相对坐标：显示相对前一点的坐标增量。

（3）综合坐标：显示当前刀位点的相对坐标、绝对坐标、机床坐标和剩余移动量。

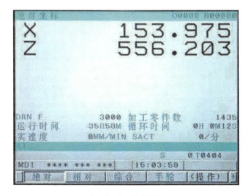

（a）绝对坐标

（b）相对坐标

（c）综合坐标　　　　　　　　　　（d）手轮

图 2-2-10　坐标位置、系统信息界面

（4）相对坐标的清零：在"相对坐标"显示界面，按系统面板的字母"U"键，显示屏上的"U"呈闪烁状，按系统面板上的 ■ 键，则系统以当前位置为相对坐标的 U 方向零点，"U"后的坐标数值归零。同样的方法，可以把"W"后的坐标数值归零。

任务 3　数控车床工件装夹、刀具选择与安装

任务描述

现有一尺寸为 φ40×70 的毛坯，将该毛坯加工成如图 2-3-1 所示的螺纹轴。根据毛坯的形状、螺纹轴工序加工工艺，合理装夹工件、选择刀具、安装刀具。

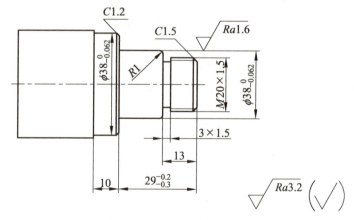

图 2-3-1　螺纹轴尺寸图

任务目标

1. 能够根据毛坯形状和加工工艺，合理装夹轴类零件，保证粗毛坯跳动范围控制 0.3 mm 内。

2. 能够根据毛坯形状和加工工艺，合理选择刀具。

3. 能够正确安装外圆车刀、切槽刀、外螺纹车刀。

4. 能够正确检查安装好的刀具。

任务准备

一、数控车床常用的装夹方法

（一）三爪自定心卡盘装夹

三爪自定心卡盘可通过法兰盘安装在主轴上。卡盘的大锥齿轮 4 与 3 个均布且带有扳手孔的小锥齿轮 3 啮合。扳手插入扳手孔 2 中使小锥齿轮 3 转动，可带到大锥齿轮 4 旋转，大锥齿轮 4 背面的平面螺纹 5 与 3 个卡爪 6 背面的平面螺纹 5 相啮合。卡爪 6 随着大锥齿轮 4 的转动可以做向心或离心径向移动，从而使工件被夹紧或松开，如图 2-3-2 所示。

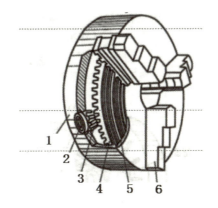

1—卡盘体；2—扳手孔；3—小锥齿轮；4—大锥齿轮；5—平面螺纹；6—卡爪。

图 2-3-2　三爪自定心卡盘

自定心卡盘可装成正爪或反爪两种形式。正爪适合装夹外形规则的中、小型工件，反爪用来装夹直径较大的工件。三爪自定心卡盘装夹工件时可自动定心，不需找正，特别适合于夹持横截面为圆形、正三角形、正六边形等工件。但是，三爪自定心卡盘夹持力小、传递扭矩不大，只适用于装夹中小型工件。

（二）四爪单动卡盘装夹

四爪单动卡盘的 4 个卡爪互不相关。每个卡爪的背面有半瓣内螺纹与丝杆啮合，可以独立进行调整。因此，四爪单动卡盘不但能夹持横截面积为圆形的工件，还能夹持横截面为矩形、椭圆形及其他不规则形状的工件。四爪单动卡盘如图 2-3-3 所示。

四爪单动卡盘对工件的夹紧力较大，但不能自动定心，装夹工件时应仔细找正，对操作人员的技术水平要求较高，在单件、小批生产及大件生产中应用较多。

（三）一夹一顶装夹

将工件的一端装夹在卡盘上，另一端顶在尾座的顶尖上，如图2-3-4所示。图2-3-4所示的装夹方法可以承受较大的切削力，适用于较重或者较长工件的装夹，多用于半精加工。

图 2-3-3　四爪单动卡盘

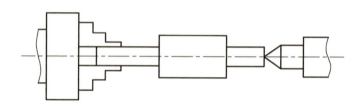

图 2-3-4　一夹一顶装夹工件

（四）两顶尖装夹

两顶尖装夹方式适用于装夹较长工件或者必须经过多次装夹才能加工的工件，可以有效避免工件表面的装夹变形，保证工件的加工精度，如图2-3-5所示。装夹前，需预先在工件两端加工中心孔，常用于精加工。

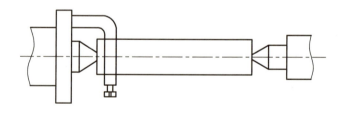

图 2-3-5　两顶尖装夹工件

二、工件装夹找正的方法

工件装夹找正的方法主要包括直接找正装夹法、划线找正装夹法、夹具装夹法。

（一）直接找正装夹法

直接找正装夹法是指采用划针、百分表等工具直接找正工件位置并加以夹紧的方法。此方法的生产率低，精度取决于操作者的技术水平和测量工具的精度，一般只用于单件小批量生产或要求位置精度较高的工件。

利用百分表直接校正轴类零件跳动的步骤主要包括：

（1）安装工件和百分表。

将工件安装到卡盘上，不能夹得太紧。将百分表固定到中滑板上，确保百分表的安装位置稳定且能够准确地测量到轴类零件的跳动。

（2）调整百分表。

调整表盘，将百分表指针位调为零位。调整百分表，使得测头轴线与工件外圆垂直；移动中滑板，将百分表的测头靠近工件表面，直至百分表的指针被压缩 1 mm。

（3）观察跳动方向。

手动扳动卡盘，让工件慢慢转动 1 圈，观察百分表最大读数与最小读数。

（4）用铜棒敲击校正工件。

转动工件至百分表读数最大的位置，用铜棒沿百分表测头指向敲击工件，直到百分表指针转至最大读数与最小读数一半的位置。

（5）夹紧工件，重复步骤（3）、（4），直至工件跳动值在工艺允许范围内。

在利用百分表进行校正时，要确保百分表的测量精度和稳定性。同时，在测量过程中要轻拿轻放，避免对工件和百分表造成损坏。另外，不同的工件和装夹方式可能需要采用不同的校正方法，因此在实际操作中需要根据具体情况进行调整。

（二）划线找正装夹法

划线找正装夹法是指先用划线工具画出要加工表面的位置，再按划线找正工件在机床上的位置并夹紧的一种方法。划线找正的定位精度不高，主要用于批量小、毛坯精度低及大型零件的粗加工。

（三）夹具装夹法

夹具装夹法是指利用夹具上的定位元件使工件获得正确位置的一种方法。这种方法安装迅速、方便，定位精度较高而且稳定，生产效率较高，广泛用于成批和大量生产加工。

三、数控车床刀具的种类

（一）按材料分类

数控车床刀具按材料可划分为：

（1）高速钢刀具。

高速钢刀具主要包括一般高速钢、高性能高速钢、粉末冶金高速钢。高速钢刀具具有较高的耐热性和强度、工艺性能好、热处理变形小并且具有较高的抗弯强度和冲击韧性特点，适用于低速加工一般钢材。

（2）硬质合金刀具。

硬质合金刀具主要包括钨钴类硬质合金、钛钴类硬质合金、碳化钛基硬质合金。硬质合金刀具具有硬度较高、耐磨性和耐热性较高、切削性能和耐用度远高于高速钢刀具的特点，适用于高速切削以及高硬度材料的切削，如淬硬钢和硬铸铁等。硬质合金刀具是由高硬度、高熔点的硬质合金如 WC、TiC、TaC、NbC 等制成，Co、Mo、Ni 等元素作为结合剂。

（3）金刚石刀具。

金刚石刀具具有硬度高、耐磨性好但耐热温度较低的特点，切削时容易因黏附作用而损坏。金刚石刀具主要用于高硬度、耐磨材料和有色金属及其合金的加工。

（4）立方氮化硼刀具。

立方氮化硼刀具具有硬度较高、耐热温度和耐磨性能均较高的特点，一般用于高硬度材料、难加工材料的精加工。

（5）陶瓷刀具。

陶瓷刀具以金属陶瓷材料为主要成分，具有很高的高温硬度、优良的耐磨性和抗黏结能力、化学稳定性好的特点，但是脆性大、抗弯强度和冲击韧度低、热导率差，一般用于高硬度材料的精加工。

（二）按用途分类

数控车床刀具按用途可划分为：

（1）外圆刀。

外圆刀适用于车削外圆柱面、外圆锥面、端面、外圆倒角等。

（2）切槽刀。

切槽刀包括外切槽刀、内切槽刀和端面切槽刀等，用于在零件的外表面、内表面或端面上加工一定深度和宽度的槽，外切槽刀也可用于切断工件。

（3）螺纹刀。

螺纹刀包括外螺纹刀和内螺纹刀，分别用于加工工件的外螺纹和内螺纹。

（4）内孔车刀。

内孔车刀用于车削内孔，增大已有孔的直径，也可用于车端面和内孔倒角。

（三）按结构分类

数控车床刀具按结构可划分为：

（1）整体式车刀。

整体式车刀由同一材料制成，切削部分与刀杆是一体的。高速钢刀具多制成整体式车刀。

（2）焊接式车刀。

焊接式车刀通过焊接方法将刀头和刀杆连接在一起。这种结构允许使用不同的材料制成刀头和刀杆，以适应不同的加工需求。

（3）机夹式车刀。

机夹式车刀包括可转位式车刀和不可转位式车刀。数控加工通常采用可转位机夹式车刀，其刀片和刀杆之间通过机械方式固定，可以方便地更换和调整刀片。刀片的可转位式设计延长了刀具的使用寿命，降低了加工成本。

（4）特殊形式车刀。

特殊形式车刀包括减震刀、复合刀等特殊形式的数控车刀。这些刀具针对特定的加工需求设计，具有特定的结构和功能。如减震刀可以减少切削过程中的振动，提高加工精度；复合刀可以同时完成多种加工操作，提高加工效率。

四、数控车床刀具的安装

数控车床的车刀装夹得是否正确直接影响切削能否顺利进行和工件的加工质量，因此安装车刀时要注意刀杆伸出的长度、刀尖的高度、切削刃的角度等。

（一）刀杆伸出长度

为避免产生振动，要求车刀伸出长度要尽量短，一般不超过刀杆厚度的 1~1.5 倍。

（二）刀尖的高度

车刀刀尖的高度必须准确对准工件的旋转中心，才能保证工作前角和工作后角不变。车刀刀尖高于工件轴线，会导致车刀的工作后角减小，增大车刀后面与工件之间的摩擦。车刀刀尖低于工件轴线，会导致车刀的工作前角减小，增大切削阻力。如果刀尖没对准工件中心，那么在加工到端面中心时会留有凸头。如果加工工件时采用硬质合金车刀但忽略了刀尖高度，那么加工到工件端面中心处会导致刀尖崩碎。

（三）切削刃的角度

切削刃包括主切削刃和副切削刃。与主切削刃相关的是工作主偏角和工作刃倾角，与副切削刃相关的是工作副偏角。刀杆应该与进给方向垂直，才能保证工作主偏角和工作副偏角不变；垫刀片前后高度等高，才能保证工作刃倾角不变。

（四）车刀安装注意事项

安装车刀的注意事项主要包括：

（1）车刀下面的垫片数量要尽量少并与刀架边缘对齐，至少使用两个螺钉压紧车刀，依次拧紧，以防振动。

（2）为了使车刀刀尖对准工件中心，通常采用以下几种方法。

①根据车床主轴的中心高度，采用钢直尺来测量高度并装刀。

②根据车床尾座顶尖的高度来装刀。

③将车刀靠近工件端面中心，目测估计车刀的高低，然后夹紧车刀。试车端面，再根据端面的中心来调整车刀高度。

（五）刀具的选择

在实际生产过程中，主要根据数控车床回转刀架的刀具安装尺寸、工件材料、加工类型、加工要求及加工条件等因素来选择数控车床的刀具。从刀具样本中查表选择数控车刀的步骤主要包括：

（1）确定工件材料和加工类型（如外圆、孔或螺纹）。

（2）根据粗加工要求、精加工要求、加工条件等因素来确定刀片的材料牌号和几何槽形。

（3）根据刀架尺寸、刀片类型和尺寸来选择刀柄。

（六）刀具的保养和存放

1. 数控刀具的保养方法

刀具的保养方法主要包括：

（1）刀具及其各部件擦拭干净。

（2）选择合适的防锈油，涂油防锈（如果长期不用，可以涂抹黄油，用中性包装纸包裹并保持室内干燥）。

（3）将保养、包装好的刀具和刀片分类放置，严禁将刀具不加任何包装堆放在一起。

（4）注意防止碰撞。

2. 刀具和工具在数控车间的放置要求

刀具和工具在数控车间的放置要求主要包括：

（1）保证放置刀具的工具柜干净。

（2）不同类型的刀具放置在指定位置：刀具与刀具之间有适当距离，避免碰撞；将刀架、卡盘扳手等放置在工具柜内指定位置，不可与刀具、量具等发生碰撞。

（3）将各类测量仪器放于工具柜指定位置。

任务 4　机床坐标系与工件坐标系

任务描述

数控机床加工零件，最主要的是控制刀具和工件的相对运动。程序控制刀具和工件的相对运动，就必须掌握机床坐标系和工件坐标系，能准确判定数控车床各坐标轴的位置和方向，能根据零件特点合理设置工件坐标系。

任务目标

1. 掌握数控车床机床坐标系和工件坐标系的概念。

2. 掌握机床坐标系的确定原则。

3. 掌握数控车床对刀点、换刀点的定义。

任务准备

一、机床坐标系及坐标轴

（一）机床坐标系的定义

在数控机床加工工件时，刀具与工件的相对运动是以数字的形式来体现的。为了确定刀具与工件的相对位置和移动距离，建立了相应的坐标系。为了确定机床的运动方向和移动距离，就要在机床上建立一个坐标系，该坐标系就叫机床坐标系，也叫标准坐标系。机床坐标系是确定工件位置和机床运动的基本坐标系，是机床固有的坐标系。

（二）机床坐标轴及相互关系

数控机床坐标系采用右手笛卡儿直角坐标系：移动进给轴用 X、Y、Z 表示，称为基本坐标轴。如图 2-4-1 所示，右手大拇指、食指和中指保持相互垂直，大拇指的指向为 X 轴的正方向，食指向为 Y 轴的正方向，中指的指向为 Z 轴的正方向；围绕 X、Y、Z 轴旋转的圆周进给坐标轴分别用 A、B、C 表示，符合右手螺旋定则，分别以大拇指指向为 $+X$、$+Y$、$+Z$ 方向，其余四指分别指向 $+A$、$+B$、$+C$ 轴的旋转方向。

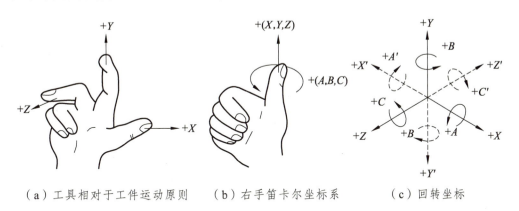

（a）工具相对于工件运动原则　　（b）右手笛卡尔坐标系　　（c）回转坐标

图 2-4-1　笛卡儿直角坐标系

二、机床坐标轴的运动方向

数控机床的加工动作主要包括刀具的运动和工件的运动两种类型。在确定数控机床坐标轴及其运动方向时，必须满足如下规定：切削加工时无论是工件静止、刀具运动还是刀具静止、工件运动，都假定工件不动、刀具相对于工件做运动，将刀具远离工件的方向作为坐标轴的正方向。

机床坐标轴的方向取决于机床的类型和各组成部分的布局。判定数控机床坐标系

X轴、Y轴、Z轴的原则：先确定 Z 轴，再确定 X 轴，最后确定 Y 轴。具体判定 X 轴、Y 轴、Z 轴的方法主要包括：

（1）Z 坐标轴的确定。

Z 轴由传递切削力的主轴决定，与主轴重合或平行的标准坐标轴为 Z 坐标轴，其正方向为增大刀具与工件之间距离的方向。

（2）X 坐标轴的确定。

X 轴一般平行于工件装夹面且与 Z 轴垂直。对于工件旋转的机床（数控车床），X 坐标的方向在工件的径向上，并且平行于横滑座，刀具离开工件回转中心的方向为 X 坐标的正方向。

（3）Y 坐标轴的确定。

根据 X 坐标轴、Z 坐标轴的正方向和右手笛卡儿法则，确定 Y 坐标轴及其正方向。

数控车床坐标系根据刀架布局形式，包括前置刀架坐标系和后置刀架坐标系，如图 2-4-2 所示。

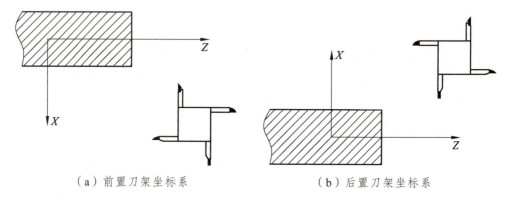

（a）前置刀架坐标系　　　　　　　　（b）后置刀架坐标系

图 2-4-2　数控车床坐标系

三、机床原点与机床参考点

（一）机床原点

机床原点又称机械原点，是机床坐标系的原点。该点是机床上一个固定的点，其位置在机床制造过程中确定，不允许用户改变。机床原点是机床坐标系和机床参考点的基准点，也是制造和调整机床的基础。

机床制造商对每台数控机床进行零点设置，通常设在各坐标轴的极限位置处，即各坐标轴的正向极限位置或负向极限位置，设置好后不再进行移动或更改。

（二）机床参考点

机床参考点也是机床上一个固定点，它与机床原点之间有一确定的相对位置，其位置由机械挡块确定。机床参考点由机床制造商测定后输入数控系统，并且记录在机床说明书中，用户不得更改。

大多数数控机床上电时并不知道机床原点的位置，所以开机第一步总是先返回参考点（即机床回零）操作，使刀具或工作台返回到机床参考点。开机后先返回参考点的目的就是为了建立机床坐标系，确定机床坐标系原点的位置，即机床原点是通过机床参考点间接确定的。

当机床回零操作完成后，显示器即显示出机床参考点在机床坐标系中的坐标值，表明机床坐标系已自动建立。该坐标系一经建立，只要不断电，将一直保持不变。

机床参考点与机床原点的距离由系统参数确定，其值可以是零。如果两者距离为零，则表示机床参考点与机床原点重合，回零操作完成后所有轴坐标值显示为"0"。有些数控机床的机床原点与机床参考点不重合，回零操作后显示的坐标值就是系统参数中设定的距离值。

四、工件坐标系与工件原点

（一）工件坐标体系

机床坐标系的建立保证了刀具在机床上的正确运动。由于加工程序通常是针对某一工件的零件图样进行编制的，为了便于编程将加工程序的坐标原点设置为与零件图样的尺寸基准相一致，因此编程时还需要建立工件坐标系。

工件坐标系是指编程人员根据零件图样及加工工艺要求，以零件上某一基准点为原点建立的坐标系，又称为编程坐标系或工件坐标系。工件坐标系中各坐标轴方向与机床坐标系一致。

工件坐标系一般供编程使用，确定工件坐标系时不必考虑工件在机床上的实际装夹位置。工件坐标系一经建立便一直有效，直到被新的工件坐标系所取代。

（二）工件原点

工件原点即工件坐标系的原点，其位置根据工件的特点人为设定，也称编程原点。工件坐标系的原点选择要尽量满足编程简单、尺寸换算少、引起的加工误差小等要求。数控机床加工零件时，工件原点应选在零件的尺寸基准上，以便计算坐标值。

对于对称零件，一般以对称中心作为工件原点；对于非对称零件，一般取进刀方向一侧零件外轮廓的某个垂直交角处作为工件原点，以便于计算坐标值；数控车床零件的工件原点，通常设在工件右端面与轴线相交处。

拓展和分享

世界技能大赛数控车项目中国金牌零的突破者——黄晓呈

2019 年 8 月，在俄罗斯喀山举办的第 45 届世界技能大赛中，黄晓呈以高出第二名 12 分的绝对优势夺得该赛事的数控车项目金牌，并荣获国家最佳选手奖，实现了中国在数控车项目上金牌"零"的突破。

什么是数控车项目？

数控车项目是指依据零件的技术图样，利用车削中心，选择合理的工装夹具，使用正确的切削刀具，设置机床和切削参数，编制数控程序，加工以回转体为主、部分铣削和钻削为辅的复杂零件的竞赛项目。数控车项目需要选手根据图纸要求，调整切削参数，选择最佳的金属切削工艺，用电脑和机床做出精度胜似艺术品的复杂零件。这就意味着，无论是学习还是训练，都需要选手具备超乎常人的细心、耐心。当时，中国代表团已经连续 4 次参加世界技能大赛的数控车项目，因质量和精度未能达到标准始终无缘金牌。由于黄晓呈优异的技术能力和细心、沉稳的性格，参加了此届数控车项目。"在训练上要有自己的想法""技术学习只可意会不可言传"，黄晓呈沉浸在钻研技术的世界里，反复地琢磨，一个个技术难点被突破，更高的精度要求接连实现。

世界技能大赛的决赛场，黄晓呈与来自 29 个国家或地区的选手同台竞技。在第一天的比拼中，他以领先第二名 6 分的成绩胜出。第二天，大赛给出的是一个之前比赛中从未出现过的刁钻题目"三件套配合零件的加工"，比赛选用钢和黄铜这两种不同的材料，考验选手是否具备创新能力和临场应变能力。黄晓呈稳住情绪，借助夹具装夹顺利完成加工，再次胜出。第三天的赛题是两件套配合件，这是开赛以来最多、难度最大的内容。黄晓呈以细心谨慎的完美加工和没有任何失误的发挥完成了第三赛题。除了主观评价扣掉 0.33 分以外，其他尺寸全部满分。最终黄晓呈获得 86.78 分，领先第二名至少 12 分。实现了中国选手在数控车项目上金牌"零"的突破。

思考与练习

1. 数控车床操作界面由哪几部分组成？各部分的作用是什么？

2. 数控刀具的选择原则是什么？

3. 数控车床常用的装夹方法有哪些？

4. 数控车床刀具安装应注意哪些事项？

5. 简述机床坐标轴判定的方法和顺序？

6. 什么是工件坐标系？什么是工件坐标系原点？设定工件坐标系原点时应考虑哪些因素？

项目三　台阶轴的数控车削编程与加工

项目描述

台阶轴零件图 3-0-1 如所示，所用材料为 45 钢，毛坯尺寸为 ϕ 40 mm × 68 mm。每个同学在项目学习中，需学会识读、分析工艺文件，按工艺安排完成零件所有工序的加工，做出符合图样要求的零件并检测、记录。在零件加工之前，学习数控工艺知识、数控编程知识。

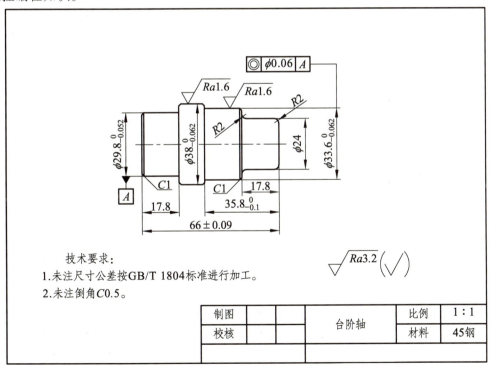

图 3-0-1　台阶轴零件图

项目目标

1. 熟悉阶梯轴的组成、作用及应用。
2. 熟练识读、分析台阶轴零件图。
3. 熟悉台阶轴数控加工工艺。
4. 熟练绘制工序简图及装夹示意图。
5. 熟练掌握数控车削编程指令。
6. 熟练编写台阶轴各工序的数控车削加工程序。

任务 1　台阶轴的加工工艺分析

任务描述

本车间接到一教学任务，通过加工一批如图 3-0-1 所示的一批台阶轴零件，所用材料为 45 钢，毛坯尺寸为 $\phi40$ mm × 68 mm，让学生学习常用编程指令，学习、强化数控车床的基本操作，请根据要求和学情编制数控加工工艺。

任务目标

1. 熟练识读、分析台阶轴零件图。
2. 熟悉生产现场的具体情况以及选用机床的方法。
3. 熟练识读台阶轴加工工艺文件。
4. 熟练绘制工序简图及装夹示意图。
5. 熟练选用工具、刀具和量具。
6. 熟练填写台阶轴数控加工工艺卡。

任务准备

一、机械零件图工艺分析的主要内容

机械零件图工艺分析的内容主要包括：

（1）了解产品的工作原理和主要性能，明确零件在机器中的安装位置及作用，这是进行工艺分析的基础。

（2）分析零件图上的主要表面尺寸公差和技术要求，明确主要技术条件的合理性及关键性技术问题，这是确保零件能够满足设计要求的重要步骤。

（3）审查零件的结构工艺性，检查零件的结构是否便于加工、装配和维修，以降低加工的复杂性，避免浪费。

（4）检查零件图的完整性包括尺寸、视图、技术条件等是否齐全、正确和合理，检

查内容还应包括零件视图是否正确、足够，表达是否直观、清楚，绘制是否符合国家标准，尺寸、公差以及技术要求的标注是否齐全、合理等。

（5）零件的技术要求包括加工表面的尺寸精度、形状精度、相互位置精度、粗糙度以及表面质量方面的其他要求，热处理要求，动平衡、未注圆角或倒角、去毛刺、毛坯要求等。注意分析这些要求在保证使用性能的前提下是否经济合理，在现有生产条件下能否实现。

（6）零件的材料分析包括所提供的毛坯材质本身的机械性能和热处理状态、毛坯的铸造品质和被加工部位的材料硬度是否有白口、夹砂、疏松等以及判断其加工的难易程度，为选择刀具材料和切削用量提供依据。

（7）工艺分析还包括对整个生产过程的全面分析，如原材料的采购、加工、成品的制造和包装等各个环节。通过对每个环节的分析，可以找出存在的问题和瓶颈，为改进工艺提供依据。同时，工艺参数分析、设备性能分析、人员技能分析和质量控制分析也是工艺分析的重要内容。

总之，机械零件图工艺分析是一个全面、细致的过程，需要综合考虑多个方面的因素，以确保零件能够满足设计要求并具有良好的工艺性。

二、加工阶段的划分

为了保证加工质量和合理使用设备、人力，零件的加工过程按加工性质可分为粗加工、半精加工、精加工和光整加工四个阶段，具体内容主要包括：

（1）粗加工。

粗加工是指切除毛坯上大部分多余的金属，使毛坯在形状和尺寸上接近零件成品。

（2）半精加工。

半精加工是指使主要表面达到一定的精度，留有一定的精加工余量，为主要表面的精加工做好准备。

（3）精加工。

精加工是指保证各主要表面达到规定的尺寸精度和表面粗糙度要求，全面保证加工质量。

（4）光整加工。

光整加工是指对零件上精度和表面粗糙度要求很高的表面，需进行光整加工，主要目的是提高尺寸精度、减小表面粗糙度值。一般不用于提高位置精度。

加工阶段的划分应根据零件的质量要求、结构特点和生产工艺灵活掌握，不应绝对化。当工件批量小、精度要求不高、工件刚度好时也可以不分或少分加工阶段；对于重型零件由于输送及装夹困难，一般在一次装夹下完成粗、精加工。

任务 2　台阶轴加工工序一手动车削端面和外圆

任务描述

本工位接到粗加工一批台阶轴外圆的任务，小组成员每人加工一件。所用材料为45钢，毛坯尺寸为 $\phi 40$ mm × 68 mm 棒料，加工内容如图 3-2-1 所示。要求对刀后，根据屏幕显示的工件坐标系，手动完成加工任务，限时 1 课时。根据车间安排，按照工艺、技术要求，按时完成加工任务。

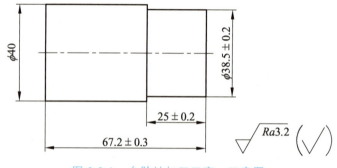

图 3-2-1　台阶轴加工工序一工序图

任务目标

1. 掌握刀位点、对刀点的概念及选择原则、选择方法。
2. 掌握 GSK980TDc 外圆车刀对刀的方法、步骤和注意事项。

任务准备

一、基本概念

（一）刀位点

在数控加工过程中，刀位点是代表刀具运动的一个基准点。刀具与工件的相对运动轨迹，称为编程轨迹。刀具切削情况和刀具切削刃的形状是多样的，编程轨迹本质是刀位点相对工件的运动轨迹。刀位点的选择在数控加工过程中至关重要，因为它决定了对刀时数据的输入、加工的精度和程序的准确性。

图 3-3-2（a）所示外圆车刀以左刀尖为刀位点，图 3-3-2（b）所示切槽刀刀位点根据实际情况灵活选择，可以是左刀尖、右刀尖、刀刃中心。外圆刀与切槽刀由于刀尖圆弧的存在，选刀尖为刀位点时实际刀位点在刀具之外，如图 3-2-2 中局部放大图所示。

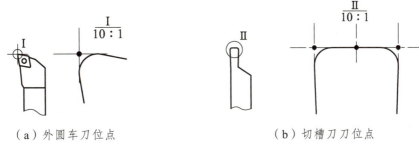

（a）外圆车刀位点   （b）切槽刀刀位点

3-2-2 　刀位点示意图

（二）对刀点与对刀

对刀点是确定刀位点与编程零点位置关系的基准点。对刀点的选择会直接影响零件的加工精度和程序控制的准确性。一般选择零件上的编程零点作为对刀点，这样就可以避免基准不重合造成的误差；也可以选择零件外的某一点如夹具或机床上的某一点作为对刀点，但必须与零件的定位基准有一定的坐标关系。

加工同一零件时，工件原点位置变化则程序段中的坐标值也会随之改变。因此，在加工零件时应该首先确定工件原点在机床坐标系中的位置，即建立工件坐标系与机床坐标系之间的关系。工件原点在机床坐标系中的位置是通过数控系统中的刀具偏置值来设定的。

在数控加工过程中，虽然数控机床上装的每把刀的形状、尺寸和位置都不同，但当刀具装好后刀位点和刀座的位置是固定的，刀座与机床坐标系之间有确定的位置关系。当刀具安装到机床后，测量刀位点与工件原点的距离，在数控系统中设置这个测量值，即可确定工件原点在机床坐标系中的位置。

在进行数控加工前，操作员经过测量和相关操作，在数控系统中输入机床坐标系的相关数据，使刀位点尽量与理想基准点重合，这个过程称为对刀。对刀可以利用对刀仪来进行，其操作比较简单，测量数据也比较准确；也可以在数控机床上定位好夹具以及安装好零件之后，利用量块、塞尺、千分表等以及数控机床上的坐标来进行对刀；对于粗基准和要求不高的工件，可以采用试切法进行对刀。

外圆刀对刀

二、GSK980TDc 系统数控车床外圆车刀采用试切法对刀

假设工件轴线与右端面相交处为工件零点，那么 GSK980TDc 系统数控车床外圆车刀采用试切法进行对刀的步骤主要包括先对 Z 轴进行对刀，再对 X 轴进行对刀，最后需要校验对刀的正确性。

（一）Z 轴对刀

对 Z 轴进行对刀的步骤主要包括：

（1）主轴正转，快速移动刀具到加工前的安全距离，调整手轮倍率至 0.1 mm 每格。

（2）手轮逆时针旋转，根据情况切换 X/Z 轴，刀具快速移到距工件右端 3~5 mm 处（如图 3-2-3 中由 P 点移动到 a 点）停止移动刀具。

（3）寻找最右端点。切换手轮至 Z 轴，手轮逆时针旋转，精确控制手轮按 1 格的速度移动，刀尖慢慢靠近工件端面（如图 3-2-3 中由 a 点移动到 b 点），注意观察和倾听直到刀具切上工件或听到切削的声音时才停止移动刀具。

（4）切换手轮至 X 轴，顺时针旋转手轮，当刀具的刀尖距离工件 2~3 mm 时（如图 3-2-3 中由 b 点移动到 c 点）停止移动刀具。

（5）进刀。切换手轮至 Z 轴，手轮逆时针旋转 3 格（如图 3-2-3 中由 c 点移动到 d 点）表示进刀 0.3 mm，可根据毛坯情况和材料特性酌情增减。

（6）切削。切换手轮至 X 轴，手轮逆时针匀速旋转，可调整手轮倍率至 0.01 mm 每格，刀具车削至工件中心（如图 3-2-3 中由 d 点移动到 0 点）。

（7）手轮顺时针旋转，刀具远离工件，刀尖离开工件毛坯即可（如图 3-2-3 中由 0 点移动到 d 点），主轴停转。

（8）按机床操作面板上的"刀补"键进入"刀补/刀具偏置"界面，移动光标至刀具对应的刀号偏置行，输入"Z0"，屏幕下方显示"偏置（测量输入）Z0"，点按机床操作面板上的"输入"键，Z 坐标对应的偏置数值会发生变化，即完成 Z 的对刀。

在对 Z 轴对刀的实际操作过程中，根据实际情况有时可以省略步骤（5）（6）（7）。

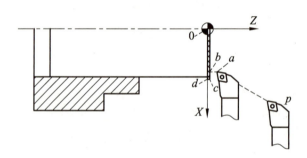

图 3-2-3　Z 轴对刀步骤示意图

（二）X 轴对刀

对 X 轴进行对刀的步骤主要包括：

（1）主轴正转，快速移动刀具至加工前安全距离，调整手轮倍率至 0.1 mm 每格。

（2）手轮逆时针旋转，根据情况切换 X/Z，刀具快速移到距工件左端 3~5 mm 处（如图 3-2-4 中由 P 点到 a 点）停止移动刀具。

（3）找最大直径点。切换手轮至 X 轴，手轮逆时针旋转，精确控制手轮按 1 格的速度移动，刀尖慢慢靠近工件外圆（如图 3-2-4 中由 a 点移动到 b 点），注意观察和倾听直到刀具切上工件或听到切削的声音时才停止移动刀具。

（4）切换手轮至 Z 轴，顺时针旋转手轮，当刀具的刀尖距离工件右端面右方 2~5 mm 时（如图 3-2-4 中由 b 点移动到 c 点）停止移动刀具。

（5）进刀。切换手轮至 X 轴，手轮逆时针旋转 10 格（如图 3-2-4 中由 c 点移动到 d 点）表示进刀 1 mm，可根据毛坯情况、加工内容和材料特性酌情增减。

（6）切削。切换手轮至 Z 轴，手轮逆时针匀速旋转，刀具车削工件至 5~10 mm（如图 3-2-4 中由 d 点移动到 e 点），可用卡尺测量长度。

（7）手轮顺时针旋转，刀具远离工件，刀尖离开右端面（如图 3-2-4 中由 e 点移动到 f 点）且不影响测量即可，主轴停转。

（8）用游标卡尺测量车削部位外圆直径，测量次数至少 2 次。如果每次测量的测量值相同，该值为外圆直径；如果多次测量的测量值不相同，剔除异常测量值之后取算数平均值作为外圆直径。

（9）按机床操作面板上的"刀补"键进入"刀补/刀具偏置"界面，移动光标至刀具对应的刀号偏置行，输入"X 测量值"，屏幕下方显示"偏置（测量输入）X 测量值"，点按机床操作面板上的"输入"键，X 坐标对应的偏置数值会发生变化，即完成 X 的对刀。

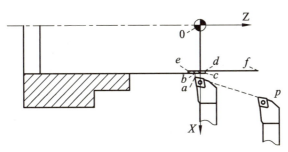

图 3-2-4　X 轴对刀步骤示意图

（三）校验对刀正确性

在完成 Z 轴对刀和 X 轴对刀之后，需要校验对刀的正确性，校验步骤主要包括：

（1）按机床操作面板上的"MDI"键。

（2）按机床操作面板上的"程序"键，进入"程序/MDI 程序"界面。

（3）在"程序/MDI 程序"界面输入"T0101"（如果对 2 号刀进行对刀则输入"T0202"）。

（4）按机床操作面板上的"输入键"。

（5）按机床操作面板上的"循环启动"键。

（6）观察显示屏上 X 绝对坐标值是否变为刚才的测量值，如果不是则重新对 X 轴进行对刀，如果是则表示 X 轴对刀正确。

（7）切换手轮至 Z 轴，移动刀具至离工件右端面 2 mm 处（目测或用钢板尺测量），观察显示屏上 Z 绝对坐标值是否是 2 或 2 左右，如果不是则重新对 Z 轴进行对刀，如果是则表示 Z 轴对刀正确。

任务 3 台阶轴加工工序二编程与加工/G00/G01

任务描述

本工位接到加工一批台阶轴零件外圆柱面的任务，小组成员每人加工一件。所以材料为 45 钢，毛坯为半成品，待加工面毛坯为 $\phi40$ mm，总长为 67.2 mm，加工内容如图 3-3-1 所示。数控车床自动进行加工，限时 1 天。根据车间安排，按照工艺、技术要求，按时完成加工任务。

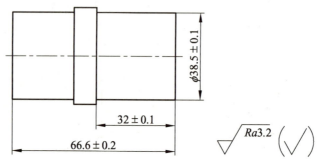

图 3-3-1　台阶轴加工工序二工序图

任务目标

1. 能根据工件材料、刀具材料和加工工艺要求合理选择切削用量。
2. 能根据毛坯尺寸和加工内容确定外轮廓车削加工时刀具的运动轨迹。
3. 掌握数控切削加工过程中机床的运动与对应的控制代码。
4. 能用 G00、G01 指令编写与刀具运动轨迹相符的数控加工程序。
5. 能用一个完整的程序控制数控机床做简单的闭环运动。
6. 能编制台阶轴加工工序二的数控加工程序。

任务准备

一、工艺知识

（一）安全距离

数控加工过程中的安全距离是指刀具和工件间的一个合理距离。根据情况不同，安全距离分为三类。

1. 装夹工件与换刀的安全距离

数控机床的刀具不但非常坚硬而且很锋利，在装夹工件的过程中如果人的肢体不小心碰触到刀具，人的肢体容易受伤；在装夹工件的过程中如果工件不小心碰到刀具，刀具容易损坏，因此在装夹工件时刀具应远离装夹位置。刀具的位置以装夹工件时操作员的肢体和被装夹工件不会与刀具发生干涉为准。根据工件尺寸的不同，刀杆伸出的长度也不相同，视具体情况而定。

在实际生产过程中，为了提高生产效率一般采用多把刀具。在更换刀具时要考虑退刀轨迹和换刀位置，以满足退刀和换刀过程中不会与工件发生干涉。换刀位置受工件尺寸、当前刀具刀杆伸出长度、下一把刀具的刀杆伸出长度等因素的影响，视具体情况确定。本书统一以当前刀具的刀位点距离工件右端面中心 X100、Z100 作为装夹工件和换刀的安全距离。

程序开始运行时，刀具移动到一个便于观察刀位点和工件基准点距离的位置，这个位置就是程序起点。通常将装夹工件和换刀安全距离的位置作为程序起点。

程序结束运行前，刀具定位至一个便装夹工件的位置，这个位置就是程序终点。通常将程序起点作为程序终点。

2. 切削进给前的安全距离

数控加工过程时包含了切削进给运动和辅助运动。切削进给运动的速度根据切削加工情况来确定；辅助运动时刀具与工件没有接触，移动速度应尽可能快，但不允许刀具碰到工件；刀具由辅助运动变成切削进给运动时距离工件的位置，就是切削进给前的安全距离。切削进给前的安全距离应尽可能短，一般为被加工轮廓距离切削进给反方向延长线 2~5 mm。技术人员在充分了解机床性能和程序运行过程中刀具的运动规律后，可以根据实际情况适当增减切削进给前的安全距离。

3. 循环加工前的安全距离

循环加工是指同一把刀需用多次走刀才能完成某一加工内容时，重复进行有规律的进刀、切削、退刀和返回等加工过程。即时编程过程中没有用到循环指令，但在编写刀具按一定规律进刀、切削、退刀、返回的程序段并多次调用这个程序段，也认为是循环加工。

循环加工前的安全距离即循环起点。循环起点的选择与切削加工前的安全距离选择原则相同，但需根据循环加工的切削方向（径向/轴向）、循环加工时刀具运动过程以及已加工表面形状来确定。

（二）刀具调整

在制订数控加工工艺文件时，为了表达刀具几何形状、刀具安装方向和刀位点面绘制的示意图，称为刀具调整图，如图 3-3-2 所示。图 3-3-2（a）为 93° 外圆车刀，左刀尖为刀位点；图 3-3-2（b）为外切槽刀，左刀尖为刀位点；图 3-3-2（c）为外螺纹车刀，刀尖为刀位点；图 3-3-2（d）为 35° 尖刀，左刀尖为刀位点；图 3-3-2（e）为镗孔车刀，左刀尖为刀位点。

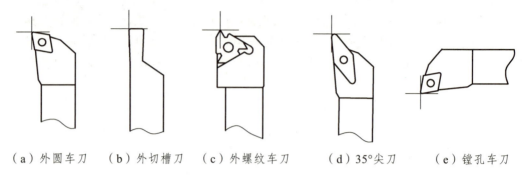

（a）外圆车刀　　（b）外切槽刀　　（c）外螺纹车刀　　（d）35°尖刀　　（e）镗孔车刀

图 3-3-2　前置刀架刀具调整图

二、数控编程知识

（一）程序的结构

为了完成零件的自动加工，用户需要按照 CNC 的指令格式编写零件加工程序（简称程序）。所有数控系统的程序结构相似，不同的数控系统指令格式和指令字有可能不同，本书编程格式和指令字以广州数控 GSK980TDc 编程说明书为依据。

1. 程序的构成

一个完整的程序，一般由程序名、程序内容和程序结束三部分组成，如表 3-3-1 所示。

表 3-3-1　程序的结构

数控程序	程序说明	
O3301；	程序名	
N010 M03 S600 T0101 G99；	程序段	程序内容
N020 G40 G00 X100 Z100；	程序段	
N030 G41 G00 X50 Z5；	程序段	
N040 G01 X50 Z-40 F0.3；	程序段	
N050 G01 X53 Z-40 F0.3；	程序段	
N060 G00 X100 Z100；	程序段	
N070 M30；	程序结束	

1）程序名

程序名由字母"O"加四位数字组成，如 OXXXX，其中 XXXX 为四位正整数，取值范围为 0 001~9 999。程序名一般要求单列一段且不需要程序段号。

2）程序内容

程序内容是由若干个程序段组成的，表示数控机床要完成的全部动作。每个程序段由一个或多个指令构成，每个程序段一般占一行，用"；"作为每个程序段的结束代码。

3）程序结束

一般采用 M02 或 M30 来表示程序的结束，要求单列一段。

表 3-3-2　程序段格式

程序 段格式	N_	G_	X_ (U_)	Z_ (W_)	…	F_	S_	T_	M_	;
含义	程序 段号	准备 功能字	尺寸字			进给 功能字	主轴 功能字	刀具 功能字	辅助 功能字	结束符
	数据字									
	程序段									

2. 程序段的格式

零件加工程序内容是由程序段组成的，每个程序段又由若干个字组成，每个字是控制系统的具体指令，它是由表示地址的英文字母和数字集合而成，见表 3-3-2。

程序段格式的特点主要包括：

（1）程序段中各信息字的先后顺序并不严格，不必要的字可以省略。

（2）数据符的位数可多可少，但是不得大于规定的最大允许位数。

（3）某些功能字属于模态指令，也称持续有效指令。模态指令一经使用，只有被同组的其他指令取代或取消才失效，否则持续有效，可以省略不写。

程序段内各字的说明主要包括：

（1）程序段号。

程序段号又称顺序号，用以识别程序段的编号，由地址符 N 和随后的 1~4 位数字组成。程序段号应位于程序段的开头，否则无效。顺序号数字应为正整数，可以不连续，也可以没有顺序号，并不影响程序按照顺序运行。程序段号的作用是作为程序段的标识，或调用、跳转程序段时的检索，不作为执行程序段先后顺序的依据。程序调用、跳转的目标程序段必须有程序段号，该段号在整个程序中是唯一的。程序段的顺序号可以是任意的，其间隔也可以不相等。为了让整个程序显得有序，方便统计程序段的总行数，一般程序段号按编程顺序递增。

（2）指令字。

指令字是用于命令 CNC 完成控制功能的基本指令单元，指令字由一个英文字母（称为指令地址）和其后的数值（称为指令值，为有符号数或无符号数）构成。

数控系统的指令字包含以下类型：

①准备功能字。

准备功能字又称 G 指令，是使数控机床做某种动作的指令，用地址字 G 和 2 位数字组成，从 G00~G99 共 100 种。

②坐标字。

坐标字是由坐标地址符（如 X、Z 等）、+、—符号及绝对（或增量）的数值组成。其中+符号可以省略。

③进给功能字。

进给功能字用来指定各运动坐标轴及其任意组合的进给量或螺纹导程，该指令是模态代码。

④主轴功能字。

主轴功能字用来指定主轴的转速，由地址字 S 和其后的若干位数字组成，包括恒转速（单位 r/min）和恒线速（单位 m/min）两种运转方式。

⑤刀具功能字。

刀具功能字主要用来选择刀具、刀具偏置和补偿。一般由地址码 T 和 4 位数字组成。例如 T0202，前面两位表示刀具号，后两位表示刀补号，如果后两位是 00，则表示取消刀具补偿。

⑥辅助功能字。

辅助功能字表示一些机床辅助动作及状态的指令，由地址码 M 和后面的两位数字表示，从 M00~M99 共 100 种。

⑦结束符。

程序段由若干个指令字构成，用结束符"；"来表示程序段的结束。结束符是 CNC 程序运行的基本单位。

一个程序段中可输入若干个指令字，也允许无指令字而只有"；"或 EOB 键来表示结束符。

当一个程序段有多个指令字时，指令字之间必须有一个或一个以上空格。在同一个程序段中，除 N、G、S、T、H、L 等地址外，其他的地址只能出现一次，否则将产生报警（指令字在同一个程序段中被重复指令）。N、S、T、H、L 指令字在同一程序段中重复输入时，相同地址的最后一个指令字有效。同组的 G 指令在同一程序段中重复输入时，最后一个 G 指令有效。

3. 主程序和子程序

为了简化编程，当相同或相似的加工轨迹、控制过程需要多次使用时，就可以把该部分程序指令编辑为独立的程序进行调用。调用该程序的程序称为主程序，被调用的程序（以 M99 结束）称为子程序。子程序必须有独立的程序名，子程序可以被其他主程序任意调用，也可以独立运行。子程序结束后就返回到主程序中继续执行。

（二）M、S、T、F指令

1. M 指令

M 指令是一种辅助功能，由指令地址 M 和其后的 1~2 位数字或 4 位数组成，用于控制程序执行的流程或输出 M 代码到 PLC。

1）程序结束指令 M02

指令格式：M02 或 M2。

指令功能：在自动方式下，执行 M02 指令，停止当前正在执行的所有其他指令，自动运行结束，光标停留在 M02 指令所在的程序段，不返回程序开头。若要再次执行程序，必须让光标返回程序开头。

2）程序运行结束指令 M30

指令格式：M30。

指令功能：在自动方式下，执行 M30 指令，停止当前正在执行的所有其他指令，自动运行结束，光标立即回到程序开头。

3）程序停止指令 M00

指令格式：M00 或 M0。

指令功能：执行 M00 指令后，程序运行停止，显示"暂停"字样，按"循环启动"键后，程序继续运行。

4）主轴正转、反转、停止指令 M03、M04、M05

指令格式：M03 或 M3，M04 或 M4，M05 或 M5。

指令功能：M03 表示主轴正转；M04 表示主轴反转；M05 表示主轴停止。

5）冷却泵控制指令 M08、M09

指令格式：M08 或 M8，M09 或 M9。

指令功能：M08 表示冷却泵开；M09 表示冷却泵关。

2. 刀具功能

GSK980TDc 的刀具功能（T 指令）具有两个作用：自动换刀和执行刀具偏置。自动换刀的控制逻辑由 PLC 梯形图处理，刀具偏置的执行由 NC 处理。

指令格式：T□□ ○○

其中□□表示目标刀具号（01~32，前导 0 不能省略）。○○表示刀具偏置号（00~32，前导 0 不能省略）。

指令功能：自动刀架换刀到目标刀具号刀位，按指令的刀具偏置号执行刀具偏置。刀具偏置号可以和刀具号相同也可以不同，即一把刀具可以对应多个偏置号。在执行刀具偏置后，再执行 T□□00，CNC 将按当前的刀具偏置进行反向偏移，CNC 由已执行刀具偏置状态改变为未补偿状态，这个过程称为取消刀具偏置。

加工前通过对刀操作获得每一把刀具位置的偏置数据称为刀具偏置或刀偏，程序运行中执行 T 指令后自动执行刀具偏置。这样，在编辑程序时每把刀具按零件图纸尺寸来编写，可不用考虑每把刀具相互间在机床坐标系的位置关系。如因刀具磨损导致加工尺寸出现偏差，可根据尺寸偏差修改刀具偏置。

3. 进给功能

1）切削进给指令

（1）指令格式：G98 F__；

指令功能：以 mm/min 为单位给定切削进给速度，G98 为模态 G 指令。如果当前为 G98 模态，可以不输入 G98。

（2）指令格式：G99 F__；

指令功能：以 mm/r 为单位给定切削进给速度，G99 为模态 G 指令。如果当前为 G99 模态，可以不输入 G99。CNC 执行 G99 F__ 时，把 F 指令值（mm/r）与当前主轴转速（r/min）的乘积作为指令进给速度来控制实际的切削进给速度。主轴转速变化时，实际的切削进给速度随之改变。使用 G99 F__ 给定主轴每转的切削进给量，可以在工件表面形成均匀的切削纹路。在 G99 模态进行加工，机床必须安装主轴编码器。

G98、G99 为同组的模态 G 指令，只能一个有效。G98 为初态 G 指令，CNC 上电时默认 G98 有效。

进给速度还可以由操作面板上的进给倍率调节旋钮（调节按键）来修调。

4. 主轴功能

主轴功能又称 S 功能。

1）恒转速功能指令

指令格式：G97 S__；

指令功能：设置主轴转速，单位为 r/min。G97 为模态 G 指令，开机默认为恒转速。

2）恒线速控制功能指令

指令格式：G96 S__；

指令功能：设置加工时刀位点的切削速度，单位为 m/min，主轴转速随刀位点切削位置 X 值的变化而变化。G96 为模态 G 指令。

主轴速度还可以由操作面板上的主轴倍率调节旋钮（调节按键）来修调。

（三）G 指令

1. 概述

G 指令由指令地址 G 和其后的 1~2 位指令值组成。

指令格式：G□□，其中 G 为指令地址字，□□为指令值（00 ~ 99，前导 0 可以省略）。

G 指令字分为 00、01、02、03、04 组。除 00 与 01 组代码不能共段外，同一个程序段中可以输入几个不同组的 G 指令字。如果同一个程序段中输入了两个或两个以上的同组 G 指令字，最后一个 G 指令字有效。没有共同参数（指令字）的不同组 G 指令可以在同一程序段中，功能同时有效并且与先后顺序无关。G 指令字一览表如表 3-3-3 所示。

表 3-3-3　G 指令字一览表

指令字	组　别	功　能	备　注
G00		快速移动	初态 G 指令
G01		直线插补	
G02	01	圆弧插补（逆时针）	模态 G 指令
G03		圆弧插补（顺时针）	
G32		螺纹切削	

指令字	组别	功能	备注
G90		轴向切削循环	
G92		螺纹切削循环	
G94		径向切削循环	
G04		暂停、准停	
G28		返回机械零点	
G50		坐标系设定	
G65		宏指令	
G70		精加工循环	
G71	00	轴向粗车循环	非模态 G 指令
G72		径向粗车循环	
G73		封闭切削循环	
G74		轴向切槽多重循环	
G75		径向切槽多重循环	
G76		多重螺纹切削循环	
G96	02	恒线速开	模态 G 指令
G97		恒线速关	初态 G 指令
G98	03	每分进给	初态 G 指令
G99		每转进给	模态 G 指令
G40		取消刀尖半径补偿	初态 G 指令
G41	04	刀尖半径左补偿	模态 G 指令
G42		刀尖半径右补偿	

2. 模态、非模态及初态

模态是指相应字的功能和状态一经执行，以后一直有效，直到其功能和状态被同组功能字重新定义为止，即在后面的程序段中若使用相同的功能和状态，可以不必再输入该字段。

例如

G0 X100 Z100；　　　 //快速定位到（X100 Z100）处

X120 Z30；　　　　　 //快速定位到（X120 Z30）处，G0 为模态代码，可省略不输

G1 X50 Z50 F300；　　 //直线插补到（X50 Z50）处，进给速度为 300 mm/min，G0→G1

X100；　　　　　　　 //直线插补至（X100 Z50）处，进给速度 300 mm/min，G1、

　　　　　　　　　　 //Z50、F300 均为模态代码，可省略不输

G0 X0 Z0；　　　　　 //快速定位到（X0 Z0）处，G1→G0

非模态是指相应字段的功能和状态一经执行仅一次有效，以后需使用相同的功能

和状态必须再次执行，即在以后的程序段中若使用相同的功能和状态，必须再次输入该字段。

初态是指系统上电后默认的功能和状态，既上电后如未指定相应的功能状态则系统按初态的功能和状态执行。本系统的初态为G00、G18、G21、G40、G54、G97、G98。

G指令的00组为非模态G指令，其他组为模态G指令，G00、G97、G98、G40为初态G指令。

3. 绝对坐标编程和相对坐标（增量坐标）编程

编写程序时，需要给定轨迹终点或目标位置的坐标值，坐标编程按编程坐标值的类型可分为绝对坐标编程、相对坐标编程和混合坐标编程三种编程方式。

使用 X 轴、Z 轴的绝对坐标值（用 X、Z 表示）编程称为绝对坐标编程；使用 X 轴、Z 轴的相对位移量（以 U、W 表示）编程称为相对坐标编程。

GSK980TDc 允许在同一程序段中 X 轴、Z 轴分别使用绝对编程坐标值和相对位移量编程，称为混合坐标编程。

例：利用直线插补方式编写图 3-3-3 中 A 点到 B 点的程序。

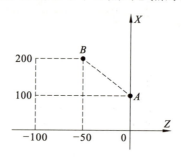

图 3-3-3　加工位置移动图

（1）绝对坐标编程。

G00 X100 Z0;　　　　　//定位到 A 点

G01 X200 Z-50;　　　　//由 A 点到→B 点

（2）相对坐标编程。

G00 X100 Z0;　　　　　//定位到 A 点

G01 U100 W-50;　　　　//由 A 点到→B 点

（3）混合坐标编程。

G00 X100 Z0;　　　　　//定位到 A 点

G01 X200 W-50;　　　　//由 A 点到 B 点

也可以编写为

G00 X100 Z0;　　　　　//定位到 A 点

G01 U100 Z-50;　　　　//由 A 点到 B 点

注：当一个程序段中同时有指令地址 X、U 或 Z、W，X、Z 指令字有效。

例如：G50 X10 Z20;

　　　　G01 X20 W30 U20 Z30;　　　//此程序段的终点坐标为（X20 Z30）

4. 直径编程和半径编程

按编程时 X 轴坐标值的类型可分为直径编程和半径编程。本书如没有特别指出，均采用直径编程。

5. 相关定义

本书如没有特别指出，有关词（字）的意义均表示为：

（1）起点：当前程序段运行前的位置。

（2）终点：当前程序段执行结束后的位置。

（3）X：终点 X 轴的绝对坐标。

（4）U：终点 X 轴与起点 X 轴绝对坐标的差值。

（5）Z：终点 Z 轴的绝对坐标。

（6）W：终点与起点 Z 轴绝对坐标的差值。

6. 快速定位指令

指令格式：G00 X（U）　Z（W）；

指令功能：X 轴、Z 轴同时从起点以各自速度快速移动到终点。两轴是以各自独立的速度移动，短轴先到达终点，长轴独立移动剩下的距离，其合成轨迹不一定是直线。

指令说明：G00 为初态 G 指令。X（U）、Z（W）可省略一个或全部，被省略的表示该轴的起点和终点坐标值一致；同时省略表示终点和起点是同一位置。X 与 U、Z 和 X 与 W 在同一程序段时则 X、Z 有效，U、W 无效。X 轴、Z 轴各自快速移动的速度分别由系统数据参数设定，实际的移动速度可通过机床面板的快速倍率键进行修调。

例：编写刀具从图 3-3-4 中的 A 点快速定位到 B 点的程序。

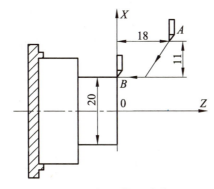

图 3-3-4　加工位置移动图

（1）G0 X42 Z18；　　//定义 A 点的绝对坐标

　　　G0 X20 Z0；　　//定义 B 点的绝对坐标

（2）G0 X42 Z18；　　//定义 A 点的绝对坐标

　　　G0 U-22 W-18；　//定义 A 点到 B 点的坐标增量，半径值为 11，直径值为 22

（3）G0 X42 Z18；　　//定义 A 点的绝对坐标

　　　G0 X20 W-18；　　//定义 A 点到 B 点的混合坐标

或 G0 U-22 Z0；   //定义 *A* 点到 *B* 点的混合坐标

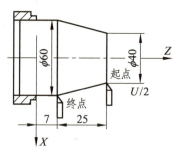

图 3-3-5　加工位置移动图

7. 直线插补指令

指令格式：G01 X（*U*）_ Z（*W*）_ F_；

指令功能：运动轨迹为从起点到终点的一条直线，如图 3-3-5 所示。

指令说明：G01 为模态 G 指令；X（*U*）、Z（*W*）可省略一个或全部，被省略的表示该轴的起点和终点坐标值一致；同时省略表示终点和起点是同一位置。F 指令值为 *X* 轴方向和 *Z* 轴方向的瞬时速度的矢量合成速度，实际的切削进给速度为进给倍率与 F 指令值的乘积；F 指令值执行后，此指令值一直被保持，直至新的 F 指令值被执行。

例：编写图 3-3-5 所示工件从直径 $\phi40$ 切削到 $\phi60$ 的加工程序。

（1）G0 X40 Z32；   //定义起点的绝对坐标

　　　G01 X60 Z7 F500；   //定义终点的绝对坐标

（2）G0 X40 Z32；   //定义起点的绝对坐标

　　　G01 U20 W-25；   //定义起点到终点　坐标增量

（2）G0 X40 Z32；   //定义起点的绝对坐标

　　　G01 X60 W-25；   //定义起点到终点的混合坐标

　　或 G01 U20 Z7；   //定义起点到终点的混合坐标

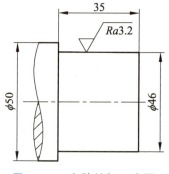

图 3-3-6　台阶轴加工序图

三、应用案例

完成图 3-3-6 所示台阶轴加工。工艺要求利用两把刀车进行车削。试编制数控加工程序。

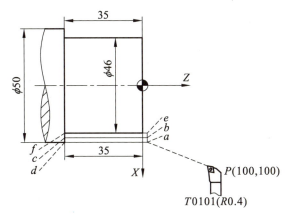

图 3-3-7 台阶轴工艺图

（一）明确工作任务

根据图 3-3-6 所示工序图，本任务毛坯为 ϕ50 mm，只编制 ϕ46 mm、长 35 mm 外圆的数控加工程序，外圆和长度尺寸一般采用公差，表面粗糙度要求 Ra3.2；精度要求不高，不分粗、精加工阶段，两刀平均分配加工余量，每刀车 2 mm。

（二）刀具选择、设置编程零点与刀位点

本次加工选用涂层硬质合金 95° 的外圆车刀，假设工件右端面与轴线相交处为编程零点，以车刀左刀尖为刀位点，如图 3-3-7 所示。

（三）切削参数的确定

根据背吃刀量为 1 mm，工件材料为 45#钢，刀具材料为涂层硬质合金，参考附录 3 选择切削速度，切削速度可达 100～130 m/min。根据公式 $n = \dfrac{1\,000v}{\pi D}$，毛坯直径 D 为 50 mm，主轴转速 v 可在 636～866 r/min 之间选择，此处取 750 r/min，参考附录 2 选择进给量，此处进给量取 0.2 mm/r。

（四）确定安全距离，绘制走刀路线图

根据工艺要求，确定安全距离和走刀路线，绘制走刀路线图，如图 3-3-7 所示。

本案例的走刀路线可确定为：$P→a→b→c→d→a→e→f→d→a→P$。其中，P 为程序起点，a 为循环加工前的安全距离，b 为第一刀切削前的安全距离，e 为第二刀切削前的安全距离。

第一刀切削路线为 $a→b→c→d→a$。第二刀切削路线为 $a→e→f→d→a$。其中 $a→b$ 为进刀路线，$b→c$ 为切削路线，$c→d$ 为退刀路线，$d→a$ 为返回路线。

G01 编程加工

（五）计算走刀路线基点坐标

根据编程零点，可以计算出走刀路线的各点坐标 a（50，2）、b（48，2）、c（48，

-35）、d（50，-35）、e（46，2）、f（46，-35）。

（六）数控加工程序

根据工艺要求和走刀路线编制数控加工程序。数控加工程序如表 3-3-4 所示。

表 3-3-4　台阶轴编程示例-数控程序

数控程序	程序说明	补充说明
03305；	程序名	
T0101 G97 G99；	调用 1 号车刀 1 号刀补；每分钟转速；每转进给	
M03 S750；	主轴正转，转速为 800 r/min	
G00 X100 Z100；	刀具快速定位至程序起点 P	
G00 X50 Z2；	刀具快速定位至循环起点 a	
G00 X48 Z2；	进刀至 b	
G01 X48 Z-35 F0.2；	切削至 c	第一刀切削，
G01 X50 Z-35；	退刀至 d	共四步
G00 X50 Z2；	快速返回 a	
G00 X46 Z2；	进刀至 e	
G01 X46 Z-35；	切削至 f	第二刀切削，
G01 X50 Z-35；	退刀至 d	共四步
G00 X50 Z2；	快速返回 a	
G00 X100 Z100；	刀具快速定位至程序终点 P	
M30；	程序结束并复位	

说明：（1）模态指令可省略，程序中所有和上一段相同的指令字和地址字都可省略。

（2）根据工艺要求，每次循环切刀都应按此表中第一刀切削和第二刀切削步骤进行切削。

任务 4　台阶轴加工工序三编程与加工/G90/G94

任务描述

本工位接到加工一批台阶轴零件外圆柱面的任务，小组成员每人一件。所用材料为 45 钢，毛坯尺寸为半成品，待加工面有已加工面 $\phi38.5$ mm × 25 mm 和毛坯面 $\phi40$ mm，总长为 66.6 mm，加工内容如图 3-4-1 所示。数控车床自动进行加工，限时 1 天。根据车间安排，按照工艺、技术要求，按时完成加工任务。

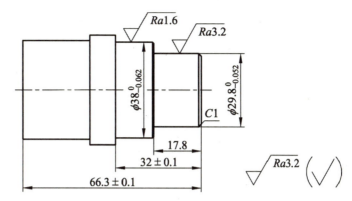

技术要求:
1. 未注尺寸公差按GB/T 1804标准进行加工。
2. 未注倒角C0.5。

图 3-4-1　台阶轴加工工序三工序图

任务目标

1. 能选用合适的刀具加工台阶轴的外形轮廓。
2. 能根据加工零件轮廓尺寸和加工内容确定外轮廓车削加工时的刀具运动轨迹。
3. 掌握单一固定循环指令 G90、G94 的编程格式及适用场合。
4. 能编制台阶轴的粗加工程序和精加工程序。

任务准备

一、工艺知识

走刀路线是指刀具从起刀点开始运动直至返回该点并结束加工程序所经过的路径，包括切削加工的路径以及刀具引入、切出等非切削空行程。确定走刀路线的主要工作在于确定粗加工及空行程的进给路线等，因为精加工的进给路线基本上是沿着零件轮廓顺序进给的。

（一）刀具引入、切出

数控车床进行切削加工时，尤其是精车削，要妥当考虑刀具的引入、切出路线，尽量使刀具沿工件轮廓的切线方向引入、切出，以免因切削力突然变化而造成弹性变形，致使光滑连接轮廓上产生表面划伤、形状突变或滞留刀痕等瑕疵。

（二）确定最短的走刀路线

确定最短的走刀路线，除了依靠大量的实践经验外，还要善于分析，必要时可辅助一些简单计算。

（三）确定最短的切削进给路线

最短的切削进给路线可以有效地提高生产效率、降低刀具的损耗。在安排粗加工或半精加工的切削进给路线时，应同时兼顾到被加工零件的刚度及加工工艺的要求。

图 3-4-2 所示为几种不同切削进给路线的示意图，图 3-4-2（a）表示封闭轮廓复合车削循环的进给路线，图 3-4-2（b）表示三角形进给路线，图 3-4-2（c）表示矩形进给路线。由图 3-4-2 可知：矩形循环进给路线的走刀长度总和最短，即在同等条件下其切削所需的时间（不含空行程）为最小，刀具的损耗小。另外，矩形循环加工的程序段格式较简单，在制定加工方案时一般采用矩形走刀路线。

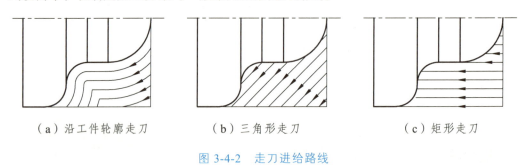

（a）沿工件轮廓走刀　　　（b）三角形走刀　　　（c）矩形走刀

图 3-4-2　走刀进给路线

（四）零件轮廓精加工一次走刀完成

在安排可以一刀或多刀进行的精加工工序时，零件轮廓应由最后一刀连续加工而成。此时，应综合考虑加工刀具的进、退刀位置，尽量不要在连续轮廓中安排切入、切出、换刀及停顿等指令，以免因切削力突然变化而造成弹性变形，导致光滑连续的轮廓上产生表面划伤、形状突变或滞留刀痕等缺陷。

总之，在保证加工质量的前提下，使加工程序具有最短的进给路线，不仅可以节省整个加工过程的执行时间，而且还能减少不必要的刀具损耗以及机床进给滑动部件的磨损等。

二、数控编程知识

为了简化编程，GSK980TDc 提供了只用一个程序段就可以完成快速移动定位、直线切削、快速移动返回起点的单次加工循环的 G 指令如"G90：轴向切削循环；""G94：径向切削循环；"

（一）轴向切削循环指令

指令格式：G90 X（U）__ Z（W）__ F__ ;　　　　　　//圆柱切削
　　　　　G90 X（U）__ Z（W）__ R__ F__ ;　　　　//圆锥切削

指令功能：执行该代码可实现圆柱面、圆锥面的单一循环加工，循环完毕后刀具回起点位置。图 3-4-3、图 3-4-4 中虚线（R）表示快速移动，实线（F）表示切削进给。在增量编程中地址 U 后面数值的符号取决于轨迹 1（R）的 X 方向，地址 W 后面数值的符号取决于轨迹 2（F）的 Z 方向。

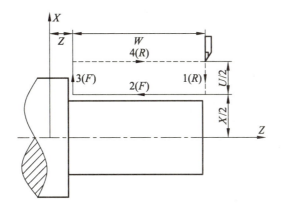

图 3-4-3　G90 切削圆柱面

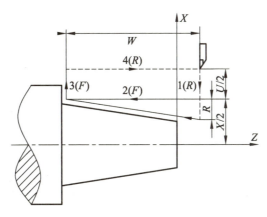

图 3-4-4　G90 切削圆锥面

指令说明：G90 为模态指令。切削起点是指直线插补（切削进给）的起始位置；切削终点是指直线插补（切削进给）的结束位置。轴向切削循环指令中参数的含义主要包括：

（1）X：切削终点 X 轴绝对坐标，单位为 mm。

（2）U：切削终点与起点 X 轴绝对坐标的差值，单位为 mm。

（3）Z：切削终点 Z 轴绝对坐标，单位为 mm。

（4）W：切削终点与起点 Z 轴绝对坐标的差值，单位为 mm。

（5）R：切削起点与切削终点 X 轴绝对坐标的差值（半径值），带方向。当 R 与 U 的符号不一致时，要求 $|R| \leqslant |U/2|$；R = 0 或缺省输入时表示进行圆柱切削，否则表示进行圆锥切削，单位为 mm。

轴向切削运动的循环过程主要包括：

（1）X 轴从起点快速移动到切削起点。

（2）从切削起点直线插补（切削进给）到切削终点。

（3）X 轴以切削进给速度退刀，返回到 X 轴绝对坐标与起点相同处。

（4）Z 轴快速移动返回到起点，循环结束。

根据起刀点位置的不同，G90 代码有四种轨迹，如图 3-4-5 所示。

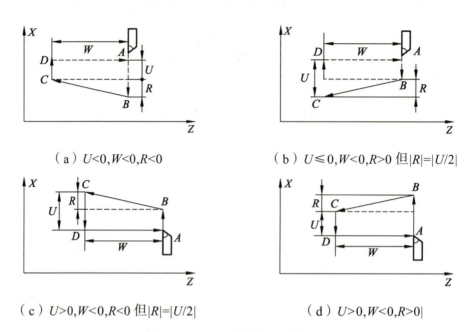

（a）$U<0,W<0,R<0$

（b）$U\leq0,W<0,R>0$ 但$|R|=|U/2|$

（c）$U>0,W<0,R<0$ 但$|R|=|U/2|$

（d）$U>0,W<0,R>0|$

图 3-4-5　G90 代码的四种轨迹

（二）径向切削循环指令

指令格式：G94 X（U）__ Z（W）__F__；　　　　　//圆柱切削

　　　　　　G94 X（U）__ Z（W）__ R__ F__；　　//圆锥切削

指令功能：执行该代码时，可进行端面的单一循环加工，循环完毕后刀具回起点位置。图 3-4-6、图 3-4-7 中虚线（R）表示快速移动，实线（F）表示切削进给。在增量编程中地址 U 后面数值的符号取决于轨迹 2（F）的 X 方向，地址 W 后面数值的符号取决于轨迹 1（R）的 Z 方向。

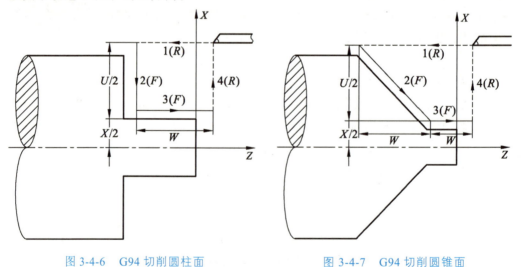

图 3-4-6　G94 切削圆柱面　　　　　图 3-4-7　G94 切削圆锥面

指令说明：径向切削循环指令中参数的含义主要包括：

（1）X、Z：循环终点绝对坐标值，单位为 mm。

（2）U、W：循环终点相对循环起点的移动量，单位为 mm。

（3）R：端面切削始点至终点位移在 Z 轴方向的坐标分量，单位为 mm。

（4）F：循环中 X、Z 轴的合成进给速度，模态代码。

根据起刀点位置的不同，G94 代码有四种轨迹，如图 3-4-8 所示。

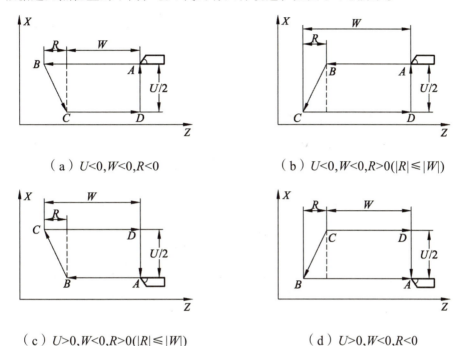

（a）U<0,W<0,R<0   （b）U<0,W<0,R>0(|R|≤|W|)

（c）U>0,W<0,R>0(|R|≤|W|)   （d）U>0,W<0,R<0

图 3-4-8　G94 代码的四种轨迹

（三）固定循环指令

固定循环指令的注意事项主要包括：

（1）在固定循环指令中，X（U）、Z（W）、R 一经执行，在没有执行新的固定循环指令重新给定 X（U）、Z（W）、R 时，X（U）、Z（W）、R 的指令值保持有效。如果执行了除 G04 以外的非模态（00 组）G 指令或 G00、G01、G02、G03、G32 时，X（U）、Z（W）、R 保持的指令值被清除。

（2）在录入方式下执行固定循环指令时，运行结束后必须重新输入指令才可以进行与前面同样的固定循环。

（3）在固定循环 G90～G94 指令的下一个程序段使用 M、S、T 指令，G90～G94 指令不会多执行循环一次；下一程序段为 EOB（；）的程序段时则固定循环会重复执行前一次循环动作。

例：

…

N010 G90 X20.0 Z10.0 F400;

N011;　　　　//此处重复执行一次 G90 指令

…

（4）在固定循环 G90、G94 指令中执行暂停或单段的操作，运动到当前轨迹终点后单段停止。

三、应用案例

加工图 3-4-9 所示台阶轴右端形状和尺寸，毛坯为直径 $\phi30$ mm。为了保证表面粗糙度，工艺要求分为粗车削、精车削；粗车削最大背吃刀量为 1.5 mm，精车削余量 X 向为 0.5 mm，Z 向为 0.05 mm。试编制数控车削加工程序。

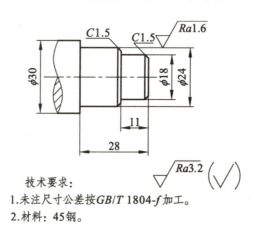

技术要求：
1.未注尺寸公差按 GB/T 1804-f 加工。
2.材料：45钢。

图 3-4-9　G90 编程示例-工序图

（一）明确工作任务

根据图样要求，本任务毛坯为 $\phi30$ mm，要加工 $\phi18$ mm、长为 11 mm 的外圆以及 $\phi24$ mm、长为 17 mm 的外圆，两外圆要求倒 $C1.5$ 角；所有尺寸都为一般公差，$\phi24$ mm 外圆粗糙度要求 $Ra1.6$，所以要求将粗车削、精车削分开进行；用 G90 编制粗加工程序、精加工时外形轮廓一次走刀完成。

（二）选择刀具、设置编程零点与刀位点

选择 95° 外圆车刀，设置工件右端面与轴线相交处为编程零点，以车刀左刀尖为刀位点，如图 3-4-10 所示。

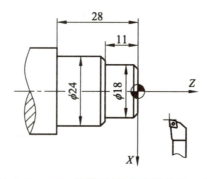

图 3-4-10　G90 编程示例-编程零点与刀位点

（三）切削参数的确定

根据毛坯尺寸和工艺要求，确定粗加工余量和走刀次数。毛坯尺寸为 ϕ30 mm，每刀最大切深为 1.5 mm，留 0.5 mm 的精加工余量。ϕ24 mm 外圆粗车余量为 30-24.5 = 5.5（mm），分 2 刀车削；ϕ18 mm 外圆粗车余量为 30-18.5 = 11.5（mm），分 4 刀车削；粗加工背吃刀量约为 1.4 mm。

粗加工时，根据背吃刀量为 1.4 mm，工件材料为 45#钢，刀具材料为涂层硬质合金，参考附录 3 可确定切削速度，切削速度可达 100～130 m/min。根据切削速度公式，毛坯直径为 ϕ30 mm，主轴转速可在 1 061～1 380 r/min 之间选择，这里取 1 150 r/min，参考附录 2 可确定进给量，进给量取 0.2 mm/r；精加工的背吃刀量为 0.25 mm，切削速度可达 130～165 m/min，待加工表面直径最大为 ϕ24.5 mm，主轴转速可在 1 690～2 144 r/min 之间选择，这里取 1 800 r/min，参考附录 2 可取进给量为 0.1 mm/r。

（四）确定走刀路线

根据工艺要求，确定数控机床的走刀次数和粗加工走刀路线，绘制粗加工走刀路线图，如图 3-4-11 所示。

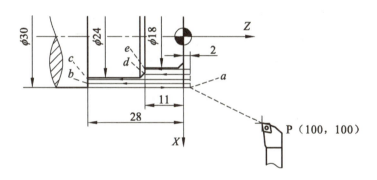

图 3-4-11　G90 编程示例-粗加工走刀路线图

根据零件轮廓，确定精加工走刀路线如图 3-4-12 所示。精加工的走刀路线为 $a \rightarrow f \rightarrow g \rightarrow h \rightarrow i \rightarrow j \rightarrow k \rightarrow r$。

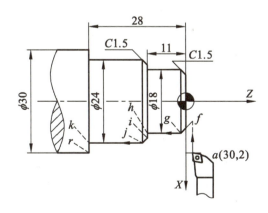

图 3-4-12　G90 编程示例-精加工走刀路线图

（五）走刀路线坐标

根据编程零点，可以计算出粗加工走刀路线的各编程点坐标 a（30，2）、b（27.5，-27.95）、c（24.5，-27.95）、d（21.5，-10.95）、e（18.5，-10.95）。

根据编程零点和图样尺寸标注，可以计算出精加工走刀路线上各基点坐标为 a（30，2）、f（11，2）、g（18，-1.5）、h（18，-11）、i（21，-11）、j（24，-12.5）、k（24，-28）、r（30，-28）。

G90 编程加工

（六）数控加工程序

根据工艺要求和走刀路线编制数控加工程序。数控加工程序如表 3-4-1 所示。

表 3-4-1　G90 编程示例-数控程序

数控程序	程序说明	补充说明
03401；	程序名	
T0101 G97 G99；	调用 1 号车刀；每分钟转速；每转进给	
M03 S1150；	主轴正转，转速为 800 r/min	
G00 X100 Z100；	刀具快速定位至程序起点 P	
G00 X30 Z2；	刀具快速定位至循环起点 a	
G90 X27.5 Z-27.95 F0.2；	粗车第一刀	
X24.5；	粗车第二刀　G90 和 Z-27.95 为模态省略	
X21.5 Z-10.95；	粗车第三刀	
X18.5；	粗车第四刀　执行 G90 加工后自动回到循环起点 a	
G00 X11 S1800；	进刀至 f	精加工刀具运动轨迹所包含的运动路径
G01 X18 Z-1.5 F0.1；	切削至 g	
Z-11；	切削至 h	
X21；	切削至 i	
X24 Z-12.5	切削至 j	
Z-28	切削至 k	
X30	切削至 r	
G00 X100 S800	沿 X 快速退刀	
Z100；	刀具快速定位至程序终点 P	
M30；	程序结束并复位	

任务5　台阶轴加工工序四编程与加工
/G02/G03/G71

任务描述

本工位接到加工一批台阶轴零件外圆柱面的任务，小组成员每人一件。所用材料为
45钢，毛坯尺寸为半成品，待加工面有已加工面$\phi38.5$ mm × 32 mm 和毛坯面$\phi40$ mm，
总长为66.3 mm，加工内容如图3-5-1所示。数控车床自动进行加工，限时1天。根据
车间安排，按照工艺、技术要求，按时完成加工任务。

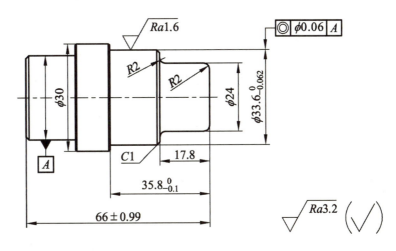

技术要求：
1. 未注尺寸公差按GB/T 1804标准进行加工。
2. 未注倒角C0.5。

图 3-5-1　台阶轴加工工序四工序图

任务目标

1. 能选用合适的刀具加工台阶轴的外形轮廓。

2. 能根据已加工零件轮廓尺寸和待加工内容确定外轮廓车削加工时的刀具运
动轨迹。

3. 掌握轴向粗车循环指令 G71 的编程格式及适用场合。

4. 掌握轴向精车循环指令 G70 的编程格式及适用场合。

5. 能用复合循环指令编写外轮廓的粗加工程序。

6. 能用复合循环指令编写外轮廓的精加工程序。

7. 能编制台阶轴的粗加工程序和精加工程序。

任务准备

一、数控编程知识

（一）圆弧插补指令 G02/G03

平面内圆弧插补是指在平面内完成由起点到终点按指定旋转方向和半径（或圆心）运行的圆弧轨迹。即使已知起点和终点，仍不能完全确定圆弧的轨迹。确定圆弧轨迹的参数主要包括：

（1）圆弧的旋转方向：G02 表示顺时针圆弧插补，G03 表示逆时针圆弧插补。

（2）圆弧插补的平面：主要包括 G17/XY 平面、G18/XZ 平面、G19/YZ 平面。本书数控车床编程默认为 G18/XZ 平面。

（3）圆心坐标或半径：可以根据圆心坐标 I、J、K 或半径 R 进行两种不同格式、代码的编程。

数控系统确定上述 3 个参数后才能在坐标系内进行插补运算。圆弧插补编程格式主要包括"G02 X（U）__Z（W）__R__F__；""G02 X（U）__Z（W）__I__K__F__；""G03 X（U）__Z（W）__R__F__；""G03 X（U）__Z（W）__I__K__F__；"。

圆弧插补编程的注意事项主要包括：

（1）G02 表示顺时针圆弧插补，G03 表示逆时针圆弧插补。

（2）X、Z 表示圆弧终点绝对坐标值，U、W 表示圆弧终点坐标相对圆弧起点的增量值。

（3）R 表示圆弧半径。在同一半径的情况下可能存在两种圆弧，如图 3-5-2 所示中的圆弧 1 和圆弧 2。为了区分两种不同圆弧的编程，对于圆心角小于 180° 的圆弧，程序中的 R 值+R 值表示；对于圆心角大于 180° 的圆弧，程序中的 R 值用-R 值表示；该指令格式不能用于整圆插补的编程。

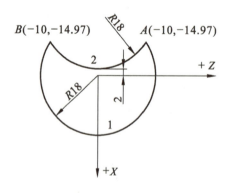

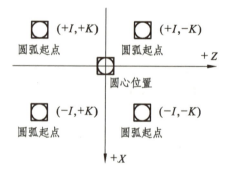

图 3-5-2 圆弧 R 值正负判断　　　　图 3-5-3 圆弧 I、K 值正负判断

（4）I、K 表示圆心相对于圆弧起点的增量坐标值，I 对应 X 轴的坐标增量，K 对应 Z 轴的坐标增量。坐标增量值有正负之分，编程时要特别注意该值的正负，正负的判别

方法如图 3-5-3 所示。圆弧 *I*、*K* 值的编程格式，可用于任何圆弧的编程，还适用于起点与终点相同的圆弧，即圆周的加工。

（5）*F* 表示圆弧插补时的进给量。

（6）圆弧插补时顺时针方向和逆时针方向的规定：以右手笛卡儿直角坐标系为基准，从不在坐标平面的第三轴的正向往负方向看，从起点到终点的运动轨迹，顺时针为 G02，逆时针为 G03。数控车床在进行圆弧插补时，顺时针方向和逆时针方向与采用前置刀架还是后置刀架有关，如图 3-5-4 所示。

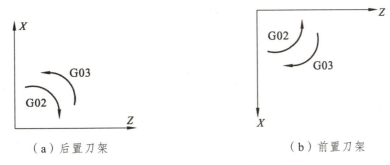

（a）后置刀架　　　　　　　　　　（b）前置刀架

图 3-5-4　圆弧顺逆时针方向的判断

例 1：编制图 3-5-2 中圆弧 2 的 B-A 逆时针圆弧插补程序。

（1）（I、K）指令。

G02 X-10 Z14.97 I-10 K14.97 F0.2 ；

G02 U0 W29.94 I-10 K14.97 F0.2 ；

（2）（R）指令。

G02 X-10 Z14.97 R18 F0.2 ；

G02 U0 W29.94 R18 F0.2 ；

例 2：编制图 3-5-2 中圆弧 1 的 B-A 逆顺时针圆弧插补程序。

（1）（I、K）指令。

G02 X-10 Z14.97 I10 K14.97 F0.2；

G02 U0 W29.94 I10 K14.97 F0.2；

（2）（R）指令。

G02 X-10 Z14.97 R-18 F0.2；

G02 U0 W29.94 R-18 F0.2；

（二）复合型固定循环代码

为了简化编程，GSK980TDc 数控系统提供了 6 个复合型固定循环代码，分别为轴向粗车循环 G71、径向粗车循环 G72、封闭切削循环 G73、精加工循环 G70、轴向切槽循环 G74、径切槽循环 G75 及多重螺纹切削循环 G76。运用这组复合循环代码，只需指定精加工路线和粗、精加工的切削参数等数据，系统会自动计算粗加工路线和走刀次数，按要求完成整个加工过程。

1. 轴向粗车循环（G71 类型I）

指令格式：G71 U（Δd） R（e）;

　　　　　G71 P（NS） Q（NF） U（Δu） W（Δw） F__S__T__;

//精加工路线程序段

N（NS）G0/G1 X（U）…;

……;

……F;

……S;

……T;

……

N（NF）……

指令功能：系统根据 NS～NF 程序段给出工件精加工路线，根据吃刀量、进刀量与退刀量等自动计算粗加工路线，如图 3-5-5 所示。用于与 Z 轴平行的动作进行切削，对于非成型棒料可一次成型。

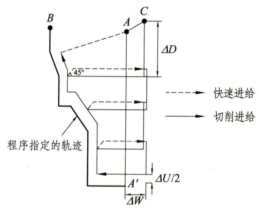

图 3-5-5　G71 代码运行轨迹

指令说明：轴向粗车循环指令中参数的含义主要包括：

Δd：每次切深，无符号。切入方向由图 3-5-5 中的 AA' 方向决定（半径指定），取值范围为 0.001~99 999.999 mm。模态代码，一直到下次指定此参数前均有效。

e：退刀量（半径指定），单位为 mm，取值范围为 0~99 999.999 mm。模态代码，在下次指定此参数前均有效。

NS：精加工路线程序段群的第一个程序段的顺序号。

NF：精加工路线程序段群的最后一个程序段的顺序号。

Δu：X 轴方向精加工余量的距离及方向，取值范围为 −999 999.99～999 999.99 mm。

Δw：Z 轴方向精加工余量的距离及方向，取值范围为 −999 999.99～999 999.99 mm。

F：切削进给速度，取值范围为 1～6 000 mm/min，每转进给量为 0.001～500 mm/r。

S：主轴的转速。

T：刀具、刀偏号。

在编写轴向粗车循环代码时的注意事项主要包括：

（1）△d、△u 都用同一地址 U 指定，其区分是根据该程序段有无指定 P、Q 进行区别。

（2）循环动作由 P、Q 指定的 G71 代码进行。

（3）在 G71 循环中，顺序号 $NS \sim NF$ 之间程序段中的 F、S、T 功能都无效，全部忽略。G71 程序段或以前指令的 F、S、T 有效。顺序号 $NS \sim NF$ 间程序段中 F、S、T 只对 G70 代码循环有效。

（4）在带有恒线速控制选择功能时，顺序号 $NS \sim NF$ 之间程序段中的 G96 或 G97 无效，在 G71 或以前程序段指令的有效。

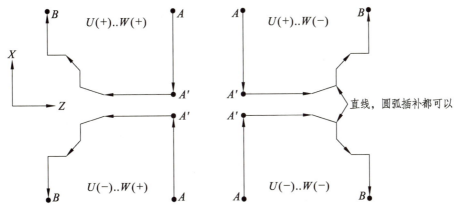

图 3-5-6　G71 代码 Δu、Δw 的正负

（5）根据切入方向的不同，G71 代码轨迹有图 3-5-6 四种情况，但无论哪种都是根据刀具平行 Z 轴移动进行切削的，Δu、Δw 的符号如图 3-5-6 所示。

（6）A 至 A' 间顺序号 NS 的程序段中只可以用 G00 或 G01 指定，且 A 点与 A' 点的 Z 坐标应该一致。

（7）在 A' 至 B 间，X、Z 地址值必须单调增加或减小，轨迹必须单调。

（8）在顺序号 NS~NF 的程序段中，不能调用子程序。

（9）在顺序号 NS~NF 之间最多只能编入 100 个程序段，当程序段超出 100 时系统产生 ERR137 类型的报警。

2. 径向粗车循环（G72 类型Ⅰ）

指令格式：G72 W（Δd）R（e）；

　　　　　　G72 P（NS）Q（NF）U（Δu）W（Δw）F__S__T__；

//精加工路线程序段

N（NS）G0/G1 Z（W）……

……

……F；

……S；

……T；

N（NF）……

指令功能：系统根据 $NS \sim NF$ 程序段给出工件精加工路线，根据吃刀量、进刀退刀量等自动计算粗加工路线，如图 3-5-7 所示。用于与 X 轴平行的动作进行切削，对于非成型棒料可一次成型。

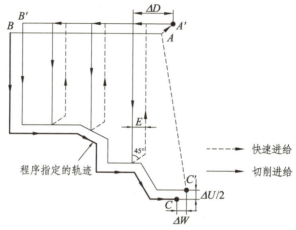

图 3-5-7　G72 代码运行轨迹

指令说明：径向粗车循环指令中参数的含义主要包括：

Δd：每次切深，无符号。切入方向由 AB 方向决定，取值范围为 $0.001 \sim 99\ 999.999$ mm。模态代码，一直到下个指定此参数前均有效。

e：退刀量，单位为 mm，取值范围为 $0 \sim 99\ 999.999$ mm。模态代码，在下次指定此参数前均有效。

NS：精加工路线程序段群的第一个程序段的顺序号。

NF：精加工路线程序段群的最后一个程序段的顺序号。

Δu：X 轴方向精加工余量的距离及方向，取值范围为 $-999\ 999.99 \sim 999\ 999.99$ mm。

Δw：Z 轴方向精加工余量的距离及方向，取值范围为 $-999\ 999.99 \sim 999\ 999.99$ mm。

F：切削进给速度，取值范围为 $1 \sim 6\ 000$ mm/min，每转进给量为 $0.001 \sim 500$ mm/r。

S：主轴的转速。

T：刀具、刀偏号。

在编写径向粗车循环代码时的注意事项主要包括：

（1）$\triangle d$、$\triangle u$ 都用同一地址 W 指定，其区分方法是根据该程序段有无指定 P、Q。

（2）循环动作由 P、Q 指定的 G72 代码进行。

（3）在 G72 循环中，顺序号 $NS \sim NF$ 之间程序段中的 F、S、T 功能都无效，全部忽略。G72 程序段或以前指令的 F、S、T 有效。顺序号 $NS \sim NF$ 间程序段中 F、S、T 只对 G70 代码循环有效。

（4）在带有恒线速控制选择功能时，顺序号 $NS \sim NF$ 之间程序段中的 G96 或 G97 无效，在 G72 或以前程序段指令中有效。

（5）根据切入方向的不同，G72 代码轨迹有如图 3-5-8 所示的四种情况，但无论哪种情况都是根据刀具平行于 X 轴移动进行切削的，Δu、Δw 的符号如图 3-5-8 所示。

（6）在 A 至 B 间顺序号 NS 的程序段中只可以用 G00 或 G01 指定，且 A 点与 B 点的 X 坐标应该一致。

（7）在 B 至 C 间，X、Z 地址值必须单调增加或减小。

（8）在顺序号 NS 到 NF 的程序段中不能调用子程序。

（9）顺序号 NS 到 NF 之间最多只能编入 128 段程序段，当程序段超出 128 段时系统产生 ERR137 类型的报警。

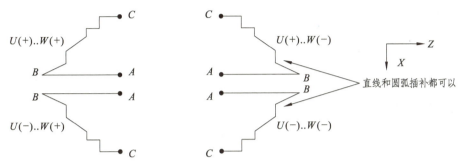

图 3-5-8　G72 代码 Δu、Δw 的正负

3. 精加工循环（G70）

指令格式：G70 P（NS）Q（NF）F__S__T__；

指令功能：执行该指令时刀具从起始位置沿着 NS～NF 程序段给出的工件精加工轨迹进行精加工。在用 G71、G72、G73 代码进行粗加工后时，可以用 G70 代码进行精车。

指令说明：

（1）NS：构成精加工形状的程序段群的第一个程序段的顺序号。

（2）NF：构成精加工形状的程序段群的最后一个程序段的顺序号。

（3）G70 代码所对应的轨迹由 NS～NF 之间程序段的编程轨迹决定的。NS、NF 在 G70～G73 程序段中的相对位置关系如下：

……
……
G71/G72/G73 P（NS）　Q（NF）　U（Δu）　W（Δw）　F_S_T_；
N（NS）……
……
　·F
　·S
　·T
N（NF）……
G70 P（NS）　Q（NF）；

（4）在 G71/G72/G73 程序段"NS"和"NF"之间指定的 F、S 和 T 功能无效，但在执行 G70 时顺序号"NS"和"NF"之间指定的 F、S 和 T 有效。

（5）当 G70 循环加工结束时刀具返回到循环起点并执行下一段程序。

（6）G70 中 NS 到 NF 间的程序段不能调用子程序。

在编写精加工循环代码时的注意事项主要包括：

（1）G70 必须在 NS～NF 程序段后编写。如果在 NS～NF 程序段前编写，系统自动搜索到 NS～NF 程序段并执行，执行完成后按顺序执行 NF 程序段的下一程序，因此会引起重复执行 NS～NF 程序段。

（2）G96、G97、G98、G99、G40、G41、G42 指令在执行 G70 精加工循环时有效。

（3）在 G70 指令执行过程中，可以停止自动运行并手动移动，但要再次执行 G70 循环时必须返回到手动移动前的位置。如果不返回就继续执行，后面的运行轨迹将错位。

（4）在同一程序中需要多次使用复合循环指令时，NS～NF 不允许有相同程序段号。

二、应用案例

加工如图 3-5-9 所示零件右端外形和尺寸，毛坯直径为 ϕ50 mm，材料为 45#钢。试编制数控车削加工程序。

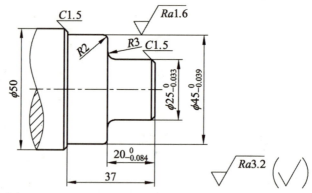

技术要求：

1. 未注尺寸公差按GB/T 1804标准进行加工。
2. 未注倒角C0.5。

图 3-5-9　G71 编程示例-工序图

（一）工艺分析

1. 零件图分析

根据图 3-5-9 所示，本任务毛坯为 ϕ50 mm。加工内容包括 $\phi 25_{-0.033}^{0}$ mm、长为 $20_{-0.084}^{0}$ mm 的外圆以及 $\phi 45_{-0.039}^{0}$ mm、长度为 37 mm、粗糙度要求 R6 的外圆；二处外圆要求倒 C1.5 角；一处 R2 凸圆弧和一处 R3 凹圆弧。

2. 走刀路径和切削参数

本次数控加工的走刀路径和切削参数主要包括：

（1）本次数控加工件为轴类零件，所以采用轴向走刀，采用 G71 指令。

（2）根据工件材料、刀具材料和切削情况，粗加工背吃刀量为 1 mm，进给量为

0.2 mm/r，主轴转速为 750 r/min；

（3）精加工余量 X 向为 0.5 mm，Z 向为 0.05 mm，主轴转速为 1 200 r/min。

（二）选择刀具、设置编程零点、刀位点、循环起点和换刀点

本次数控加工选用 95°外圆车刀。假设工件右端面与轴线相交处为编程零点，以车刀左刀尖为刀位点，循环起点 a 点的坐标 X 值取毛坯尺寸值 50 mm，Z 值取距右端面 2 mm，换刀点的刀位点距编程零点距离如图 3-5-10 所示。

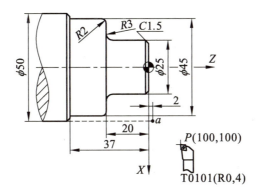

图 3-5-10　G71 编程示例-编程零点与刀位点

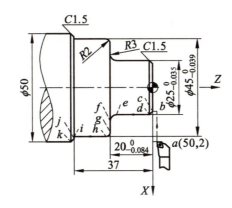

图 3-5-11　G71 编程示例-精加工走刀路线图

（三）走刀路线

根据零件图样和工艺要求，确定精加工走刀路线，绘制精加工走刀路线图。精加工走刀路线为 $a \rightarrow b \rightarrow c \rightarrow d \rightarrow e \rightarrow f \rightarrow g \rightarrow h \rightarrow i \rightarrow j \rightarrow k$，如图 3-5-11。

G71 编程加工

（四）计算各基点坐标

根据编程零点和图样尺寸标注，计算出走刀路线上各基点坐标：a（50，2）、b（22，2）、c（22，-0）、d（25，-1.5）、e（25，-17）、f（31，-20）、g（41，-20）、h（45，-22）、i（45，-37）、j（47，-37）、k（50，-38.5）。

（五）数控加工程序

根据工艺要求和走刀路线，编制数控加工程序如表 3-5-1 所示。

表 3-5-1　G71 编程示例-加工程序

数控程序	程序说明	附加说明
03501；	程序名	
T0101 G97 G99；	调用 1 号车刀；每分钟转速；每转进给	
M03 S750；	主轴正转，转速为 750 r/min	
G00 X100 Z100；	刀具快速定位至程序起点 P	
G00 X50 Z2；	刀具快速定位至循环起点 a	
G71 U1 R1；	粗加工背吃刀量 1 mm，切削后退刀量 1 mm	
G71 P10 Q30 U0.5 W0.05 F0.2；		精加工程序第一段程序段行号是 N10，最后一段程序段行号是 N30；精加工余量 X 向为 0.5 mm，Z 向为 0.05 mm；粗加工进给量为 0.2 mm/r
N10 G00 X22；	进刀至 b	
N20 G01 Z0 F0.1；	切削至 c	
X25 Z-1.5；	进刀至 d	
Z-17；	切削至 e	
G02 X31 Z-20 R3；	切削至 f	精加工刀具运动轨迹，N20 程序段的 F 粗加工无效、精加工有效
G01 X41；	切削至 g	
G03 X45 Z-22 R2；	切削至 h	
G01 Z-37	切削至 i	
X47	切削至 j	
N30 X50 Z-38.5	切削至 k	
G70 P10 Q30 S1200	执行 N10～N30 程序段进行精加工，N20 程序段的 F 有效	
G00 X100 S800	沿 X 快速退刀	
Z100；	刀具快速定位至程序终点 P	
M30；	程序结束并复位	

拓展和分享

精工利器 核铸匠魂——张世军

平凡自有千钧之力。在迈步新征程的道路上，总有一种力量引领我们前行，总有一些榜样激励我们奋斗。聚焦一线，为更好地讲述中国原子能各个领域基层模范爱岗敬业、克己奉献的动人故事，进一步学先进、树典型，推动中国原子能各项事业不断创新发展。

张世军，中核集团首席技师、创新工作室带头人、高级技师，曾获得"全国技术能手""核工业集团公司技术能手""国防科工委技术能手""国防工匠"等荣誉称号，享受国务院政府特殊津贴。

张世军三十多年来一直从事专用设备的生产加工工艺研究工作，参与了多种机型精密专用设备的研制工作，在复杂零件加工、超精密零件加工、超薄壁加工及控制加工变形等方面有着丰富经验，为实现多种机型精密专用设备工艺定型和工业化应用做出突出贡献。

秉承着"干一行，爱一行，钻一行，精一行"的工作作风，张世军在工作岗位上兢兢业业、勤学苦练。工作期间共参与专用设备60余种零件的加工工艺研究及试制工作，解决了大导程、深槽型多头螺旋高速切削、超高精度深孔加工、薄壁易变形零件加工工艺的难题，一些机型已实现工业化应用，取得了非常可观的经济效益和社会效益。

在专注钻研技术的同时，张世军还注重于人才的培养。张世军创新工作室成立后，他注重培养青年职工，深入做好"传、帮、带"工作，紧密围绕科研生产加工任务，把多年积累的技术和技能耐心传授给科技人员和技能人员，共同解决工作中遇到的各种问题，带领大家共同进步。张世军培养的多名技师、技术能手在天津市各类技能大赛中获得了优异成绩，已经成为核理化院科研团队的中坚力量。

思考与练习

一、简答题

1. 什么是刀位点？什么是对刀点？什么是换刀点？

2. 在切削加工中，安全距离分哪几种？如何选择安全距离？

3. 数控程序由哪几部分组成？

4. 什么是代码分组？什么是模态代码？什么是开机默认代码？

5. 写出单一固定循环切削指令 G90、G94 的指令格式，说明其功用和各自的适用场合。

6. 写出圆弧加工指令的指令格式，说明如何判断 G02 与 G03 指令。

7. 写出复合循环粗加工指令 G71、G72 的指令格式，说明其功用和各自的适用场合。

8. 写出复合循环精加工指令 G70 的指令格式，说明其功用和适用场合。

二、编程题

1. 图 3-5-12 所示要加工的工件，毛坯尺寸为 $\phi40$ mm，试编制右端精加工程序。

2. 图 3-5-12 所示要加工的工件，毛坯尺寸为 $\phi40$ mm，要求粗加工背吃刀量最大值为 2 mm，精加工余量 X 向为 0.5 mm，Z 向为 0.05 mm。不使用循环指令，编制工件右端的粗加工程序和精加工程序。

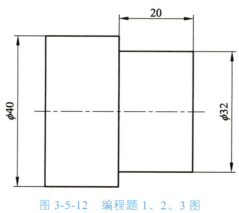

图 3-5-12　编程题 1、2、3 图

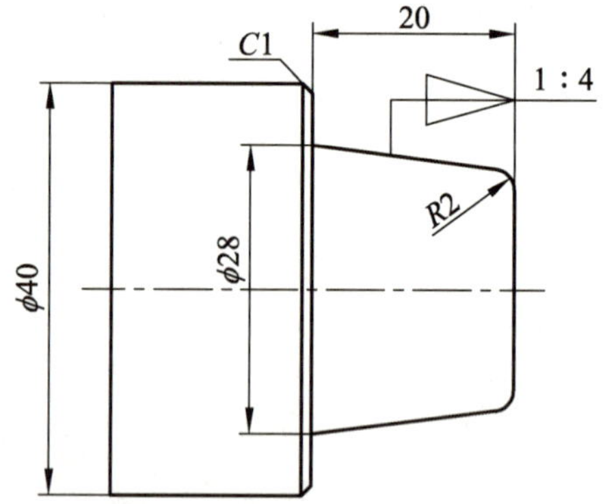

图 3-5-13　编程题 4、5、6 图

3. 图 3-5-12 所示要加工的工件，毛坯尺寸为 $\phi40$ mm，要求粗加工背吃刀量最大值为 2 mm，精加工余量 X 向为 0.5 mm，Z 向为 0.05 mm，用 G90 指令编制右端的粗加工程序和精加工程序。

4. 图 3-5-13 所示要加工的工件，毛坯尺寸为 $\phi40$ mm，要求粗加工背吃刀量最大值为 2 mm，精加工余量 X 向 0.5 为 mm，Z 向为 0.05 mm，用 G90 指令，编制右端的粗加工程序。（不加工 $C1$ 倒角和 $R2$ 圆角）

5. 图 3-5-13 所示要加工的工件，毛坯尺寸为 $\phi40$ mm，要求背吃刀量为每刀 1.5 mm，精加工余量 X 向为 0.5 mm，Z 向为 0.05 mm，用 G71 指令编制右端的粗加工程序。

6. 图 3-5-13 所示要加工的工件，毛坯尺寸为 $\phi40$ mm，要求背吃刀量为每刀 1 mm，精加工余量 X 向为 0.1 mm，Z 向为 0.2 mm，用 G72 指令编制右端的粗加工程序。

项目四 螺纹轴的数控车削编程与加工

项目描述

螺纹轴的零件图如图 4-0-1 所示,所用材料为 45 钢,毛坯尺寸为 $\phi40\,\text{mm} \times 70\,\text{mm}$。每个同学在项目学习中,需学会分析、识读工艺文件,按工艺安排完成零件所有工序的加工,做出符合图样要求的零件并检测、记录。在零件加工之前,学习数控工艺知识,数控编程知识。

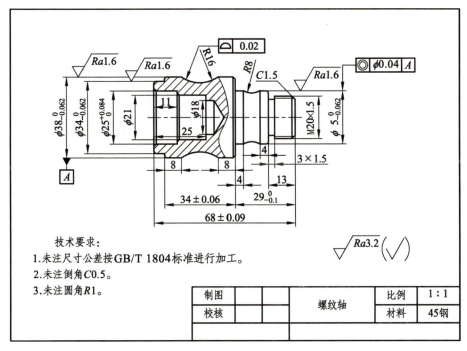

技术要求:
1. 未注尺寸公差按 GB/T 1804 标准进行加工。
2. 未注倒角 C0.5。
3. 未注圆角 R1。

制图		螺纹轴	比例	1:1
校核			材料	45钢

图 4-0-1 螺纹轴零件图

项目目标

1. 熟悉螺纹轴的组成、作用及应用。
2. 熟练识读、分析螺纹轴零件图。
3. 熟悉螺纹轴数控加工工艺。
4. 熟悉数控车削编程指令。
5. 熟练编写螺纹轴每道工序的数控车削加工程序。

任务 1　螺纹轴的加工工艺分析

任务描述

本工位接到加工一批螺纹轴零件的任务，螺纹轴零件图如图 4-0-1，材料为 45 钢，毛坯尺寸为 $\phi 40 \times 70$ mm，让学生学习常用编程指令，学习、强化数控车床的基本操作，请根据要求和学情编制数控加工工艺。

任务目标

1. 能够识读、分析螺纹轴零件图。
2. 能够根据螺纹轴零件的形状特点和材料以及生产现场的具体情况选用机床。
3. 能够识读螺纹轴加工工艺文件。
4. 能够根据螺纹轴工艺和零件形状特点绘制工序简图及装夹示意图。
5. 能够根据螺纹轴零件形状特点和精度要求选用工具、刀具和量具。
6. 能够根据螺纹轴零件工艺分析填写螺纹轴数控加工工艺卡。

任务准备

走刀路线是指刀具从起刀点开始运动，直到返回该点并结束加工程序为止所经过的路径，包括切削加工的路径及刀具引入、切出等非切削空行程。确定走刀路线的主要工作在于确定粗加工及空行程的进给路线等，因为精加工的进给路线基本上是沿着零件轮廓顺序进给的。走刀路线主要包括：

（1）刀具引入、切出。

在数控车床上进行切削加工，尤其是精车，要妥当考虑刀具的引入、切出路线，尽量使刀具沿工件轮廓的切线方向引入、切出，以免因切削力突然变化而造成弹性变形，致使光滑连接轮廓上产生表面划伤、形状突变或滞留刀痕等瑕疵。

（2）确定最短的走刀路线。

确定最短的走刀路线，除了依靠大量的实践经验外，还要善于分析，必要时可辅助一些简单计算。

（3）确定最短的切削进给路线。

切削进给路线短，可以有效地提高生产效率、降低刀具的损耗。在安排粗加工或半精加工的切削进给路线时，应同时兼顾到被加工零件的刚度及加工的工艺要求。

图 4-1-1 所示是几种不同切削进给路线的走刀路线示意图。图 4-1-1（a）表示封闭轮廓复合车削循环的进给路线，图 4-1-1（b）表示三角形进给路线，图 4-1-1（c）表示矩形进给路线。

由图 4-1-1 所示的三种切削进给路线进行分析和判断可知：图 4-1-1（c）矩形循环进给路线的走刀长度总和为最短，即在同等条件下其切削所需的时间（不含空行程）最短，刀具的损耗小；另外，矩形循环加工的程序段格式较简单，在编制加工方案时建议采用矩形走刀路线。

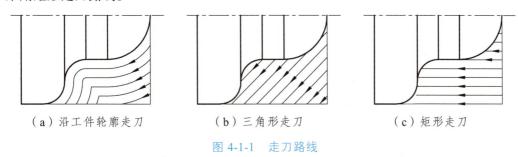

（a）沿工件轮廓走刀　　　　（b）三角形走刀　　　　（c）矩形走刀

图 4-1-1　走刀路线

（4）零件轮廓精加工一次走刀。

在安排一刀或多刀的精加工工序时，零件轮廓应由最后一刀连续加工而成。因此，需要慎重考虑加工刀具的进、退刀位置，尽量不要在连续轮廓中安排切入、切出、换刀及停顿等指令，以免因切削力突然变化而造成弹性变形，致使光滑连续的轮廓上产生表面划伤、形状突变或滞留刀痕等缺陷。

总之，在保证加工质量的前提下，尽量使加工程序具有最短的进给路线。不仅可以节省整个加工时间，还能减少不必要的刀具损耗以及机床进给滑动部件的磨损等。

任务 2　螺纹轴加工工序一编程与加工/G41/G42

任务描述

本工位接到加工一批螺纹轴零件外圆柱面的任务，小组成员每人一件。所用材料为 45 钢，毛坯尺寸为 $\phi40$ mm × 70 mm 棒料，加工内容如图 4-2-1 所示。采用数控车床进行自动加工，限时 1 天。根据车间安排，按照工艺、技术要求，按时完成加工任务。

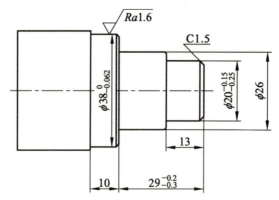

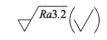

技术要求：
1. 未注尺寸公差按GB/T 1804标准进行加工。
2. 未注倒角C1.2。
3. 未注圆角R1。

图 4-2-1　螺纹轴加工工序的工序图

任务目标

1. 能够选用合适的刀具加工螺纹轴的外形轮廓。
2. 能够根据毛坯尺寸和加工内容确定外轮廓车削加工时的刀具运动轨迹。
3. 掌握刀尖圆弧半径补偿的概念、功能、种类和指令格式。
4. 能够根据刀具运动轨迹和加工方向合理运用尖圆弧半径补偿编程。
5. 能够根据毛坯特点及加工内容选用指令编制螺纹轴的数控加工程序。

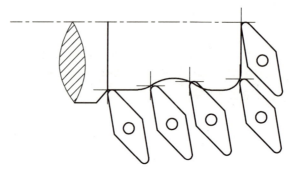

图 4-2-2　刀尖圆弧半径造成的过切与少切

任务准备

一、刀尖圆弧半径补偿

（一）刀尖圆弧半径补偿功能

数控程序一般是针对刀具上的刀位点，按工件轮廓尺寸编制加工程序的。车刀的刀位点一般为理想状态下的假想刀尖或刀尖圆弧的圆心。实际加工过程中使用的车刀，由于工艺或其他原因，刀尖不是一个理想点，而是一段圆弧。切削加工时，刀具切削点在刀尖圆弧上变动，造成实际切削点与刀位点之间存在位置偏差，从而造成过切或少切，如图 4-2-2 所示。由于刀尖不是理想点而是一段圆弧所造成的加工误差，可用数控系统的刀尖圆弧半径补偿功能来消除。

（二）刀尖圆弧半径补偿指令

刀尖圆弧半径补偿指令是通过 G41、G42、G40 代码来实现的，其编程格式为：

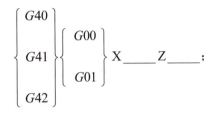

编程格式中的代码含义主要包括：

（1）G40：取消刀尖圆弧半径补偿。

（2）G41：刀尖圆弧半径左补偿。

（3）G42：刀尖圆弧半径右补偿。

（4）X、Z 为建立或取消刀尖圆弧半径补偿的终点坐标。

（三）刀尖圆弧半径补偿 G41、G42 的判定

刀尖圆弧半径补偿 G41、G42 的判定原则：从不在坐标平面的第三轴的正向往负向看，顺着刀具进给方向看；刀具位于工件左侧，用左补偿 G41，如图 4-2-3（a）车削内孔和图 4-2-3（b）车削内孔；刀具位于工件右侧，用右补偿 G42，如图 4-2-3（a）车削外圆和图 4-2-3（b）车削外圆。

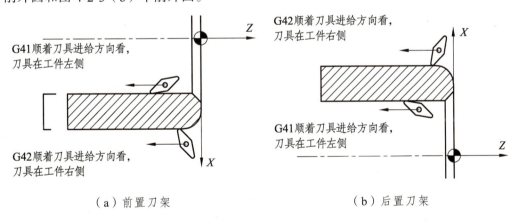

（a）前置刀架　　　　　　　　　　　（b）后置刀架

图 4-2-3　G41、G42 的判定

（四）刀位点和刀尖方位的判定

刀位点和刀尖方位的判定原则：从刀尖中心看，假想刀尖方向由车削中刀具的方向确定，如图 4-2-4 所示。

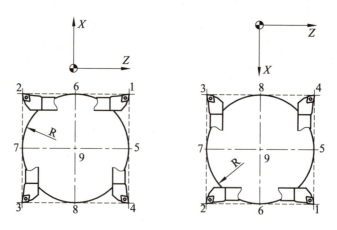

图 4-2-4　刀位点和刀尖方位

在编写刀位点和刀尖方位时应该注意的事项主要包括：

（1）G41、G42、G40 都是模态代码，可以相互注销。如果当前状态为 G41 或 G42 指令有效，要想转换为 G42 或 G41，应先使用 G40 指令取消当前的刀尖圆弧半径补偿，即 G41、G42 不要相互注销。

（2）程序结束时，必须取消刀尖圆弧半径补偿。

（3）G41、G42、G40 指令应在 G00 或 G01 程序段中加入。

（4）在刀尖圆弧半径补偿状态下，不能有两个以上的无移动程序段（如 M 指令、延时指令等），否则会发生过切或少切。

（5）在建立或补偿刀尖圆弧半径补偿的状态下，不得指定移动距离为 0 的 G00、G01 等指令。

（6）为加工时进行正确的刀尖圆弧半径补偿，需在数控系统刀具偏置设置界面对应刀号 R 列设正确的刀尖半径值，T 列设正确的刀尖方位号。

二、应用案例

加工如图 4-2-1 所示螺纹轴右端外形和尺寸，毛坯直径为 $\phi40$ mm，材料为 45# 钢。试编制数控车削加工程序。

（一）确定 G41/G42

根据图 4-2-3 所示的 G41、G42 判定准则，轴向切削外圆，从不在坐标平面的第三轴的正向往负向看，顺着刀具进给方向看，刀具在工件右侧，图 4-2-1 所示的螺纹轴加工程序采用 G42 指令。

（二）确定刀尖方位

根据图 4-2-4 所示的刀位点和刀尖方位的判定准则，左偏外圆刀是 3 号刀尖方位。在机床数控系统刀具偏置设置界面的 "T" 列对应刀号输入 "3"。

（三）确定刀尖圆弧半径大小

根据选用刀片半径，以 R0.4 为例，在机床数控系统刀具偏置设置界面"R"列对应刀号输入"0.4"。

（四）程序编制

图 4-2-1 所示螺纹轴数控机床加工程序如表 4-2-1 所示。

表 4-2-1　G41/G42 编程示例-加工程序

数控程序	程序说明
04201；	
T0101 G97 G99；	
M03 S750；	
G00 X100 Z100；	
G00 X50 Z2；	
G71 U1 R1；	
G71 P20 Q40 U0.5 W0.05 F0.2；	粗加工从 N20 程序段开始，不执行 G42 指令
N10 G42 G00 X30	建立刀尖圆弧半径右补偿，移动量须大于刀尖半径
N20 G00 X22；	
N30 G01 Z0 F0.1；	
X25 Z-1.5；	
Z-17；	
G02 X31 Z-20 R3；	
G01 X41；	
G03 X45 Z-22 R2；	
G01 Z-37	
X47	
N40 X50 Z-38.5	
G70 P10 Q40 S1200	精加工从 N10 程序段开始，执行 G42 指令
G00 G40 X100 S800	刀尖圆弧半径补偿取消，移动量须大于刀尖半径
Z100；	
M30；	

任务 3　螺纹轴加工工序二编程与加工/G32/G92/G76

任务描述

本工位接到加工一批螺纹轴零件切槽和外螺纹的任务，小组成员每人一件。所用材料为 45 钢，毛坯为半成品，螺纹待加工面已加工至 $\phi 19.85_{-0.1}^{0}$，需加工内容如图 4-3-1 所示。要求手动切槽，数控车床加工，限时 1 天。根据车间安排，按照工艺、技术要求，按时完成加工任务。

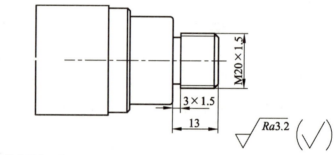

技术要求：未注尺寸公差按 **GB/T 1804** 标准进行加工。

图 4-3-1　螺纹轴加工工序二零件图

任务目标

1. 能够根据图纸标注选用合适的刀具加工外槽。

2. 能够根据图纸标注选用合适的刀具加工外螺纹。

3. 能够根据图纸标注计算外螺纹小径。

4. 能够根据螺纹加工工艺条件确定螺纹切削起点和终点、螺纹切削加工刀数以及每刀切深。

5. 掌握等距螺纹切削指令 G32、单一螺纹切削循环指令 G92 和多重螺纹循环 G76 的编程格式及适用场合。

6. 能够根据螺纹加工特点及加工内容选用指令编写螺纹加工程序。

任务准备

一、工艺知识

（一）车削螺纹前的数据处理

螺纹的标注值是公称直径，但加工螺纹前大径不是加工至公称直径；加工螺纹时需要知道螺纹的小径值，即外螺纹的底径和内螺纹的顶径，外螺纹的底径决定外螺纹加工最后一刀的 X 值，内螺纹的顶径决定内螺纹加工前底孔直径；测量螺纹时需要知道螺纹的中径值。这几个值都可以通过查阅螺纹参数手册获得，也可以用相应的螺纹公式计算。

普通三角螺纹的相应计算及加工前注意事项

1. 螺纹大径

螺纹大径在加工前应注意的事项主要包括：

（1）在车削加工过程中，外螺纹大径一般应比公称尺寸小 0.2 ~ 0.4 mm（约 0.1 P，P 为螺距），保证加工好的螺纹后牙顶处有 0.125 P 的宽度。

（2）外圆端面处的倒角应小于外螺纹小径，内孔端面处的倒角应大于内螺纹大径。

（3）有退刀槽的螺纹，应先切退刀槽，槽底直径应小于外螺纹底径并且大于内螺纹底径。

（4）车削脆性材料时，应选用比较锋利的刀具，螺纹车削前的外圆面的表面粗糙度值要小，以免在车削螺纹时牙顶发生崩裂。

2. 螺纹小径

1）外螺纹小径

$$d1 \approx d - 2 \times 0.65P$$

式中：$d1$——外螺纹小径；

d——外螺纹公称直径；

P——螺距。

2）内螺纹小径

脆性材料的内螺纹小径可表示为

$$D1 \approx D - P$$

塑性材料的内螺纹小径可表示为

$$D1 \approx D - 1.05P$$

式中：$D1$——内螺纹小径；

D——内螺纹公称直径；

P——螺距。

（二）螺纹切削加工的进刀方法

车削螺纹时的进刀方法包括直进法、斜进法和左右进刀法三种。

1. 直进法进刀

直进法进刀是指每次进刀时刀位点都沿着螺纹牙型的中线进刀，这种切削方法可以得到比较正确的牙型，适用于螺距小于 2 mm 的螺纹车削，如图 4-3-2（a）所示。用直进法车削螺纹时，螺纹车刀的刀尖及左右两侧刀刃都参与切削。随着螺纹深度的加深，切削深度应相应减小。G92 加工螺纹时一般采用直进法进刀。

2. 斜进法进刀

斜进法进刀是指每次进刀时刀位点都沿着牙形半角角度线方向进刀,如图 4-3-2(b)所示。采用斜进法进刀车削螺纹时,车刀在每次切削螺纹时有一侧刀刃没有参与切削,这样排屑比较顺利,车刀的受力情况也能得到改善,加工出的螺纹表面质量较高。G76加工螺纹时一般采用斜进法进刀。

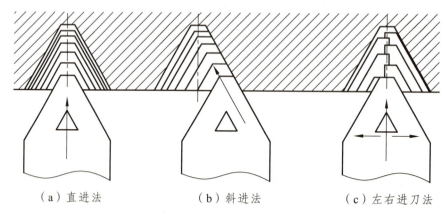

（a）直进法　　　（b）斜进法　　　（c）左右进刀法

图 4-3-2　螺纹加工进刀方法

3. 左右进刀法进刀

左右进刀法进刀是指每层分多次切削,每次切削时刀位点左右适量偏移,在加工大螺距螺纹时这种切削方法可以改善车刀的受力情况,如图 4-3-2（c）所示,每层的进刀量和左右偏移量可以根据实际情况自定义。采用左右切削法进刀时,根据实际情况合理分配切削余量。精车时,为了使两侧牙都比较光洁,当一侧车光以后再将车刀偏向另一侧车削,两侧均车光后再将车刀移到中间,把槽底部分车光,保证牙底清晰。在编写数控加工程序时可以采用子程序或宏程序编程的方法实现左右进刀法进刀。

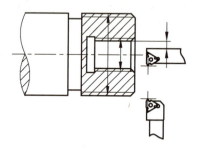

图 4-3-3　螺纹加工循环起点和切削终点

（三）螺纹加工循环起点和切削终点的确定

1. Z 值的确定

在数控加工程序的螺纹切削开始及结束部分,由于升降速的原因会出现导程不正确部分,因此指令设置的螺纹长度比实际需要的螺纹长度要长,设置的螺纹切削循环的 Z 值应提前 3～5 mm,切削终点的 Z 值可到螺纹退刀槽的中间位置,如图 4-3-3 所示。

2. 循环起点 X 值的确定

1）外螺纹

螺纹切削加工时由于进给量较大，存在挤压现象，加工后大径会变大。为了避免螺纹刀刀尖返回时与牙顶发生干涉，循环起点 X 值应比公称直径大。如图 4-3-3 所示。

2）内螺纹

内螺纹加工后小径会变小，为了避免螺纹刀刀尖返回时与牙顶发生干涉，循环起点 X 值应比小径小，但应注意刀杆直径与底孔直径，避免螺纹刀杆在负方向和孔壁发生干涉，如图 4-3-3 所示。

（四）螺纹切削加工背吃刀量和走刀次数

由于螺纹刀是成型车刀，刀具强度相对较差，且螺纹切削时进给量就是螺距，只能是图样给定值。进给量越大，刀具承受进给抗力越大，所以背吃刀量应选得小些，并按递减原则选择切削深度。常见公制螺纹切削的进给次数和切削深度见表 4-3-1 所示。

表 4-3-1　常见公制螺纹切削的进给次数和切削深度

螺距		1	1.5	2	2.5	3	3.5	4
牙深		0.649	0.974	1.299	1.624	1.949	2.273	2.598
背吃刀量及切削次数	1 次	0.7	0.8	0.9	1	1.2	1.5	1.5
	2 次	0.4	0.6	0.6	0.7	0.7	0.7	0.8
	3 次	0.2	0.4	0.6	0.6	0.6	0.6	0.6
	4 次		0.16	0.4	0.4	0.4	0.6	0.6
	5 次			0.1	0.4	0.4	0.4	0.4
	6 次				0.15	0.4	0.4	0.4
	7 次					0.2	0.2	0.4
	8 次						0.15	0.3
	9 次							0.2

二、数控编程知识

（一）等距螺纹切削指令 G32

1. 指令代码

代码格式：G32 X（U）＿Z（W）＿F（I）＿J＿K＿Q＿；

代码功能：两轴同时从起点位置（G32 代码运行前的位置）到 X（U）、Z（W）指定的终点位置的螺纹切削加工的轨迹如图 4-3-4 所示。此代码可以切削等导程的直螺纹、锥螺纹和端面螺纹。

代码说明：

（1）X（U）：X 向螺纹切削终点的绝对坐标值，其中 U 为增量值编程指令，是指刀具移动的距离。

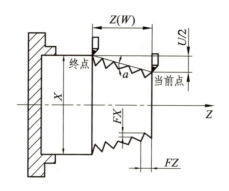

图 4-3-4　螺纹切削加工刀具轨迹

（2）Z（W）：Z 向螺纹切削终点的绝对坐标值，其中 W 为增量值编程指令，是指刀具移动的距离。

（3）F：公制螺纹导程，即主轴每转一转刀具相对工件的移动量，模态参数。

（4）I：英制螺纹每英寸牙数，模态参数。

（5）J：螺纹退尾时在短轴方向的移动量（退尾量），X 最小输入增量，单位为 mm/inch，带正负方向；如果短轴是 X 轴，该值为半径指定；J 值是模态参数。

（6）K：螺纹退尾时在长轴方向的长度，X 最小输入增量，单位为 mm/inch。如果长轴是 X 轴，则该值为半径指定，不带方向；K 值是模态参数。

（7）Q：起始角，指主轴一转信号与螺纹切削起点的偏移角度，取值范围 0°～360°。Q 值是非模态参数，每次使用都必须指定，如果不指定 Q 值，系统认为起始角度为 0 度。

Q 使用规则：

（1）如果不指定 Q，即默认为起始角 0°。

（2）对于连续螺纹切削，除第一段的 Q 有效外，后面螺纹切削段指定的 Q 无效，即使定义了 Q 也被忽略。

（3）Q 的单位为 1°，如果主轴旋转一圈则信号偏移为 180°，那么程序中需要输入 Q180，可用于多头螺纹切削。根据螺纹头数自行计算螺纹起始角度使用。

本系统螺纹退尾长短轴的判定算法如图 4-3-5。

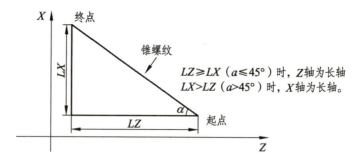

图 4-3-5　螺纹退尾长短轴判定算法

2. 循环指令注意事项

螺纹切削循环指令注意事项主要包括：

（1）在切削螺纹过程中，进给速度倍率无效，则恒定在100%。

（2）在螺纹切削过程中主轴倍率无效。如果改变主轴倍率，会因为升、降进给速度导致不能切出合格的螺纹。

（3）执行进给保持操作后，系统显示"进给保持"、螺纹切削不停止，直到当前程序段执行完才停止运动；如为连续螺纹加工则执行完螺纹切削程序段才停止运动，程序运行暂停。

（4）在单段运行模式时，执行完当前程序段后停止运动；如为连续螺纹加工模式，则执行完螺纹切削程序段后才停止运动。

（5）若前一个程序段为螺纹切削程序段，当前程序段也为螺纹切削，那么在切削开始时不需要检测主轴位置编码器的一转信号。

（6）主轴转速必须是恒定的。当主轴转速变化时，加工的螺纹会产生偏差。

（7）F、I同时出现在一个程序段时，系统会产生报警。

（8）J、K是模态代码，连续螺纹切削时第一段不允许指定J、K，须在最后一段螺纹代码指定。在执行非螺纹切削代码时取消J、K模态。

（9）省略J或J、K时，无退尾；省略K时，按$K = J$退尾。

（10）$J = 0$或$J = 0$、$K = 0$时，无退尾。

（11）$K = 0$或省略时，按$J = K$退尾。

（二）单一螺纹切削循环指令（G92）

1. 指令代码

为了简化编程，GSK980TDc提供了只用一个程序段完成快速移动定位、螺纹切削、最后快速移动返回起点的单次螺纹加工循环的G92指令。

代码格式：G92 X（U）＿Z（W）＿J＿K＿F＿L＿；　　　//公制螺纹

　　　　　　G92 X（U）＿Z（W）＿＿J＿＿K＿＿I＿＿L＿＿；　//英制螺纹

代码功能：执行该代码，可进行等导程的直螺纹、锥螺纹等单一循环螺纹的加工，螺纹切削时可以不要退刀槽，循环完毕刀具回起点位置。图4-3-6、图4-3-7中虚线（R）表示快速移动，实线（F）表示螺纹切削进给。

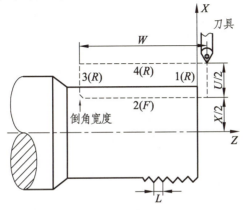

图 4-3-6　直螺纹切削刀具轨迹

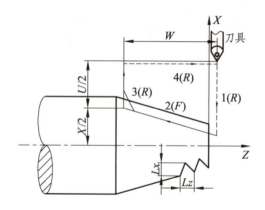

图 4-3-7　锥螺纹切削刀具轨迹

代码说明：

（1）X、Z：循环终点坐标值，单位为 mm。

（2）U、W：循环终点相对循环起点的移动量，单位为 mm。

（3）J：X 向的退尾长度，为无符号数，单位为 mm。

（4）K：Z 向的退尾长度，为无符号数，单位为 mm。

（5）当设定好 J、K 参数值时，按 J、K 设定值执行 X、Z 轴的退尾；当用户没有用 J、K 设定螺纹的退尾长度时，系统执行的退尾长度由数据参数 P473 的设定值确定。省略 J 时，长轴方向按 K 退尾，短轴方向的退尾长度由参数 NO.473 的设定值确定；省略 K 时，按 $K=J$ 退尾；$J=0$ 或 $J=0$、$K=0$ 时，无退尾；$J \neq 0$，$K=0$ 时，按 $K=J$ 退尾；$J=0$，$K \neq 0$ 时，无退尾。

（6）R：切削起点的 X 轴绝对坐标与切削终点的 X 轴绝对坐标之间的差值（半径值），当 R 与 U 的符号不一致时要求 $|R| \leqslant |U/2|$。

（7）F：公制螺纹导程，单位为 mm，模态代码。

（8）I：英制螺纹每英寸牙数，单位为牙/英寸，模态代码。

（9）L：螺纹头数，取值范围为（1～99），单位为头，模态代码；不指定时默认为1。

2. 循环指令注意事项

螺纹切削循环指令注意事项主要包括：

（1）关于螺纹切削的注意事项，与 G32 螺纹切削相同。

（2）螺纹切削循环中若有进给保持信号（暂停）输入，循环继续直到 3 的动作结束后停止。

（3）螺纹导程范围、主轴速度限制等，与 G32 的螺纹切削相同。

（4）当用 G92 加工直螺纹时，如果 G92 的起刀点与螺纹终点在 X 方向相同时将产生报警，因为无法识别螺纹为内螺纹或外螺纹。

（5）G92 中 R 值的取值范围参考图 4-3-8。

（6）当 J、K 中的任一个设置为 0 时或者不给定，系统处理为 45° 退尾。

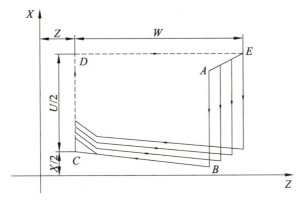

图 4-3-8 G76 螺纹切削刀具轨迹

（三）多重螺纹循环（G76）

代码格式：G76 P（m）（r）（a）Q（$\triangle d_{\min}$）R（d）；

G76 X（U） Z（W） R（i）P（k）Q（$\triangle d$）F（I）；

代码功能：系统根据指令地址所给的数据自动计算并进行多次循环螺纹切削加工，直至完成切削加工，G76 螺纹切削刀具的代码轨迹如图 4-3-8 所示。

代码说明：

（1）X、Z：螺纹终点（螺纹底部）绝对值，单位为 mm。

（2）U、W：螺纹终点相对加工起点的总移动量，单位为 mm。

（3）m：最后精加工的重复次数，其范围为 1～99，此代码值是模态的，在下次指定前均有效。

（4）r：螺纹倒角量。如果把 L 作为导程，在 0.1～9.9L 的范围内以 0.1L 为一挡，可以用 00～99 两位数值指定。该代码是模态的，在下次指定前一直有效。在 G76 程序中设定螺纹倒角量后，在 G92 螺纹切削循环中也起作用；

（5）a：刀尖的角度，螺纹牙形的角度可以选择 80°、60°、55°、30°、29°、0°六种角度，把此角度值原数用两位数指定。此代码是模态的，在下次被指定前均有效。

（6）$\triangle d_{\min}$：最小切深量，不能带小数点，单位为 μm。当一次切深量（$\triangle d \times \sqrt{N}$ $-\triangle D \times \sqrt{N-1}$）比 $\triangle d_{\min}$ 小时，则用 $\triangle d_{\min}$ 作为一次切深量。该代码是模态的，在下次被指定前均有效。

（7）d：精加工余量，单位为 mm。此代码是模态的，在下次被指定前均有效。

（8）i：螺纹切削起点与螺纹切削终点的半径差，单位为 mm，$i=0$ 为切削直螺纹。

（9）k：螺纹牙高（牙顶到牙底的距离用半径值指定），不能带小数点，单位为 μm。

（10）$\triangle d$：第一次切削深度，半径值，不能带小数点，单位为 μm。

（11）F：螺纹导程，单位为 mm。

（12）I：每英寸牙数。

切入方法的详细情况如图 4-3-9，螺纹切削的注意事项主要包括：

（1）用 P、Q、R 指定的数据，根据有无地址 X（U）、Z（W）来区别。

（2）循环动作由地址 X（U）、Z（W）指定的 G76 代码进行。

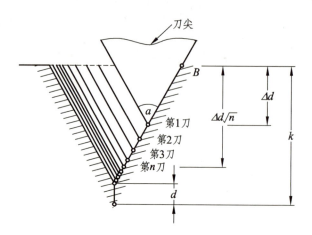

图 4-3-9　G76 螺纹切削切入情况

（3）循环加工中，刀具为单侧刃加工，可以减轻刀尖的负载。

（4）第一次切入量为 $\triangle d$，第 N 次为 $\Delta D \times \sqrt{N} - \Delta D \times \sqrt{N-1}$。

（5）考虑各地址的符号，可加工 4 类图形，也可以加工内螺纹。在图 4-3-6 所示的螺纹切削中只有 B、C 间用 F 指令的进给速度，其他为快速进给。

（6）螺纹切削的注意事项与 G32 切螺纹的注意事项相同。

（7）螺纹倒角量的指定，对 G92 螺纹切削循环也有效。

（8）m、r、a 可以利用地址 p 一次指定。

螺纹的循环切削过程中，增量的符号按下列方法确定：

（1）U：有正负，由图 4-3-6 所示的轨迹 A 到 C 方向决定。

（2）W：有正负，由图 4-3-6 所示的轨迹 B 到 C 方向决定。

（3）R（I）：有正负，由图 4-3-6 所示的轨迹 A 到 C 的方向决定。

（4）P（K）：为正。

（5）Q（$\triangle D$）：为正。

三、应用案例

加工如图 4-3-10 所示零件螺纹，所用材料为 45# 钢，螺纹大径、倒角和退刀槽已加工到位，编制螺纹加工程序。

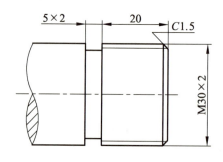

图 4-3-10　螺纹编程示例一工序图

（一）明确工作任务

根据图 4-3-10 所示的图样和任务要求，本任务装夹简单可靠，工件刚性好，编制 M30 mm × 2、长 20 mm 的外螺纹加工程序。

（二）选择刀具、设置编程零点、刀位点与循环起点和切削终点

选择 60°外螺纹车刀，设置工件右端面与轴线相交处为编程零点，螺纹刀刀尖为刀位点，循环起点、切削终点如图 4-3-11 所示。

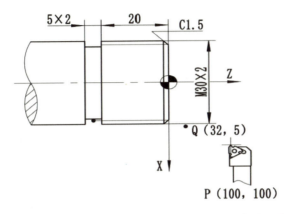

图 4-3-11　螺纹编程示例-编程零点、刀位点、循环起点和切削终点

（三）计算外螺纹小径

根据外螺纹标注，计算外螺纹小径（最后一刀的 X 值）。

$$d1 \approx d - 2 \times 0.65P$$
$$\approx 30 - 2 \times 0.65 \times 2$$
$$\approx 27.4$$

（四）确定螺纹加工走刀次数及每刀背吃刀量

根据螺纹加工特点和螺纹尺寸，确定螺纹加工走刀次数及每刀背吃刀量。

外螺纹加工前大径车削到比公称直径小 0.1 P，本任务为 M30 mm × 2 外螺纹，所以加工前大径车削到 29.8 mm；在工艺系统刚性较好的情况下，第一刀螺纹切削深度为 0.4 mm，第二刀切削深度 0.3 mm，第三刀切削深度依次递减，如表 4-3-2 所示。

G92 编程加工　　　G76 编程加工

（五）螺纹加工程序

根据螺纹加工工艺分析，编制螺纹加工程序如表 4-3-2 和表 4-3-3 所示。

表 4-3-2　G92 螺纹编程示例-数控程序

数控程序	程序说明
04301；	程序名
T0101 G97 G99；	调用 1 号车刀；每分钟转速；每转进给
M03 S800；	主轴正转，转速为 800 r/min
G00 X100 Z100；	刀具快速定位至程序起点 P
G00 X32 Z5；	刀具快速定位至循环起点 Q
G92 X29 Z-22.5 F2；	螺纹切削第一刀　切深 0.4 mm
X28.4；	螺纹切削第二刀　切深 0.3 mm
X27.9；	螺纹切削第三刀　切深 0.25 mm
X27.5；	螺纹切削第四刀　切深 0.2 mm
X27.4；	螺纹切削第五刀　切深 0.05 mm
X27.4；	螺纹切削第六刀　在第五刀的位置重复一次
G00 X100	沿 X 快速退刀
Z100；	刀具快速定位至程序终点 P
M30；	程序结束并复位

注：（1）每刀切深参考表 4-3-1，但不完全一样。

　　（2）G92、Z-22.5、F2 为模态、可省略。

表 4-3-3　G76 螺纹编程示例-数控程序

数控程序	程序说明
04301；	程序名
T0101 G97 G99；	
M03 S800；	
G00 X100 Z100；	
G00 X32 Z5；	
G76 P020060 Q100 R0.1；	P020060：02 表示最终尺寸车两次；00 表示不倒角；60 表示普通螺纹，螺纹刀刀尖角60°，决定斜进角度。 Q100 表示最小切深为 0.1 mm，半径。 R0.1 表示精加工余量 0.1 mm
G76 X27.4 Z-22.5 P1300 Q400 F2；	P1300：牙形高度$\approx 0.65P = 0.65 \times 2 = 1.3$，半径。 Q400 表示第一刀切深为 0.4 mm，半径
G00 X100	
Z100；	
M30；	

任务 4 螺纹轴加工工序三编程与加工/G71 类型Ⅱ

任务描述

本工位接到加工一批螺纹轴外圆柱面和凹圆弧面的任务，小组成员每人一件。所用材料为 45 钢，毛坯尺寸为半成品，待加工处毛坯直径 $\phi40\,mm$，加工内容如图 4-4-1 所示，限时 1 天。根据车间安排，按照工艺、技术要求，按时完成加工任务。

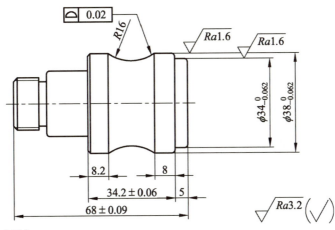

技术要求：

1. 未注尺寸公差按GB/T 1804标准进行加工。

2. 未注圆角R1。

图 4-4-1 螺纹轴加工工序三工序图

任务目标

1. 能够选用合适的刀具加工螺纹轴的外形轮廓。

2. 能够根据毛坯尺寸和加工内容确定螺纹轴加工工序三外轮廓车削加工时的刀具运动轨迹。

3. 掌握复合型固定循环指令 G71 类型Ⅱ、G72 类型Ⅱ的编程格式及适用场合。

4. 能够根据毛坯特点及加工内容选用指令编写内外轮廓轴向切削加工程序或径向加工程序。

5. 能够编写螺纹轴的数控加工程序。

任务准备

一、复合型固定循环代码

（一）凹槽循环加工（G71 类型Ⅱ）

凹槽循环加工的 G71 类型Ⅱ无论沿 X 轴方向的外形轮廓是单调递增的还是单调递

减的，只要沿 Z 轴方向为单调变化的形状就可进行加工，并且最多可以有 20 个凹槽。图 4-4-2 所示的待加工凹槽，第一刀不垂直，但 Z 轴方向为单调变化的形状，因此可以加工此类凹槽。图 4-4-3 所示的待加工凹槽，由于 Z 轴方向为非单调变化的，系统会产生报警。

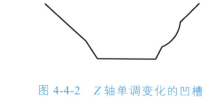

图 4-4-2　Z 轴单调变化的凹槽

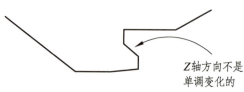

图 4-4-3　Z 轴不是单调变化的凹槽

指令格式：G71 U（Δd）　R（e）；

　　　　　　G71 P（NS）　Q（NF）　U（Δu）　W（Δw）　F__S__T__；

//以下均为精加工路线程序段

N（NS）G0/G1 X（U）　Z（W）……

……

……F；

……S；

……T；

……

N（NF）……

G71 类型Ⅱ加工轨迹如图 4-4-4 所示。车削后应该退刀，退刀量由 R（e）参数指定或者以数据参数 464 号设定值指定。

在凹槽循环加工的 G71 类型Ⅱ编程注意事项主要包括：

（1）NS 程序段只能是 G00、G01 代码，类型Ⅱ，必须指定 X（U）和 Z（W）两个轴，当 Z 轴不移动时也必须指定 W0。

（2）退刀点应尽量高或尽量低，避免退刀时碰撞到工件。

（3）对于类型Ⅱ，精车余量只能指定 X 方向。如果指定 Z 方向上的精车余量，则会使整个加工轨迹发生偏移，如果指定 Z 方向最好指定为 0。

（4）其他注意事项与 G71 类型Ⅰ的其他注意事项一致。

（5）P0461 复合车削循环 G71、G72 的非单调允许值（平面第 1 轴），如果型Ⅰ、型Ⅱ粗车 Z 轴方向为非单调变化则会产生报警。自动创建程序时，有时会形成一个对应微小非单调变化形状的参数，该参数以不带符号的方式设定，这样 Z 方向即使包含有非单调变化的形状，也可以执行 G71、G72 指令。

（6）P0460复合车削循环G71、G72的非单调允许值（平面第2轴），如果型I、型II的粗车Z轴方向为非单调变化则会产生报警。自动创建程序时，有时候会形成一个对应微小非单调变化形状的参数，该参数以不带符号的方式设定，这样Z方向即使包含有非单调变化的形状，也可以执行G71、G72指令。

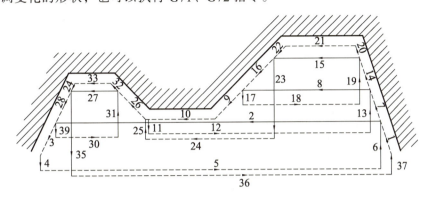

图 4-4-4　　G71 类型 II 加工轨迹

（二）凹槽循环加工（G72 类型 II）

凹槽循环加工的 G72 类型 II 具有的特征主要包括：

（1）比 G72 类型 I 多了 1 个参数。

（2）沿着 X 轴方向的外形轮廓不必单调递增或单调递减，并且最多可以有 10 凹槽，如图 4-4-5 所示。但是，沿 X 轴方向的外表轮廓必须单调递增或单调递减才能进行加工，图 4-4-6 所示的轮廓由于 X 轴方向不是单调变化的故不能加工。

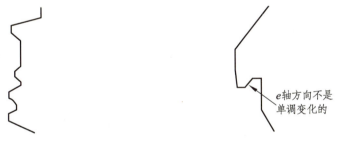

图 4-4-5　最多 10 个凹槽　　　　　　图 4-4-6　X 轴方向非单调变化

（3）第一刀不必垂直：只要沿 X 轴方向为单调变化的形状就可进行加工，如图 4-4-7 所示。

（4）车削后应该退刀，退刀量由 R（e）参数指定或者以数据参数 464 号设定值指定。

（5）精车余量只能指定 Z 方向。如果指定 X 方向的精车余量，则会使整个加工轨迹发生偏移。如果必须指定 X 方向的精车余量，余量值最好指定为 0。

指令格式：G72 W（Δd）　R（e）；

G72 P（NS）　Q（NF）　U（Δu）　W（Δw）　F__S__T__；

//以下均为精加工路线程序段

N（NS）G0/G1 X（U）　Z（W）……

......

......F;

......S;

......T;

......

N（NF）......

图 4-4-7　X 轴方向单调变化

G72 类型Ⅱ加工轨迹如图 4-4-8 所示。

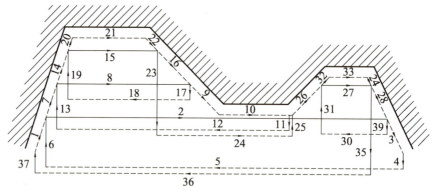

图 4-4-8　G72 类型Ⅱ加工轨迹

在凹槽循环加工的 G72 类型Ⅱ编程注意事项与 G71 类型Ⅱ的注意事项相同。

二、应用案例

所用坯材料为 45＃钢，外径尺寸为 $\phi40\,mm$，加工如图 4-4-9 所示零件右端外形和尺寸，试编制数控车削加工程序。

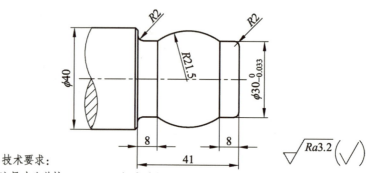

技术要求：

1.未注尺寸公差按GB/T 1804标准进行加工。

2.未注倒角C1。

图 4-4-9　G71 类型Ⅱ编程示例-工序图

（一）明确工作任务

根据工作任务可知，该零件毛坯尺寸为 45＃钢，外径尺寸为 $\phi40\,mm$。本任务加工两处 $\phi30^{\ 0}_{-0.033}\,mm$ 外圆柱面、一个 $R21.5\,mm$ 凸圆弧、$\phi40\,mm$ 毛坯外圆处倒角 $C1$。两

处 $\phi 30^{0}_{-0.033}$ mm 外圆柱面一处倒 $R2$、凸圆弧保证长度尺寸 8 mm，一处到 $R2$、凹圆弧保证长度尺寸 41 mm；$R21.5$ mm 凸圆弧加工过程中 X 方向不是单调递增；外圆表面粗糙度要求 $Ra3.2$，精度要求不高。

（二）走刀路径和切削参数

数控车削加工走刀路径和切削参数主要包括：

（1）由于精加工轮廓 X 不是单调递增或单调递减，Z 方向是单调递减，所以选用 G71 类型 II 指令。

（2）根据工件材料、刀具材料和切削情况，粗加工背吃刀量为 0.8 mm，进给速度为 0.2 mm/r，主轴转速为 800 r/min。

（3）根据 G71 类型 II 指令的特点，X 向的精加工余量为 0.5 mm，Z 向的精加工余量为 0 mm，主轴转速 1 500 r/min。

（三）选择刀具，设置编程零点、刀位点、循环起点和换刀点

本次数控车削加工选择 35°尖刀，设工件右端面与轴线相交处为编程零点，以 35°尖刀左刀尖为刀位点，装刀时注意刀具的工作主偏角取 95°左右。循环起点 Q 点的坐标 X 值取毛坯值 40 mm，Z 值取距右端面 2 mm，换刀点刀位点距编程零点距离如图 4-4-10 所示。

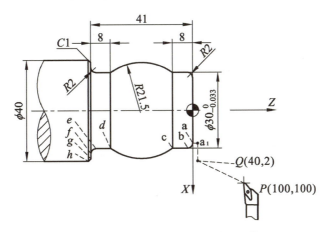

图 4-4-10　G71 类型 II 编程示例-工艺图

（四）走刀路线

根据图 4-4-10 和工作任务要求，绘制精加工走刀路线图，精加工走刀路线为 $Q \rightarrow a_1 \rightarrow b \rightarrow c \rightarrow d \rightarrow e \rightarrow f \rightarrow g \rightarrow h$。

G71 II 编程加工

（五）确定各基点坐标值

根据图样标注计算或利用软件求出各基点坐标值，根据工艺确定 a_1 点坐标值。图 4-4-10 所示工艺图中各基点的坐标值为 a（26，0）、b（30，−2）、c（30，−8）、d（30，−33）、e（30，−39）、f（34，−41）、g（38，−41）、h（40，−41）、a_1（26，2）。

（六）数控加工程序

根据工艺要求和走刀路线编写数控加工程序，如表 4-4-1 所示。

表 4-4-1　G71II型编程示例-数控程序

数控程序	程序说明	补充说明
04401；	程序名	
T0101 G97 G99；	调用 1 号车刀；每分钟转速；每转进给	
M03 S800；	主轴正转，转速为 800 r/min	
G00 X100 Z100；	刀具快速定位至程序起点 P	
G00 X45 Z0；	定位至端面切削安全点	
G01 X-0.5；	车端面	
G00 Z2；	沿 Z 退刀	
G00 X40；	刀具快速定位至循环起点 Q	
G71 U0.8　R0.8；		
G71 P20 Q40 U0.5 W0 F0.2；		
N10 G42 G00 X28 Z2；	建立刀尖圆弧半径右补偿	
N20 G00 X26 W0；	进刀至 a_1	（1）精加工刀具运动轨迹，N30 程序段的 F 粗加工无效、精加工有效。
N30 G01　Z-0 F0.1；	切削至 a	
G03 X30 Z-2 R2；	切削至 b	
G01 Z-8；	进刀至 c	
G03 X30 Z-33 R21.5；	切削至 d	（2）粗加工程序第一段程序段行号是 N20，最后一段程序段行号是 N40；X 向的精加工余量为 0.5 mm，Z 向的精加工余量为 0 mm；粗加工进给量为 0.2 mm/r
G01　Z-39；	切削至 e	
G02 X34 Z-41 R2；	切削至 f	
G01 X38；	切削至 g	
N40 X40 Z-42；	切削至 h	
G00　Z2		
G70 P10 Q40 S1200；	执行 N10～N40 程序段进行精加工，N30 程序段的 F 有效	
G40 G00 X100 S800；	刀尖圆弧半径补偿取消，沿 X 快速退刀	
Z100；	刀具快速定位至程序终点 P	
M30；	程序结束并复位	

任务 5 螺纹轴加工工序四编程与加工/内孔加工

任务描述

本工位接到加工一批螺纹轴内孔的任务，小组成员每人一件。所用材料为 45 钢，外形和总长已加工至尺寸，加工内容如图 4-5-1 所示，要求手动钻孔，限时 1 天。根据车间安排，按照工艺、技术要求，按时完成加工任务。

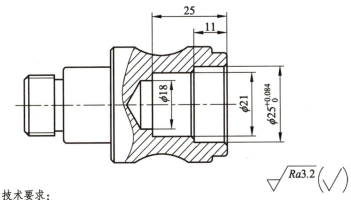

技术要求：
1. 未注尺寸公差按 GB/T 1804 标准进行加工。
2. 未注倒角 C1。

图 4-5-1 螺纹轴加工工序四工序图

任务目标

1. 能够选用合适的刀具加工螺纹轴的轮廓。
2. 能够根据零件结构和孔加工内容确定钻孔深度。
3. 能够区别内孔加工循环和外圆加工循环数控车编程时的异同点。
4. 能够根据底孔尺寸和待加工内容确定内轮廓车削加工时的刀具运动轨迹。
5. 能够编写螺纹轴加工工序五的粗加工和精加工程序。

任务准备

一、工艺知识

（一）钻孔

用钻头在实心材料上加工孔称为钻孔。钻孔属于粗加工，其尺寸精度一般可达 $IT11 \sim IT12$，表面粗糙度 Ra 值为 $12.5 \sim 25 \ \mu m$。钻孔所用的刀具有麻花钻、扁钻、中心钻、深孔钻、U 钻等。

1. 麻花钻

麻花钻是钻孔最常用的刀具，一般采用整体高速钢制成，其组成如图 4-5-2 所示，主要包括：

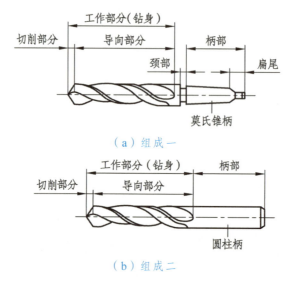

（a）组成一

（b）组成二

图 4-5-2　麻花钻的组成

（1）工作部分。

工作部分是钻头的主要部分，由切削部分和导向部分组成，起切削和导向的作用。

（2）颈部。

颈部是钻头的工作部分与柄部的连接部分。直径较大的钻头在颈部标注商标、钻头直径和材料牌号等。

（3）柄部。

柄部是钻头的夹持部分，装夹时起定心作用，切削时起传递扭矩的作用。柄部分锥柄和直柄两种。直柄麻花钻的定心作用差，传递动力小，用于加工小直径的孔，直径一般为 $\phi0.3\ mm \sim \phi16\ mm$；锥柄麻花钻一般用于加工大直径的孔，钻头装卸方便。

2. U 钻

U 钻又称浅孔钻、可转位钻或暴力钻，以合金钢为钻身，结合硬质合金刀片完成钻削，利用高压内冷实现降温与排屑，如图 4-5-3 所示。目前 U 钻的外径规格涵盖 14 ～ 80 mm，在钻孔深度上常规已达 $2D \sim 5D$，定制则可达 $7D$。另外，还针对不同的工况及加工材料发展出了专用刀片、外冷转内冷刀柄及转换套类附件，极大地方便了在不具备主轴内冷机床上的使用。

图 4-5-3　U 钻

U 钻排削效果好，可以连续钻孔，且打孔效率很高。加工效率一般是麻花钻的 2-3 倍，可直接在工件上加工，无须中心钻打引导孔。

U 钻还有一些特殊应用，比如倾斜平面钻削、交叉孔系钻削、半孔钻削和偏心孔钻削。具体内容主要包括：

（1）U 钻可以在倾斜角小于 30° 的表面上打孔，而无需降低切削参数。U 钻的切削参数降低 30% 后可实现断续切削，如加工相交孔、相贯孔、相穿孔等。

（2）U 钻可以实现多阶梯孔的钻削，并能镗孔、倒角、偏心钻孔。U 钻钻削时钻屑多为短碎屑，可以利用其内冷系统进行安全排屑，无须清理刀具上的切屑，有利于产品的加工连续性，缩短加工时间和效率。

（3）在标准长径比条件下，使用 U 钻打孔时无须退屑。用 U 钻加工出的孔表面粗糙度小、公差范围小，可替代部分镗刀的工作。

（4）U 钻为可转位刀具，刀片磨损后须刃磨，更换较为方便，成本低廉。

（5）使用 U 钻技术不但能减少钻削工具，且因 U 钻采用的是头部镶硬质合金刀片方式，其切削寿命为普通钻头的十几倍。同时，刀片上有四个切削刃，刀片磨损时可随时更换切削，新的切削节省了大量磨削和更换刀具时间，能平均提高工效 6~7 倍。

钻孔过程中的注意事项主要包括：

（1）起钻时进给量要小，在钻头切削部分全部进入工件后方可正常钻削。

（2）用小麻花钻钻孔时，一般先用中心钻定心，再用钻头钻孔，这样同轴度较好。

（3）钻头引向端面时不可用力太大，以防折断钻头。

（4）钻削钢料时应加切削液冷却钻头，以防钻头温度过高而退火；钻铸铁时可以不用切削液。

（5）钻小孔或较深孔时，由于铁屑不易排出，因此必须经常退出排屑，否则会因铁屑堵塞而使钻头咬死或折断。同时转速应选择适当，钻头直径越大则转速应越慢。

（6）当钻头将要钻通工件时，由于钻头横刃首先钻出，轴向阻力减小，故此进给速度必须减慢，否则钻头容易被工件卡死,造成锥柄在尾座套筒内打滑而损坏锥柄和锥孔。

（二）镗孔

处于工件回转中心上的铸造孔、锻造孔或钻头钻出来的孔，为了达到所需要的精度，需要进行车削加工（又称镗孔）。镗孔是车削加工的主要内容之一，镗孔可以作为粗加工，也可以作为精加工。镗孔的精度一般可达 $IT7 \sim IT8$，表面粗糙度 Ra 值为 1.6 ~ 3.2 μm。精车时表面粗糙度 Ra 的值可达 0.8 μm 或更小。

任务 6 螺纹轴加工工序五编程与加工/G73

任务描述

本工位接到加工一批螺纹轴外圆柱面和凹圆弧的任务，小组成员每人 1 件。所用材料为 45 钢，毛坯为精毛坯，已加工至 $\phi26$ mm，加工内容如图 4-6-1 所示，限时 1 天。根据车间安排，按照工艺、技术要求，按时完成加工任务。

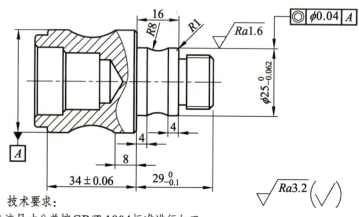

技术要求：

1. 未注尺寸公差按GB/T 1804标准进行加工。
2. 未注倒角C1。

图 4-6-1 螺纹轴加工工序五工序图

任务目标

1. 能够根据毛坯尺寸和加工内容运用三爪卡盘合理装夹螺纹轴零件。
2. 能够选用合适的刀具加工螺纹轴的外形轮廓。
3. 能够根据毛坯尺寸和加工内容确定外轮廓车削加工时的刀具运动轨迹。
4. 掌握复合型固定循环指令 G73 的编程格式及适用场合。
5. 能够根据毛坯特点及加工内容选用指令编写螺纹轴的数控加工程序。

任务准备

一、封闭切削循环（G73）

代码格式：G73 U $\underline{(\Delta i)}$ W $\underline{(\Delta k)}$ R $\underline{(d)}$;

G73 P $\underline{(NS)}$ Q $\underline{(NF)}$ U $\underline{(\Delta u)}$ W $\underline{(\Delta w)}$ F_S_T_ ;

代码功能：利用该循环代码，可以按 $NS \sim NF$ 程序段给出的轨迹重复切削，每次切削刀具向前移动一次。对于锻造、铸造等粗加工已初步成形的毛坯，可以高效率地进行加工。

代码说明：

（1）Δi：X轴方向退刀的距离及方向（半径值），单位为 mm；模态代码，一直到下次指定前均有效。

（2）Δk：Z轴方向退刀距离及方向，单位为 mm；模态代码，一直到下次指定前均有效。

（3）d：闭环切削的次数，单位为次；模态代码，一直到下次指定前均有效。

（4）NS：构成精加工形状的程序段群的第一个程序段的顺序号。

（5）NF：构成精加工形状的程序段群的最后一个程序段的顺序号。

（6）Δu：X轴方向的精加工余量。

（7）Δw：Z轴方向的精加工余量。

（8）F：切削进给速度，其取值范围为 1～6 000 mm/min。

（9）S：主轴的转速。

（10）T：刀具、刀偏号。

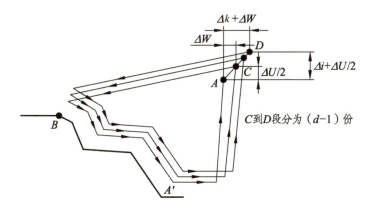

图 4-6-2　G73 代码运行轨迹

在编写图 4-6-2 所示 G73 代码运行轨迹的封闭切削循环程序时的注意事项主要包括：

（1）在 NS～NF 间任何一个程序段上的 F、S、T 功能均无效。仅在 G73 中指定的 F、S、T 功能有效。

（2）Δi、Δk、Δu、Δw 都用地址 U、W 指定，其区别根据有无指定 P、Q 来判断。

（3）在 A 至 B 间顺序号 NS 的程序段中只可以用 G00 或 G01 来指定。

（4）G73 中 NS 到 NF 间的程序段不能调用子程序。

（5）根据 NS～NF 程序段来实现循环加工，编程时请注意 Δu、Δw、Δi、Δk 的符号。循环结束后刀具返回 A 点。

（6）当程序中 Δi、Δk 任一个为 0 时，需要在程序中编入 U0 或 W0；或将数据参数 P466 及 P467 设置为 0。否则可能会受到上一次 G73 程序的设定值影响。

（7）顺序号 NS 到 NF 最多只能编入 100 段程序段，当程序段超出 100 段时系统产生 ERR0460 报警。

二、应用案例

加工如图 4-6-3 所示零件右端外形和尺寸，所用毛坯为铸铁，尺寸如图 4-6-4 所示。试编写数控车削加工程序。

（一）明确工作任务

根据工作任务可知，该零件毛坯尺寸为铸造毛坯，本工序 $\phi50$ mm 外圆不用加工。加工内容包括把 $\phi36$ mm 外圆加工至 $\phi30^{0}_{-0.062}$ mm、长 6 mm 以及外圆倒角 $C1$；锥度 $20°$ 和锥度 $170°$ 之间的清根角 $R2$ 保证长度为 18.5 mm；把 $\phi48$ 外圆加工至 $\phi43.80^{0}_{-0.062}$ 外圆，保证长度为 33.1 mm、倒圆角 $R2$；外圆表面粗糙度要求最高 $Ra1.6$。

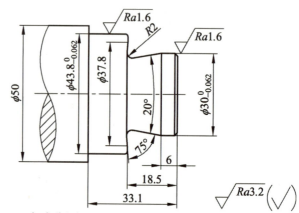

技术要求：
1.未注尺寸公差按GB/T 1804标准进行加工。
2.未注倒角$C1$。
3.未注圆角$R1$。

图 4-6-3　G73 编程示例的工序图

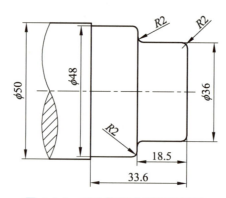

图 4-6-4　G73 编程示例的毛坯图

（二）走刀路径和切削参数

数控车削加工走刀路径和切削参数主要包括：
（1）因为精加工轮廓 X 和 Z 都不是单调递增或单调递减，所以用 G73 指令。
（2）根据工件材料、刀具材料和切削情况，粗加工背吃刀量为 0.8 mm，进给量为

0.2 mm/r，主轴转速为 750 r/min。

（3）X 方向的精加工余量为 0.5 mm，Z 方向的精加工余量为 0.05 mm，主轴转速为 1 200 r/min，进给量为 0.1 mm/r。

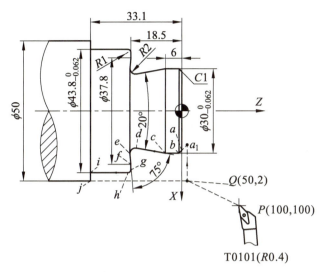

图 4-6-5　G73 编程示例的工艺图

（4）粗加工切削次数可表示为粗加工总余量（半径值）/粗加工背吃刀量。本应用案例的粗加工总余量和粗加工切削次数为：

$$初加工总余量 = 毛坯直径与精加工前尺寸差值/2$$
$$= (48-38.3)/2$$
$$= 4.85$$

$$粗加工切削次数 = 4.85/0.8 \approx 6$$

（三）选择刀具，设置编程零点、刀位点、循环起点和换刀点。

本次数控车削加工选用 35°尖刀，设置工件右端面与轴线相交处为编程零点，以 35°尖刀的左刀尖为刀位点，装刀时注意刀具的工作主偏角取值范围 100°～105°。循环起点 Q 点的坐标 X 值取 50 mm，Z 值取距右端面 2 mm，换刀点的刀位点距编程零点距离如图 4-6-5 所示。

（四）走刀路线

根据图 4-6-5 和工作任务要求，绘制精加工走刀路线图，精加工走刀路线为 $Q \rightarrow a_1 \rightarrow b \rightarrow c \rightarrow d \rightarrow e \rightarrow f \rightarrow g \rightarrow h \rightarrow i \rightarrow j$。

G73 编程加工

（五）确定各基点坐标值

根据图样标注计算或利用软件求出各基点坐标值，根据工艺确定 a_1 点坐标值。图 4-6-5 所示工艺图中各基点的坐标值为 a（28，0）、b（30，-1）、c（30，-6）、d（26.31，-16.47）、e（30.25，-18.82）、f（37.8，-18.5）、g（41.8，-18.5）、h（43.8，-19.5）、

i（43.8，−33.1）、j（50，−33.1）、a_1（24，2）。

（六）数控加工程序

根据工艺要求和走刀路线编写数控加工程序，如表 4-6-1 所示。

表 4-6-1　G73 编程示例-数控程序

数控程序	程序说明	补充说明
O4601；	程序名	
T0101 G97 G99；	调用 1 号车刀；每分钟转速；每转进给	
M03 S750；	主轴正转，转速为 800 r/min	
G00 X100 Z100；	刀具快速定位至程序起点 P	
G00 X50 Z2；	刀具快速定位至循环起点 Q	
G73 U4.85 W0 R6；	X 向粗加工总余量 4.85 mm，粗加工切削 6 次	
G73 P20 Q40 U0.5 W0.05 F0.2；		
N10 G00 G42 X30；		
N20 G00 X24 Z2；	进刀至 a_1	（1）精加工刀具运动轨迹，N30 程序段的 F 粗加工无效、精加工有效。
N30 G01 X30 Z-1 F0.1；	切削至 b	
Z-6；	切削至 c	
X26.31 Z-16.47；	进刀至 d	
G02 X30.25 Z-18.82 R2；	切削至 e	（2）粗加工程序第一段程序段行号是 N20，最后一段程序段行号是 N40；X 向的精加工余量为 0.5 mm，Z 向的精加工余量为 0.05 mm；粗加工进给量为 0.2 mm/r
G01 X37.8 Z-18.5；	切削至 f	
X41.8；	切削至 g	
G03 X43.8 Z-19.5 R1；	切削至 h	
G01 Z-33.1；	切削至 i	
N40 X50；	切削至 j	
G00 Z2		
G70 P10 Q40 S1200；	执行 N10～N40 程序段进行精加工，N30 程序段的 F 有效	
G40 G00 X100 S800；	沿 X 快速退刀	
Z100；	刀具快速定位至程序终点 P	
M30；	程序结束并复位	
说明：加工前先把端面车平。		

拓展和分享

一把铣刀雕刻"产业报国"—董礼涛

哈电集团数控铣特级技师、高技能专家汽轮机公司董礼涛，全国劳动模范、中华技能大奖得主，曾获"全国技术能手""机械工业技术能手""机械工业职工技术创新先进个人""中央企业百名杰出工匠"等称号，享受国务院政府特殊津贴。

董礼涛秉承产业报国初心，扎根生产一线，专注从事汽轮机铣削加工工作，从一名普通的铣工，一路披荆斩棘荣获诸多国家级荣誉，耀眼的成就彰显其匠人匠心。"工匠精神不应该是我们需要通过努力才能达到的标准，而是每一个产业工人都应该具有的一种职业素养和自我约束。"

1989年少年董礼涛走进车间，成为一名铣工学徒，在课堂和车间穿插中度过的无数个日日夜夜。"车间里光线昏暗，噪声刺耳，油腐味刺鼻，干活儿时飞溅的铁屑崩到身上，就会烫个泡，毛刺有时还会扎在手上，干活儿的时候不觉得，下班用肥皂洗手，才感到扎心的疼"。回忆往昔，董礼涛感触颇深，"可当我看到从师傅们的手里干出各式各样的闪着亮光的精美零件就像钢雕的艺术品一样，慢慢地开始对铣工产生兴趣"。董礼涛也暗下决心，"既然干了就干好，早干早成，晚干永远不成！"

从此，董礼涛开始踏踏实实学本事。艰苦的环境给人以成长的力量，随着时间的推移，董礼涛的铣工技术逐年提高，他的一些独具匠心的铣工加工方式，经常打破常规，大大提高了工作效率和质量。在车间里、公司内，董礼涛成为创新的"新秀"，参加厂里的技能比武，连续几届荣获冠军，打破公司纪录，成为最年轻的高级技师。董礼涛代表哈电集团参加省市职工技能大赛，均获得了耀眼的成绩。

思考与练习

一、简答题

1. 刀尖圆弧半径补偿功能的作用是什么？使用刀尖圆弧半径补偿时判定左补偿G41、右补偿G42的方法是什么？

2. 螺纹的标注尺寸是螺纹的公称直径，是螺纹的大径。加工普通螺纹时如何确定内螺纹、外螺纹的小径尺寸？

3. 编写单一螺纹切削循环指令G92的指令格式，说明其功用和适用场合。

4. 什么是钻孔？钻孔时应注意哪些事项？

5. 编写复合循环粗加工指令G73的指令格式，说明其功用和适用场合。

二、编程题

图4-6-6所示为过渡套，毛坯尺寸为ϕ40 mm，所用材料为45#钢，根据数控加工顺序编写各工序数控加工程序。

图4-6-6所示过渡套的数控加工顺序主要包括：

（1）第一次装夹，三爪卡盘夹持ϕ40 mm毛坯，伸出长度为（33±1）mm。

工序一：95°外圆刀平端面，车光。

工序二：φ18 mm 麻花钻手动钻孔，钻通。

工序三：35°尖刀内孔镗刀加工内孔形状和尺寸。

工序四：内螺纹车刀加工内螺纹。

工序五：35°尖刀外圆刀加工右端外形和尺寸，φ39 mm、长度为 31 mm 处。

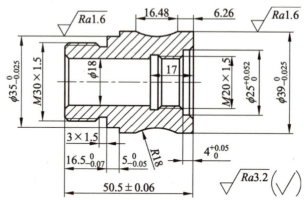

图 4-6-6　过渡套零件图

（2）第二次装夹，三爪卡盘垫铜皮夹持 φ39 mm 外圆，夹持长度为（27±0.5） mm。

工序一：95°外圆刀平端面，保证总长。

工序二：35°尖刀外圆刀加工左端外形和尺寸。

工序三：外螺纹车刀加工外螺纹。

工序四：内孔车刀倒 φ18 mm 孔口角。

项目五　V 带轮的数控车削编程与加工

项目描述

V 带轮的零件图如图 5-0-1，所用材料为 45 钢，毛坯尺寸为 $\phi60\,mm \times 55\,mm$，每个同学在项目学习中，需学会分析、识读工艺文件，按工艺安排完成零件所有工序的加工，做出符合图样要求的零件并检测记录。在零件加工之前，学习数控工艺知识，数控编程知识；在零件加工过程中，养成安生产、文明生产的习惯，学习、强化数控车床的基本操作，学习填写工艺文件，养成理论指导实践、实践验证理论的习惯。

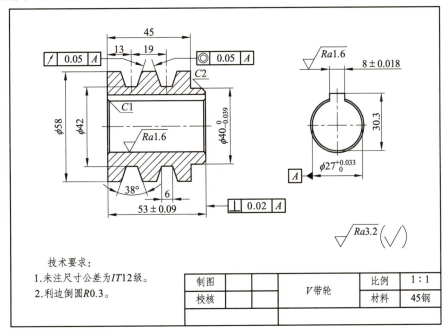

图 5-0-1　V 带轮零件图

1. 熟悉 V 带轮的组成、作用及应用。
2. 能够利用所学知识识读、分析 V 带轮零件图。
3. 能够分析 V 带轮数控加工工艺。
4. 能力利用数控车削编程指令编写 V 带轮各工序的数控车削加工程序。

任务 1　V 带轮的加工工艺分析

任务描述

本车间接到一教学任务，加工一批如图 5-0-1 所示的 V 带轮零件，所用材料为 45 钢，毛坯尺寸为 $\phi60\,mm \times 55\,mm$。让学生学习常用编程指令，学习、强化数控车床的基本操作，根据要求和学情编制数控加工工艺。

任务目标

1. 能够利用所学知识识读、分析 V 带轮零件图。
2. 能够根据 V 带轮零件的形状特点和材料以及生产单位的具体情况选用机床。
3. 能够识读 V 带轮加工工艺文件。
4. 能够根据 V 带轮工艺安排、零件形状特点绘制工序简图及装夹示意图。
5. 能够根据 V 带轮零件形状特点和精度要求选用工件、刀具和量具。
6. 能够根据台阶轴零件工艺分析填写 V 带轮数控加工工艺卡。

任务准备

一、心轴装夹的种类

在一次装夹带孔的盘套类工件的外圆和端面时，常把工件套在心轴上进行加工。心轴的种类很多，常用的有锥度心轴、圆柱心轴和可胀心轴，其主要内容包括：

（1）锥度心轴。

锥度心轴装夹广泛应用于车削和外圆磨削加工。工件压入后靠内孔与外圆锥面的摩擦力与心轴固紧，靠锥度自定心功能作径向定位，其定心精度高，但由于内孔的加工误差会造成轴向定位不准，且装卸不太方便，不能承受过大的力矩，多用于外圆精加工装夹。

（2）圆柱心轴。

圆柱心轴装夹是机械加工中常用的装夹方式之一，主要用于固定圆柱形工件，以便在车床、磨床、铣床等机床上进行加工。圆柱心轴装夹的特点是与工件孔间具有较小的间隙配合，这使得工件的装卸相对方便。这种心轴如果做长一些，可以一次装夹多个工件，提高了工作效率。由于采用间隙配合，其定心精度相对较低，因此更适用于定位孔精度不高的套类工件。

圆柱心轴在装夹过程中，工件常以孔和端面联合定位，这有助于减小工件的倾斜。同时，采用开口垫圈等方式，可以进一步方便工件的快速装卸。

（3）可胀心轴。

可胀心轴本身是一个前端带有锥孔的薄壁套，心轴壁上开有多条均匀分布的槽。工件套在心轴的外圆上，拧紧带有锥面的螺钉，螺钉外锥挤压心轴内锥，使心轴外圆胀大，以胀紧工件。

二、应用圆柱心轴的注意事项

应用圆柱心轴的注意事项主要包括：

（1）结构设计。

根据被装夹工件合理设计圆柱心轴的尺寸和结构形式，包括导向结构、支撑结构、夹紧结构、传动结构等。心轴作为套类工件装夹的专用夹具，多夹持在三爪卡盘上。为了避免心轴工作时受轴向力的作用而发生位移，心轴被夹持部位应该设计成台阶轴，让台阶面与三爪端面接触，作轴向定位。

（2）加工装配。

在心轴的加工过程中，应严格控制各部分的尺寸精度和形状精度。使用合适的加工方法和工具，如车削、磨削等。为了保证心轴轴线和车床主轴轴线同轴，精加工时最好在使用心轴的车床上配车。

（3）使用与维护。

在使用心轴时，应避免超负荷运行和过度磨损。定期检查心轴的磨损情况，及时更换损坏的部件。为了加强心轴的支撑能力，可用采用顶尖顶住心轴的方式。

任务 2　V 带轮加工工序一钻孔加工/G74

任务描述

本工位接到加工一批 V 带轮钻孔的任务，小组成员每人 1 件，所用材料为 45 钢，毛坯尺寸为 $\phi 60$ mm × 55 mm 实心棒料，加工内容如图 5-2-1 所示，限时 4 小时。根据车间安排，按照工艺、技术要求，按时完成加工任务。

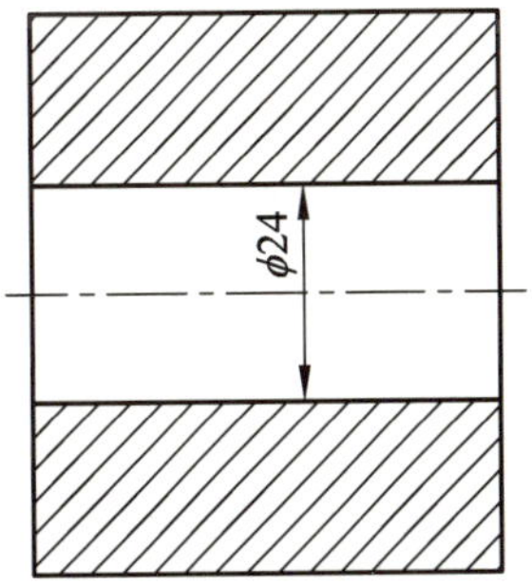

图 5-2-1　V 带轮加工工序的工序图

任务目标

1. 能够根据图样选用合适的刀具加工 V 带轮内孔。

2.能够根据所用毛坯尺寸和待加工内容确定外轮廓车削加工时的刀具运动轨迹。

3.掌握单一轴向切槽循环指令 G74 的编程格式及适用场合。

4.能够编制 V 带化加工工序一的钻孔加工程序。

任务准备

一、轴向切槽循环（G74）

代码格式：G74 R（e）;

G74 X（U）Z（W）P（Δi）Q（ΔK）R（Δd）F;

代码功能：执行该代码时，系统根据程序段所确定的切削终点（由程序段中 X 轴和 Z 轴坐标值所确定的点）以及 e、Δi、Δk 和 Δd 的值来决定刀具的运行轨迹。在此循环过程中，可以处理外形切削的断屑。如果省略 X（U）、P，只是 Z 轴动作，则为深孔钻循环。G74 加工轨迹如图 5-2-2 所示。

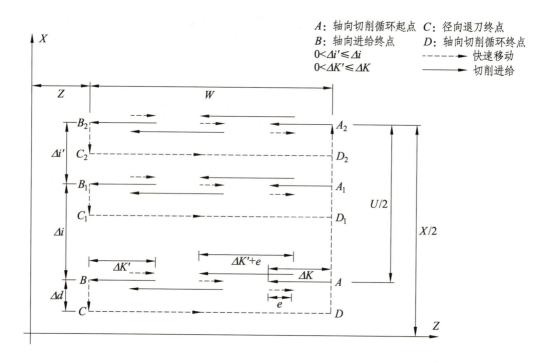

图 5-2-2　G74 加工轨迹图

代码说明：

（1）e：每次沿 Z 方向切削 Δk 后的退刀量；模态代码，一直到下次指定前均有效。

（2）X：切削终点 B2 的 X 方向的绝对坐标值，单位为 mm.

（3）U：切削终点 B2 与起点 A 的 X 方向的总移动量，单位为 mm。

（4）Z：切削终点 B2 的 Z 方向的总移动量，单位为 mm。

（5）W：切削终点 B2 与起点 A 在 Z 方向总移动量，单位为 mm。

146

（6）Δi：X方向的每次循环移动量（无符号、半径值），不能带小数点，单位为 μm。

（7）ΔK：Z方向的每次切削移动量（无符号），不能带小数点，单位为 μm。

（8）Δd：切削到终点时 X 方向的退刀量（半径值），单位为 mm。

（9）F：切削进给速度，其取值范围为 1~8 000 mm/min，每转进给量为 0.001~500 mm/r。

轴向切槽循环的 G74 加工过程中的注意事项主要包括：

（1）e 和 Δd 都由地址 R 指定，它们的区别在于是否指定 Z（W）。如果有 X（U）指令，则为 Δd；如果没有 X（U）指令，则为 e。

（2）循环动作用指令为含 Z（W）和 Q（△k）的 G74 程序段，如果仅执行"G74 R（e）"程序段，循环动作不进行。

二、应用案例

加工如图 5-2-3 所示零件右端端面槽，$\phi60$ mm 外圆和总长已加工至尺寸，所用材料为 45# 钢。试编写数控车削加工程序。

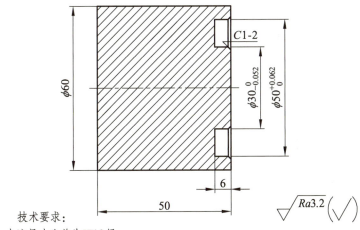

技术要求：
1.未注尺寸公差为IT12级。
2.利边倒圆R0.3。

图 5-2-3　G74 编程示例的零件图

（一）明确工作任务

根据图 5-2-3 所示的零件图编程示例，本任务所用毛坯为 $\phi60\times50$ mm 的圆柱，加工内容为右端宽 10 mm、深 6 mm、大径 50 mm、小径 30 mm 的端面槽，尺寸精度要求 IT9，表面粗糙度要求 Ra3.2。

（二）选择刀具、设置编程零点、刀位点、循环起点和换刀点

本数控切削加工选用硬质合金涂层为 3 mm 的宽端面切槽刀。如果工件右端面与轴线相交处为编程零点，以车刀左刀尖为刀位点，循环起点 a 点坐标 X 取大径尺寸值 50 mm，Z 值取距右端面 0.5 mm，换刀点刀位点距编程零点距离如图 5-2-4 所示。

147

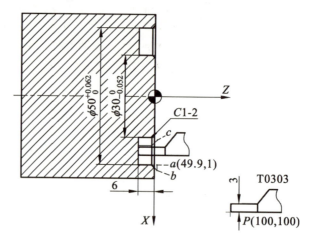

图 5-2-4　G74 编程示例的工艺图

（三）加工阶段、走刀路径和切削参数

本数控切削加工的加工阶段、走刀路径和切削参数主要包括：

（1）根据轮廓形状和精度要求，分粗加工阶段和精加工阶段。由于是端面槽加工，所以粗加工采用轴向走刀、分层切削，采用 G74 指令编写加工程序，粗加工不倒角。

（2）根据工件材料、刀具材料和切削情况，粗加工进给量为 0.05 mm/r，主轴转速为 600 r/min，每次切深为 1 mm；精加工余量 X 轴方向为 0.1 mm，Z 轴方向为 0.05 mm。

（3）精加工进给量为 0.1 mm/r，主轴转速为 1 200 r/min。

（四）确定各工艺点坐标

根据编程零点、图样尺寸标注、工艺需求，计算出走刀路线上各工艺点坐标。由于左刀尖为刀位点，所以大径按标注尺寸计算，小径在标注尺寸上加上刀宽 × 2。

（1）粗加工循环起点。

$$X = 大径完工尺寸 - 精加工余量$$
$$= 50 - 0.1$$
$$= 49.9$$

（2）粗加工切削终点刀位点。

$$X = 小径完工尺寸 + 精加工余量 + (刀宽 × 2) = 30 + 0.1 + (3 × 2) = 36.1$$

$$X = 小径完工尺寸 + 精加工余量 + (刀宽×2)$$
$$= 30 + 0.1 + (3×2)$$
$$= 36.1$$

$$Z = 槽深完工尺寸 - 精加工余量$$
$$= 6 - 0.05$$
$$= 5.95$$

（3）大径精车循环起点。

$$X = 基本尺寸 + (EX + EI)/2$$
$$= 50 + 0.062/2$$
$$= 50.03$$

（4）小径精车刀位点。

$$X = 基本尺寸 + (刀宽 \times 2) + (刀宽 \times 2)/2$$
$$= 30 + (3 \times 2) + (-0.052/2)$$
$$= 35.97$$

（5）b、c 坐标分别为 b（54.03，1）、c（31.97，1）。

（五）编写数控加工程序

G74 编程加工

根据工艺要求和走刀路线编写 G74 数控加工程序如表 5-2-1 所示。

表 5-2-1　G74 编程示例-加工程序

数控程序	程序说明
O5201；	程序名
T0303 G97 G99；	调用 3 号车刀；每分钟转速；每转进给
M03 S600；	主轴正转，转速为 600 r/min
G00 X100 Z100；	刀具快速定位至程序起点 P
G00 X49.9 Z1；	刀具快速定位至循环起点 a，留 0.1 精加工余量
G74 R1；	Z 向退刀量
G74 X36.1 Z-5.95 P2500 Q1000 F0.05；	Z 向每次切深 1 mm；X 平移 2.5 mm，半径值
G00 X54.03 Z1；	定位至 b
G01 X50.03 Z-1 F0.1 S1200；	
Z-6；	
X43；	从大到小精车至槽中间
G00 Z1；	
X31.97；	定位至 c
G01 X35.97 Z-1；	
Z-6；	
X43；	从小到大精车至槽中间
G00 Z100 S600；	
X100；	沿 X 快速退刀至程序终点 P
M30；	

任务 3　V 带轮加工工序二编程与加工

任务描述

本工位接到一批 V 带轮孔加工和外形加工任务,小组成员每人 1 件。材料为 45 钢,毛坯尺寸为 $\phi60$ mm × 55 mm,钻了 $\phi24$ 通孔,加工内容如图 5-3-1 所示,限时 2 小时。根据车间安排,按照工艺、技术要求,按时完成加工任务。

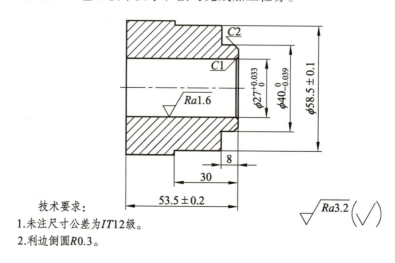

技术要求:
1. 未注尺寸公差为 IT12 级。
2. 利边倒圆 R0.3。

图 5-3-1　V 带轮加工工序二的工序图

任务目标

1. 能够选用合适的刀具加工 V 带轮加工工序二内、外轮廓。
2. 能够根据毛坯尺寸和加工内容确定内、外轮廓车削加工时的刀具运动轨迹。
3. 能够根据毛坯特点及加工内容,选用指令编制内孔、外圆加工程序。

任务准备

一、加工余量的概念

加工余量是指在加工中被切去的金属层厚度。加工余量包括工序余量和总余量。

（1）工序余量。

工序余量是指为完成某一道工序所必须切除的金属层厚度,即相邻两工序的工序尺寸之差。

工序余量包括单边余量和双边余量。平面加工余量属于单边余量,等于实际切削的金属层厚度；对于圆和孔等回转表面，工序余量是指双边余量，即沿直径方向计算，实际切削的金属层厚度为工序余量数值的一半。

（2）总余量。

总余量是指工件由毛坯到成品的整个加工过程中，某一表面被切除金属层的总厚度。总余量可表示为

$$Z_{总} = Z_1 + Z_2 + \cdots + Z_n$$

式中，$Z_{总}$——加工总余量；

Z_1、Z_2、…、Z_n——各道工序余量。

二、加工余量的确定

（一）加工余量的影响因素

影响加工余量的因素主要包括：

（1）前道工序的表面粗糙度和表面缺陷层厚度。

（2）前道工序的尺寸公差。

（3）前道工序的几何误差，如工件表面的弯曲、工件的空间位置误差等。

（4）本工序的安装误差。

（二）加工余量确定的原则及方法

确定加工余量的基本原则：在保证加工质量的前提下，加工余量越小越好。

（三）确定加工余量的方法

在实际工作中，确定加工余量的方法主要包括：

（1）查表法。

根据有关手册提供的加工余量数据，再结合本次生产的实际情况加以修正后确定加工余量。这种方法应用较为广泛。

（2）经验估计法。

根据工艺人员的经验确定加工余量。为了防止余量过小而导致废品率增加，所以估计的加工余量总是偏大。这种方法常用于单件、小批量的生产。

（3）分析计算法。

根据理论公式和一定的试验资料，对影响加工余量的各个因素进行分析、计算，以此来确定加工余量。这种方法较为合理，但是需要全面可靠的试验资料，计算过程也较为复杂。这种方法常用于材料十分贵重或少数大批量生产。

任务 4　V 带轮加工工序三编程与加工

任务描述

本工位接到加工一批 V 带轮孔加工和外形的任务，小组成员每人 1 件。所用材料为 45 钢，毛坯尺寸为 $\phi60$ mm × 55 mm，通孔为 $\phi24$ mm，加工内容如图 5-4-1 所示，限时 2 小时。根据车间安排，按照工艺、技术要求，按时完成加工任务。

任务目标

1. 能够选用合适的刀具加工 V 带轮加工工序三外轮廓。
2. 能够根据毛坯尺寸和加工内容确定外轮廓车削加工时的刀具运动轨迹。
3. 能够根据毛坯特点及加工内容，选用指令编制 V 带轮工序三加工程序。

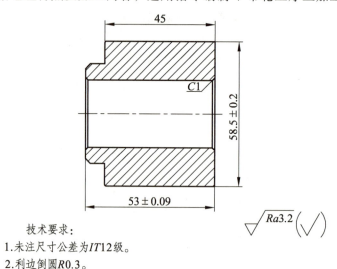

技术要求：
1. 未注尺寸公差为 *IT*12 级。
2. 利边倒圆 *R*0.3。

图 5-4-1　V 带轮加工工序三的工序图

任务准备

一、定位基准的概念

定位基准可分为粗基准和精基准。若选择未经加工的表面作为定位基准，这种基准被称为粗基准；若选择已加工的表面作为定位基准，则这种定位基准称为精基准。

粗基准考虑的重点是如何保证各加工表面有足够的余量，而精基准要考虑的重点是如何减少误差。

在选择定位基准时，通常是从保证加工精度要求出发的，因而分析定位基准选择的顺序应从精基准到粗基准。

二、精基准的选择

选择精基准时，主要考虑如何保证加工精度和工件安装方便可靠。精基准的选择原则主要包括：

（1）基准重合原则。

基准重合原则是指尽可能选择零件设计基准为定位基准，以避免产生基准不重合误差。

（2）基准统一原则。

基准统一原则是指应采用同一组基准定位加工零件上尽可能多的表面，这就是基准统一原则。采用基准统一原则，可以简化工艺规程的制订过程，减少夹具数量，节约夹具设计和制造费用；由于减少基准的转换，有利于保证各表面间的相互位置精度。如利用两中心孔加工轴类零件的各外圆表面、箱体零件采用一面两孔定位、齿轮的齿坯和齿形加工多采用齿轮的内孔及一端面为定位基准，均属于基准统一原则。

（3）自为基准原则。

自为基准原则是指在某些加工表面的加工余量小而且均匀时，可选择加工表面本身作为定位基准。

（4）互为基准原则。

互为基准原则是指对工件的两个相互位置精度要求比较高的表面进行加工时，可以利用两个表面互相作为基准，反复进行加工，以保证位置精度要求。如车床主轴的前锥孔与主轴支承轴颈间有严格的同轴度要求，加工时先以轴颈外圆为定位基准加工锥孔，再以锥孔为定位基准加工外圆，如此反复多次，最终达到加工要求。

（5）便于装夹原则。

便于装夹原则是指所选精基准应保证工件安装可靠，夹具设计简单、操作方便。

三、粗基准的选择

选择粗基准时必须保证加工面与不加工面之间的相互位置精度要求，合理分配各个加工面的加工余量。选择粗基准的参考原则主要包括：

（1）选择不加工表面为粗基准。

为了保证加工表面与不加工表面间的位置要求，一般应选择不加工表面为粗基准。如果工件上有多个不加工表面，应选择其中与加工表面位置要求较高的不加工表面为粗基准，以保证精度要求，保证外形对称等。

（2）选择重要表面为粗基准。

对于工件上的某些重要表面，为了尽可能使其表面加工余量均匀，应选择重要表面作为粗基准。

（3）选择加工余量最小的表面为粗基准。

在没有要求保证重要表面加工余量均匀的情况下，如果零件上每个表面都要加工，则应选择其中加工余量最小的表面作为粗基准，以避免该表面在加工时因余量不足而留下部分毛坯面，造成工件废品。

（4）粗基准应避免重复使用。

在同一尺寸方向上，粗基准通常只能使用一次。因为毛坯面粗糙且精度低，重复使用将产生较大误差。

（5）选择较为平整光洁、加工面积较大的表面作为粗基准。

选择较为平整光洁、加工面积较大的表面为粗基准，以便定位可靠、方便夹紧。

无论是粗基准还是精基准的选择，上述原则都不可能同时满足，有时甚至互相矛盾，因此选择基准时，必须具体情况具体分析，权衡利弊，保证零件的主要设计要求。

任务 5　V 带轮加工工序四编程与加工/G75

任务描述

本工位接到加工一批 V 带轮外圆精加工和 V 形槽的任务，小组成员每人 1 件。所用材料为 45 钢，毛坯尺寸为半成品，内孔和总长已加工至尺寸，外圆有 0.5 mm 精加工的余量，加工内容如图 5-5-1 所示，限时 1 天。根据车间安排，按照工艺、技术要求，按时完成加工任务。

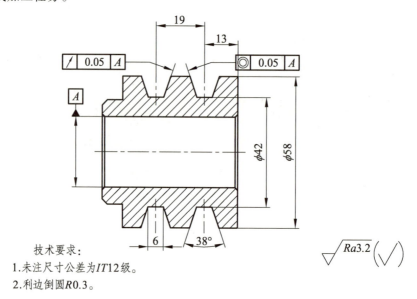

技术要求：
1. 未注尺寸公差为 *IT*12 级。
2. 利边倒圆 *R*0.3。

图 5-5-1　V 带轮加工工序四的工序图

任务目标

1. 能够根据毛坯尺寸和待加工内容运用心轴合理装夹 V 带轮零件。
2. 能够选用合适的刀具加工 V 带轮加工工序四外轮廓。
3. 能够选用合适的刀具加工 V 带轮加工工序四 V 形槽。
4. 能够根据毛坯尺寸和加工内容确定外轮廓车削加工时的刀具运动轨迹。

5. 能够根据毛坯尺寸和加工内容确定 V 形槽车削加工时的刀具运动轨迹。

6. 掌握复合型固定循环指令 G74 的编程格式及适用场合。

7. 能够根据毛坯特点及加工内容选用指令编写 V 带轮工序四加工程序。

任务准备

一、心轴装夹

在一次装夹中加工带孔的盘套类工件的外圆和端面时，常把工件套在心轴上进行加工。心轴的种类很多，常用的有锥度心轴、圆柱心轴和可胀心轴。

（一）锥度心轴

锥度心轴装夹广泛应用于车削和外圆磨削加工。工件压入后靠内孔与外圆锥面的摩擦力与心轴固紧，靠锥度自定心功能作径向定位，其定心精度高。由于内孔的加工误差会造成轴向定位不准，且装卸不太方便，不能承受过大的力矩，多用于外圆精加工装夹。

（二）圆柱心轴

圆柱心轴装夹是机械加工中常用的一种装夹方式，主要用于固定圆柱形工件，以便在车床、磨床、铣床等机床上进行加工。圆柱心轴装夹的特点是与工件孔存在较小的间隙配合，这使得工件的装卸相对方便。如果圆柱心轴做长一些，一次可以装夹多个工件，提高了工作效率。由于存在间隙配合，其定心精度相对较低，因此更适用于定位孔精度不高的套类工件。

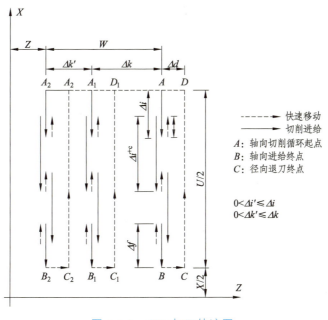

图 5-5-2　G75 加工轨迹图

圆柱心轴在装夹过程中，工件常以孔和端面联合定位，这有助于减小工件的倾斜。同时，采用开口垫圈等方式，可以进一步方便工件的快速装卸。

（三）可胀心轴

可胀心轴装夹是一个前端带有锥孔的薄壁套，心轴壁上开有多条均匀分布的槽。工件套在心轴的外圆上，拧紧带有锥面的螺钉，螺钉外锥挤压心轴内锥，使心轴外圆胀大，以胀紧工件。

二、径向切槽循环（G75）

（一）G75 代码

代码格式：G75 R（e）；

G75 X（U） Z（W） P（Δi） Q（Δk） R（Δd）F；

代码功能：执行该代码时，系统根据程序段所确定的切削终点（程序段中 X 轴和 Z 轴坐标值所确定的点）以及 e、Δi、Δk 和 Δd 的值来决定刀具的运行轨迹，相当于在 G74 中，把 X 和 Z 调换。在此循环中，可以进行端面切削的断屑处理，并且可以对外径进行沟槽加工和切断加工（省略 Z、W、Q）。加工轨迹如图 5-5-2 所示。

代码说明：

（1）e：每次沿 X 方向切削 Δi 后的退刀量；模态代码，一直到下次指定前均有效，半径指令；

（2）X：切削终点 B2 在 X 方向的绝对坐标值，单位为 mm。

（3）U：切削终点 B2 与起点 A 在 X 方向的总移动量，单位为 mm。

（4）Z：切削终点 B2 的 Z 方向的绝对坐标值，单位为 mm。

（5）W：切削终点 B2 与起点 A 在 Z 方向的总移动量，单位为 mm。

（6）Δi：X 方向的每次循环切深量，无符号，半径值，不能带小数点，单位为 μm。

（7）Δk：Z 方向的每次切削移动量（无符号），不能带小数点，单位为 μm。

（8）Δd：槽底位置 Z 方向的退刀量，单位：mm；无要求是尽量不要设置数值，即省略 R；

（9）F：进给量

（二）子程序

1. 子程序的概念

机床的加工程序可以分为主程序和子程序两种。主程序是一个完整的零件加工程序或是零件加工程序的主体部分，它与被加工零件和加工要求一一对应，不同的零件或不同的加工要求都有唯一的主程序。

在编写加工程序时，有时会遇到一组程序段在一个程序中多次出现，或在几个程序中都要用到它。这组程序段可以做成固定程序，单独加以命名，称为子程序。

子程序不可以作为独立的加工程序使用，它只能通过主程序进行调用，实现加工中的局部动作。子程序执行结束后能自动返回到调用它的主程序。

2. 子程序的嵌套

为了进一步简化加工程序，允许子程序再调用另一个子程序，这一种功能称为子程序嵌套。当主程序调用子程序时，该子程序被认为是一级子程序。GSK980TDc 系统中的子程序允许 4 级嵌套，如图 5-5-3 所示

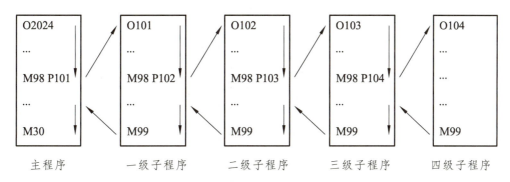

图 5-5-3　子程序的嵌套

3. 子程序的格式

在大多数数控系统中，子程序和主程序并无本质区别。子程序和主程序在程序号及程序内容方面基本相同，仅结束标记不同。主程序用 M30 表示结束，而子程序在 GSK980TDc 系统中用 M99 表示结束，并自动返回主程序。

4. 子程序的调用

在 GSK980TDc 系统中，子程序的调用可通过辅助功能指令 M98 进行，同时在调用格式中将子程序的程序号地址改为 P。子程序调用格式有以下两种。

格式一：M98 P_ _ _ _　　　L_ _ _ _ ；

其中，地址符 P 后面的 4 位数字为子程序号，地址 L 后面的数字表示重复调用次数。子程序号及调用次数前的 0 可以省略不写，如指令"M98 P101 L9；"表示调用 O0101 子程序 9 次。如果只调用子程序一次，则地址 L 及其后面的数字可以省略，如指令"M98 P101；"表示调用 O101 子程序 1 次。

格式二：M98 P_ _ _ _ _ _ _ _ ；

地址符 P 后面的 8 位数中，前 4 位数表示调用次数，后 4 位表示子程序号。当调用次数大于 1 时，调用次数前的 0 可以省略，但子程序号前的 0 不可以省略，如指令"M98 P50101；"表示调用 O0101 子程序 5 次。当只调用 1 次时，可以省略次数，此时子程序号前的 0 也可以省略，如同格式一。

5. 子程序的应用

在一次装夹中要完成多个相同轮廓形状工件的加工，可以只编写一个轮廓形状的

加工程序作为子程序，然后用主程序调用子程序，可以简化编程。

三、应用案例

如图 5-5-4 所示零件，外形已加工至尺寸，现要加工 3 个宽 8 mm、深 10 mm 的外槽，槽两侧倒 0.5 mm 角，所用材料为 45# 钢。试编写数控车削加工程序。

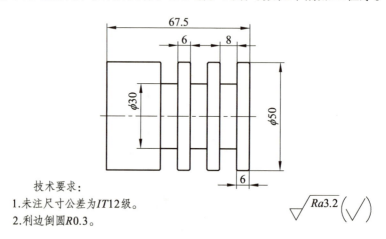

技术要求：
1.未注尺寸公差为IT12级。
2.利边倒圆R0.3。

图 5-5-4 G75、子程序编程示例的零件图

（一）明确工作任务

根据图 5-5-4 所示零件图，本任务毛坯为 $\phi50$ mm × 67.5 mm 的圆柱，加工内容为 3 个宽 8 mm、深 10 mm 的外槽，尺寸精度要求 IT12、表面粗糙度要求 Ra3.2。

（二）选择刀具、设置编程零点、刀位点、循环起点和换刀点

本次数控切削加工选用硬质合金涂层 3 mm 宽的切槽刀。如果工件右端面与轴线相交处为编程零点，以车刀左刀尖为刀位点，换刀点刀位点距编程零点距离如图 5-5-5 所示。

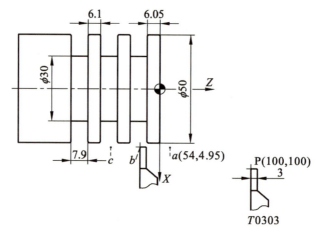

图 5-5-5 G75、子程序编程示例的粗加工工艺图

（三）加工阶段、走刀路径和切削参数

本次数控切削加工的加工阶段、走刀路径和切削参数主要包括：

（1）根据轮廓形状和精度要求，本次数控切削分为分粗加工阶段和精加工阶段。由于是外圆槽加工，粗加工采用径向走刀、分层切削、G75指令，粗加工不倒角；由于3个槽轮廓形状、尺寸要求相同，加工程序可以采用调用子程序方式，子程序中所有Z向移动只能用增量坐标表达。

（2）根据工件材料、刀具材料和切削情况，粗加工的进给量为 0.05 mm/r，主轴的转速为 600 r/min，每次切深为 2 mm；X轴方向的精加工余量为 0.1 mm，Z轴方向的精加工余量为 0.05 mm。

（3）精加工进给量为 0.1 mm/r，主轴转速为 1 200 r/min。

（四）确定各工艺点坐标

1. 确定粗加工各工艺点坐标

根据编程零点、图样尺寸标注、工艺需求，求出图 5-5-5 所示粗加工走刀路线上各工艺点坐标。

（1）由于 Z 向精加工余量为 0.05 mm，粗加工槽宽为 7.95 mm；刀宽为 3 mm，粗加工刀具 Z 向总移量为 4.9 mm；槽间距为 6.1 mm；两槽对应两点的轴向距离为槽宽+槽间距 = 7.9+6.1 = 14（mm），如图 5-5-5 中 $b \rightarrow c$；槽底切至 $\phi30.1$ mm。

G75 编程加工

（2）切槽粗加工循环起点选 b 点。子程序循环起点 a 选在离 b 点的 Z 轴正方向 14 mm 处，如图 5-5-5 所示。

2. 确定精加工各工艺点坐标

根据编程零点、图样尺寸标注、工艺要求，求出图 5-5-6 所示精加工走刀路线上各工艺点坐标。

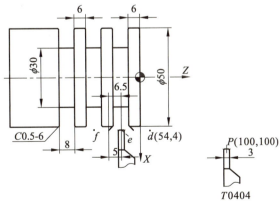

图 5-5-6　G75、子程序编程示例的精加工工艺图

（1）槽间距为 14 mm。

（2）切槽刀刃中心为刀位点，精加工循环起点选 e 点，刀刃中心与槽宽中心线重合，

X 值选 54；子程序循环起点 d 选在离 e 点的 Z 轴正方向 14 mm 处，如图 5-5-6 所示。

（五）编写加工程序

根据工艺要求和走刀路线编写数控加工程序如表 5-5-1 所示。

表 5-5-1　G75、子程序编程示例-加工程序

数控程序	程序说明
O5501;	程序名
T0303 G97 G99;	粗车槽刀，左刀尖为刀位点
M03 S600;	主轴正转，转速为 600 r/min
G00 X100 Z100;	刀具快速定位至程序起点 P
G00 X54 Z4.95;	刀具快速定位至子程序循环起点 a
M98 P30101;	调用切槽粗加工子程序 O101，调用 3 次
G00 X100 Z100;	刀具快速移动到换刀点
T0404;	精车槽刀，刀刃中心为刀位点
G00 X54 Z4;	
M98 P102 L3;	调用切槽精加工子程序 O102，调用 3 次
G00 X100;	
Z100;	
M30;	
O101;	
G00 W-14.;	所有 Z 向移动只能用增量坐标
G75 X30.1 W-4.9 P2000 Q2500 F0.05;	
M99;	
O102;	
G00 W-14.;	
W5 S1200;	右刀尖至倒角延长线
G01 X49 W-2.5 F0.1;	
X30;	
W-2.5;	从右至左车至槽中间
G00 X54;	
W-5;	左刀尖至倒角延长线
G01 X49 W2.5;	
X30;	
W2.5;	从左至右车至槽中间
G00 X54;	
M99;	

拓展和分享

新时代数控车削工匠——文照辉

中车株洲电机有限公司数控车削特级技师文照辉，曾获第九届"全国技术能手"，2011年获得国务院政府特殊津贴，2019年获中央企业劳动模范，2022年入选中央企业大国工匠培养支持计划入选名单，2023年荣获株洲工匠。

1994年7月，职高毕业的文照辉被分配至原铁道部株洲电力机车厂电机分厂（中车株洲电机有限公司前身），成为一名车工。上班的头一天，身为劳模的父亲文秀元就告诫他："车工是门细致活，一丝之差，优劣分家……"在家庭的匠心传承熏陶下，在公司的精心培育和同志们的无私帮助下，立志要超越父亲的文照辉白天跟师傅苦学技能，晚上潜心思索白天的所见所得，把每个动作的操作步骤与技术要领与理论知识相融合，并不时与哥哥文照林交流探讨。

在指导传承方面，文照辉作为教练，成绩斐然。文照辉曾带领公司选手获得中国中车职业技能竞赛数控车工组第一名，株洲市"技能天下"数控铣第一名，他被授予株洲市"优秀教练员"。文照辉指导熊亚洲同志获得"2022一带一路暨金砖国家技能发展与技术创新大赛"职工组一等奖，他被授予优秀教练员。另一方面，文照辉还积极参与各类职业竞赛的现场执法。2017年担任中国中车第二届职业技能竞赛裁判，任职测量组组长；2018年承担了世界技能大赛中国选拔赛数控车工裁判工作；2023年4月他连续两次承担湖南省高职院校竞赛的裁判工作等。

正是凭借这种"敬业、精业、勤业、创业"的执着追求，文照辉先后荣获国务院政府特殊津贴、全国技术能手、株洲市技能大师、中车集团首席技能专家、高铁工匠及株洲工匠等众多荣誉。

思考与练习

一、简答题

1. 常用的传动方式有哪些？带传动有哪些特点？

2. 写出轴向切削循环加工指令 G74 的指令格式，说明其功用和适用场合。

2. 写出径向切削循环加工指令 G75 的指令格式，说明其功用和适用场合。

二、编程题

如图 5-5-7 所示为椭圆轴，所用毛坯尺寸为 $\phi50\,mm \times 99\,mm$，所用材料为 45#钢，根据数控加工顺序编写各工序数控加工程序。

图 5-5-7 所示椭圆轴的数控加工顺序主要包括：

（1）第一次装夹，三爪卡盘夹持 $\phi50\,mm$ 毛坯，伸出长度为 55±2 mm。

工序一：95°外圆刀加工左端外形和尺寸。

工序二：3 mm 宽切槽刀加工 $10 \times \phi38\,mm$ 外槽。

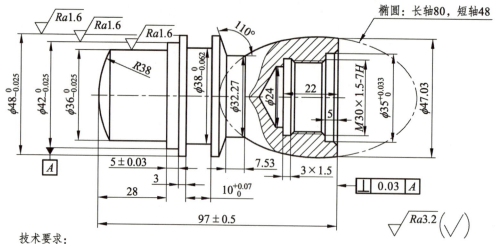

技术要求：

1. 未注尺寸公差按GB/T 1804标准进行加工。

2. 未注倒角C1.5。

3. 利边圆角R1。

图 5-5-7　椭圆轴

（2）第二次装夹，三爪卡盘垫铜皮夹持 ϕ36 mm 外圆，ϕ36 mm 至 ϕ42 mm 台阶面作轴向定位。

工序一：95°外圆刀平端面，保证总长。

工序二：ϕ24 mm 麻花钻钻孔深为（25±1）　mm。

工序三：35°尖刀内孔镗刀加工内孔形状和尺寸。

工序四：内螺纹车刀加工内螺纹。

工序五：35°尖刀外圆刀加工右端外形和尺寸。

项目六 螺旋千斤顶的数控车削编程与加工

任务描述

现有一套螺旋千斤顶零件如图 6-0-1~图 6-0-4 所示，每个同学加工一套，所用材料为 45 钢圆棒料。在项目学习过程中，学会分析零件图、制订数控加工工艺文件，按工艺文件要求完成零件所有工序的加工，做出符合图样要求的零件并检测记录。在零件加工之前，学习数控工艺知识；在零件加工过程中，合理运用所学编程知识，强化数控车床的基本操作，学习填写工艺文件，养成理论指导实践、实践验证理论的习惯，养成安全生产、文明生产的习惯。

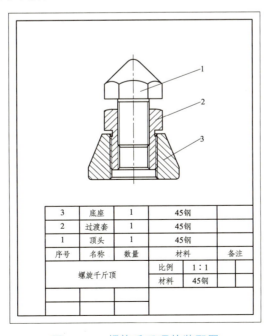

3	底座	1	45钢	
2	过渡套	1	45钢	
1	顶头	1	45钢	
序号	名称	数量	材料	备注
螺旋千斤顶			比例	1∶1
			材料	45钢

图 6-0-1 螺旋千斤顶的装配图

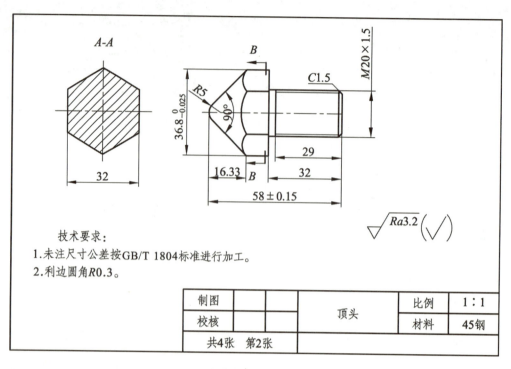

技术要求：
1.未注尺寸公差按GB/T 1804标准进行加工。
2.利边圆角R0.3。

制图			顶头	比例	1：1
校核				材料	45钢
共4张　第2张					

图 6-0-2　螺旋千斤顶的顶头

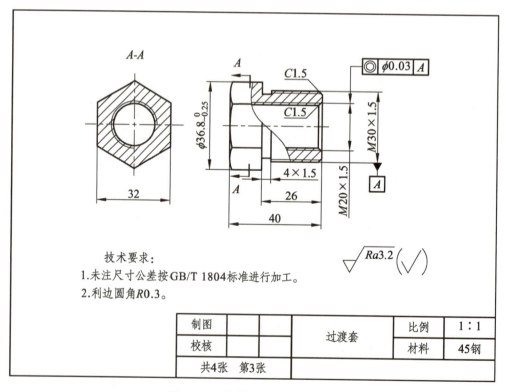

技术要求：
1.未注尺寸公差按GB/T 1804标准进行加工。
2.利边圆角R0.3。

制图			过渡套	比例	1：1
校核				材料	45钢
共4张　第3张					

图 6-0-3　螺旋千斤顶的过渡套

164

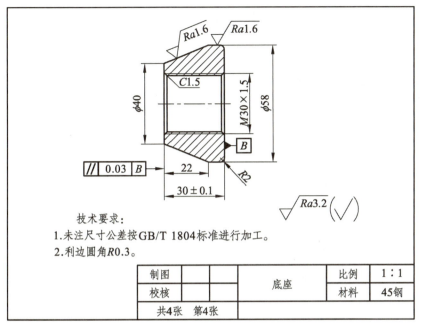

图 6-0-4　螺旋千斤顶的底座

任务目标

1. 熟悉螺旋千斤顶的作用和种类。

2. 能够利用所学知识识读、分析螺旋千斤顶装配图和零件图。

3. 能够分析螺旋千斤顶各零件数控加工工艺。

4. 能够根据实际情况选择、拟定螺旋千斤顶各零件数控加工工艺。

5. 能够根据螺旋千斤顶各零数控加工工艺以及所学数控车削编程指令编写螺旋千斤顶各零件的数控车削加工程序。

任务 1　螺旋千斤顶的加工工艺分析

任务描述

本车间接到加工螺旋千斤顶零件的教学任务，所用材料为 45 钢。学生利用所学数控机床相关知识以及常用的编程指令，学习、强化数控车床的基本操作，学习不同的数控加工工艺路线，学会根据实际情况选用加工工艺，学习根据加工工艺路线制定加工工艺文件等。

任务目标

1. 能够利用所学知识识读、分析螺旋千斤顶装配图和零件图。

2. 能够根据螺旋千斤顶零件的形状特点和材料以及生产现场的具体情况选用机床。

3. 能够拟定同一零件的不同数控加工工艺路线。

4. 能够根据实际情况合理选用螺旋千斤顶零件的数控加工工艺路线。

5. 能够根据螺旋千斤顶零件的数控加工工艺路线制订螺旋千斤顶零件的数控加工工艺文件。

6. 能够根据螺旋千斤顶零件形状特点和精度要求选用工具、刀具和量具。

7. 能够根据螺旋千斤顶零件工艺分析填写螺旋千斤顶零件数控加工工艺卡。

任务准备

一、工序的划分

工序的划分可以采用工序集中原则和工序分散原则，具体包含的内容如下：

（1）工序集中原则。

工序集中原则是指每道工序包括尽可能多的加工内容，从而减少工序总量。

（2）工序分散原则。

工序分散原则是指将工件的加工内容分散在较多的工序内进行，每道工序的加工内容很少。

工序集中与工序分散各有利弊，选用时应综合考虑生产类型、现有生产条件、工件结构特点和技术要求等因素，使制订的工艺路线适当地集中、合理地分散。一般情况下，单件小批量生产时多采用工序集中原则；大批量生产时既可采用多刀、多轴等高效率机床将工序集中，也可将工序分散后组织流水线生。

二、加工顺序的安排

在划分工序后，拟定工艺路线的内容主要包括合理安排加工工序的顺序、解决好工序间的衔接问题。加工顺序直接影响到零件的加工质量、生产效率和加工成本。切削加工顺序安排一般遵循的原则主要包括：

（1）先粗后精。

按照粗加工→半精加工→精加工→光整加工的顺序进行，逐步提高加工精度。

（2）先近后远。

在一般情况下，离对刀点近的部位先加工，离对刀点远的部位后加工，可以缩短刀具移动距离，减少空行程时间。对于车削，采用先近后远的加工方式还有利于保持半成品和成品的刚度，改善其切削条件。

（3）内外交叉。

对于需要加工内表面（内型腔）和外表面的零件，安排加工顺序时应先进行内表面和外表面的粗加工，再进行内表面和外表面的精加工，切不可将零件上一部分表面全部加工完毕后再加工其他表面。

（4）基面先行。

优先加工用作精基准的表面。这是因为定位基准的表面越精确，装夹误差就越小。

（5）先主后次。

优先加工零件的装配基面和工作表面等主要表面，再进行次要表面的加工。次要表面由于加工量小，又常与主要表面有位置精度要求，一般放在主要表面的半精加工之后、精加工之前进行。

（6）先面后孔。

对于箱体、支架、连杆和底座等零件，优先加工用作定位的平面和孔的端面，再加工孔。这样可以使工件定位夹紧稳定可靠，有利于保证孔与平面的位置精度，减小刀具的磨损，方便孔的加工。

三、加工工序分析

螺旋千斤顶三个零件的加工工艺，按工序可划分为工序集中和工序分散两种方案。

（一）按顶头工序划分

1. 工序集中方案

螺旋千斤顶加工工艺按顶头工序划分的工序集中方案主要包括：

（1）车削加工。

选用足够长的圆棒料，加工出顶头的全部或大部分形状结构，切断，保证总长。

（2）铣削加工。

铣削顶头六方，得到所需要的成品零件。

2. 工序分散方案

螺旋千斤顶加工工艺按顶头工序划分的工序分散方案主要包括：

（1）车削加工。

选用合适长度的圆棒料，夹住一端，先加工左端或右端，调头装夹，保证总长，再加工右端或左端。

（2）铣削加工。

铣削顶头六方，得到所需要的成品零件。

（二）过渡套工序划分

1. 工序集中方案

螺旋千斤顶加工工艺按过渡套工序划分的工序集中方案主要包括：

（1）车削加工。

选用足够长的圆棒料，加工出过渡套的全部形状结构，切断，保证总长。

（2）铣削加工。

铣削过渡套六方，得到所需要的成品零件。

2. 工序分散方案

螺旋千斤顶加工工艺按过渡套工序划分的工序分散方案主要包括：

（1）车削加工。

选用合适长度的圆棒料，夹住左端，先加工过渡套右端外形、外螺纹、内孔、内螺纹，调头装夹，倒角，保证总长。

（2）铣削加工。

铣削过渡套六方，得到所需要的成品零件。

（三）底座工序划分

1. 工序集中方案

选用足够长的圆棒料，加工出底座的全部形状结构，切断，保证总长。

2. 工序分散方案

选用合适长度的圆棒料，先加工底座内孔、内螺纹，心轴装夹，保证总长，加工底座左外圆锥。

任务 2 　螺旋千斤顶顶头编程与加工

任务描述

本工位接到加工一批螺旋千斤顶顶头零件的任务，小组成员每人 1 件，如图 6-2-1。所用材料为 45 钢圆棒料，限时 1 天。拟定数控加工工艺、根据技术要求，按时完成加工任务。

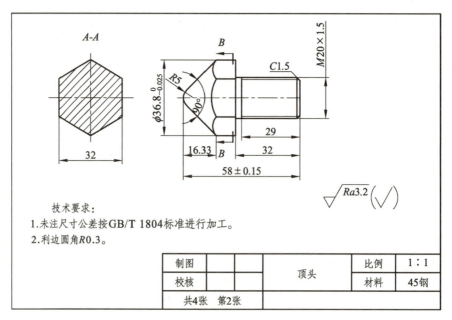

图 6-2-1 　螺旋千斤顶的顶头

任务目标

1. 能够选用合适的刀具加工螺旋千斤顶顶头零件。
2. 能够根据零件特点和具体情况拟定螺旋千斤顶顶头零件数控加工工艺。
3. 能够根据加工内容，选用指令编制螺旋千斤顶顶头零件所有工序加工程序。

任务准备

一、毛坯的概念

正确选择合适的毛坯，对零件的加工质量、材料的消耗和加工工时都有很大的影响。显然，毛坯的尺寸和形状越接近成品零件，机械加工的劳动量就越少，但是毛坯的制造成本就越高，应根据生产工艺综合考虑毛坯制造和机械加工的费用来确定毛坯，以求得最好的经济效益。毛坯的种类主要包括：

（1）铸件。

铸件适用于形状较复杂的零件毛坯。其铸造方法有砂型铸造、精密铸造、金属型铸造和压力铸造等。

（2）锻件。

锻件适用于强度要求高、形状比较简单的零件毛坯，其锻造方法包括自由锻和模锻两种。

（3）型材。

型材有热轧和冷拉两种。热轧适用于尺寸较大、精度较低的毛坯；冷拉适用于尺寸较小、精度较高的毛坯。

（4）焊接件。

焊接件是根据需要将型材或钢板焊接而成的毛坯件，具有简单方便、生产周期短但须经时效处理后才能进行机械加工的特点。

（5）冷冲压件。

冷冲压件毛坯可以非常接近成品要求，在小型机械、仪表和轻工电子产品方面应用广泛，但因冲压模具昂贵故仅用于大批量生产。

二、确定毛坯时应考虑的因素

确定毛坯时应考虑的因素主要包括：

（1）零件的材料及机械性能要求。

当零件的材料选定后，毛坯的种类也就大体确定了。如材料为铸铁的零件，自然应选择铸造毛坯；重要的钢质零件，力学性能要求高，可选择锻造毛坯。

（2）零件的结构形状与外形尺寸。

大型且结构较简单的零件毛坯多采用沙型铸造或自由锻；结构复杂的毛坯多采用铸造；小型零件可采用模锻件或压力铸造毛坯；板状钢质零件多采用锻件毛坯；轴类零

件的毛坯，若台阶直径相差不大，可采用棒料；各台阶尺寸相差较大，宜采用锻件。

（3）生产类型。

大批量生产应采用精度和生产效率都较高的毛坯制造方法；铸件采用金属模机器造型和精密铸造，锻件采用模锻或精密锻造；单件小批量生产采用木模手工造型或自由锻来制造毛坯。

（4）现有生产条件。

在选择毛坯时，要结合具体的生产条件，如现场毛坯制造的实际水平和能力、外协的可能性等。

（5）充分利用新技术、新工艺和新材料。

为了节约材料和能源，减少机械加工余量，提高经济效益，尽量采用精密铸造、精密锻造、冷挤压、粉末冶金和工程塑料等新工艺、新技术和新材料。

三、确定毛坯的工艺措施

实现少切屑加工或无切屑加工，是现代机械制造技术的发展趋势。由于毛坯制造技术的限制，以及新式机器对零件精度和表面质量的要求越来越高，为了保证机械加工能达到质量要求，毛坯的某些表面仍需留有足够的加工余量。加工毛坯时，由于零件形状特殊，安装和加工不便，必须采取一定的工艺措施才能进行机械加工。常见的需要采取特殊工艺措施的加工主要包括：

（1）工艺凸台的设置。

为了安装方便，有些铸件毛坯需要铸出工艺搭子，如图 6-2-2 所示。工艺搭子在零件加工完毕后一般应切除。如果使用和外观没有影响，也可以保留在零件上。

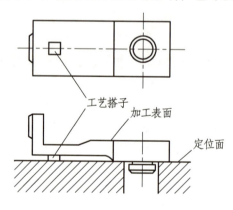

图 6-2-2　工艺凸台

（2）组合毛坯的采用。

装配后需要形成同一工作表面的两个相关零件，为了保证这类零件的加工质量和加工方便，常做成整体毛坯，加工到一定阶段再切割分离。

（3）合件毛坯的采用。

对于形状比较规则的小型零件，为了便于安装和提高机械加工的生产率，可将多件合成一个毛坯，加工到一定阶段后，再分离成单件。

四、毛坯图的绘制

在确定了毛坯的类型、总余量后，便可绘制毛坯图。毛坯图的绘制步骤与方法主要包括：

（1）用双点画线绘制经简化了次要细节的零件图的主要视图，将已确定的加工余量叠加在各相应的被加工表面，即得到毛坯轮廓。

（2）用粗实线绘出毛坯轮廓，注意绘制某些特殊余块，如热处理工艺夹头、机械加工用的工艺塔子等，绘制比例为 1∶1。

（3）与一般零件图一样，为了清楚表达某些内部结构，可绘制必要的剖视图、断面图。对于由实体加工出来的槽和孔，不必专门剖切，因为毛坯图只需要表达清楚毛坯的结构。

（4）标注毛坯的主要尺寸及其公差，次要尺寸可不标注公差。

（5）标明毛坯的技术要求，如毛坯精度、热处理及硬度、圆角半径、分模面、起模斜度以及内部质量要求（气孔、缩孔、夹砂）等。

任务 3　螺旋千斤顶过渡套编程与加工

任务描述

本工位接到加工一批螺旋千斤顶过渡套零件的任务，小组成员每人 1 件，如图 6-3-1。所用材料为 45 钢圆棒料，限时 1 天。拟定数控加工工艺、根据技术要求，按时完成加工任务。

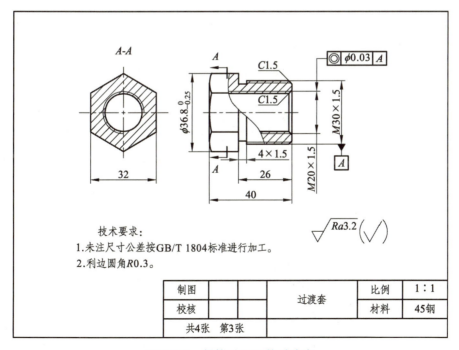

图 6-3-1　螺旋千斤顶的过渡套

任务目标

1. 能够选用合适的刀具加工螺旋千斤顶过渡套零件。
2. 能够根据零件特点和具体情况拟定螺旋千斤顶过渡套零件数控加工工艺。
3. 能够根据加工内容选用指令编写螺旋千斤顶过渡套零件所有工序加工程序。

任务准备

一、开缝套筒装夹概念

开缝套筒装夹是指通过特制的开缝套筒来夹紧工件，以实现稳定加工的一种装夹方法。开缝套筒是一个过渡套，位于三爪和工件之间。加工过程中，三爪内收使开缝套筒内径变小从而夹紧工件，使得夹紧力能够均匀分布在工件的外圆上，从而避免夹伤工件和减小因夹紧力不均导致工件变形，特别适用于加工薄壁或易变形零件。

开缝套筒属简易的专用夹具，成本低，适应于不同形状和尺寸的工件，具有较强的通用性；三爪夹持开缝套筒外圆属于通用夹具装夹，定位精度不高，开缝套筒装夹用在位置精度要求不高的单件生产中；夹持开缝套筒外圆的夹具如果也做成专用夹具，开缝套筒装夹的定位精度将大大提升，弹簧夹头装夹就是一种标准化开缝套筒的应用。

二、开缝套筒应用的注意事项

应用开缝套筒的注意事项主要包括：

（1）形状设计。

开缝套筒被三爪夹持，外形多做成圆柱形，必要时可以设计靠肩，内孔形状根据被装夹工件的形状合理设计。

（2）精度要求。

开缝套筒和工件间采用小间隙配合或过度配合。

（3）厚度选择。

套筒的主体壁厚为 1~2 mm，但开缝套筒的厚度可能会根据具体需求有所变化。在一般的机械应用中，套筒直径较小，其壁厚也相应较小；直径较大时，为了保证强度和稳定性，壁厚会相应增加；在应力较大的场合，为了保证套筒不会发生破坏或变形，需要增加其壁厚以提高承载能力。

（4）材料选择。

开缝套筒的材料选择可以根据其应用领域和具体需求而有所不同。一般来说，开缝套筒的制作材料需要具备足够的强度、耐磨性和良好的工艺性。常见的开缝套筒材料主要包括：

①45 钢。

45 钢是一种常见的用于制作套筒的材料，具有良好的加工性能和多方位的处理工艺，适用于多种机械连接和紧固需求。

②铬钼钢。

铬钼钢是铬（Cr）、钼（Mo）、铁（Fe）、碳（C）的合金，高温加工性能好，加工后美观,可深度淬火,对冲击具有较好的吸收性能,常被用来制造气动工具和大型手动工具中的套筒。

③铬钒钢。

铬钒钢是加入铬钒合金元素的合金工具钢,主要在手动工具中使用,也适用于制作套筒。

④不锈钢。

不锈钢在一些对耐腐蚀性和美观性有较高要求的场合,如301型或302型不锈钢也可能被用作开缝套筒的材料。这些不锈钢材料适用于铝合金、钛合金等航空材料的紧固。

⑤特殊合金钢。

特殊合金钢对于特定的高强度或高耐腐蚀性要求,可能会选择使用特殊合金钢如632特种不锈钢(0Cr15Ni7Mo2Al),这是一种高合金超高强度钢中的沉淀硬化不锈钢,能够同时满足铝合金、钛合金等多种板材紧固孔的冷挤压要求。

在选择开缝套筒的材料时,需要综合考虑其强度、耐磨性、加工性能、成本以及应用场合的具体需求。不同的材料和制作工艺可能会影响开缝套筒的尺寸精度、表面粗糙度和使用寿命等性能参数。因此,在选择和制作开缝套筒时,需要仔细评估各种因素并选择合适的材料和工艺。

任务4　螺旋千斤顶底座编程与加工

任务描述

本工位接到加工一批螺旋千斤顶底座零件任务,小组成员每人1件,如图6-4-1。材料为45钢圆棒料,限时1天。拟定数控加工工艺,根据技术要求按时完成加工任务。

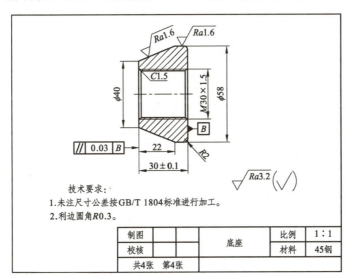

图 6-4-1　螺旋千斤顶的底座

173

1. 能够选用合适的刀具加工螺旋千斤顶底座零件。
2. 能够根据零件特点和具体情况拟定螺旋千斤顶底座零件数控加工工艺。
3. 能够根据加工内容选用指令编制螺旋千斤顶底座零件所有工序加工程序。

任务准备

一、机械加工工艺规程的概念

机械加工工艺规程是指将产品或零部件的制造工艺和操作方法按一定格式固定下来的技术文件，本着合理、经济原则编制而成的，经审批后用来指导生产的规范性文件。

机械加工工艺规程包括零件加工工艺流程、加工工序内容、切削用量、采用设备及工艺装备、工时定额等。

二、机械加工工艺规程的作用

（一）工艺规程是生产准备工作的依据

在新产品投入生产前，必须根据工艺规程进行有关的技术准备和生产准备工作，如原材料及毛坯的供给，工艺装备（刀具、夹具、量具）的设计、制造及采购，机床负荷的调整，作业计划的编排，劳动力的配备等。

（二）工艺规程是组织生产的指导性文件

生产计划和调度、工人的操作、质量的检查等都是以工艺规程为依据。按照工艺规程进行生产，有利于稳定生产秩序，保证产品质量，获得较高的生产率和较好的经济性。

（三）工艺规程是新建和扩建工厂（或车间）时的原始资料

根据生产纲领和工艺规程可以确定生产所需的机床和其他设备的种类、规格和数量，车间面积，生产工人的工种、等级及数量，投资预算及辅助部门的安排等。

（四）便于积累、交流和推广行之有效的生产经验

已有的工艺规程可供以后制订类似零件的工艺规程时作参考，以减少制订工艺规程的时间和工作量，也有利于提高工艺技术水平。

三、制订工艺规程的原则和依据

（一）制订工艺规程的原则

制订工艺规程时必须遵循以下原则：
（1）充分利用本企业现有的生产条件。

（2）可靠地加工出符合图纸要求的零件，保证产品质量。

（3）保证良好的劳动条件，提高劳动生产率。

（4）在保证产品质量的前提下，尽可能降低消耗、降低成本。

（5）采用国内外先进工艺技术。

由于工艺规程是直接指导生产和操作的技术文件，因此工艺规程还应做到清晰、正确、完整和统一，所用术语、符号、编码、计量单位等都必须符合相关标准。

（二）制订工艺规程的主要依据

制订工艺规程时依据的原始资料主要包括：

（1）产品的装配图和零件的工作图。

（2）产品的生产纲领。

（3）本企业现有的生产条件，包括毛坯的生产条件或协作关系、工艺装备和专用设备及其制造能力、工人的技术水平以及各种工艺资料和标准等。

（4）产品验收的质量标准。

（5）国内外同类产品的新技术、新工艺及其发展前景等的相关信息。

四、制订工艺规程的步骤

制订工艺规程的步骤主要包括：

（1）计算年生产能力，确定生产类型。

（2）零件的工艺分析。

（3）确定毛坯，包括选择毛坯类型及其制造方法。

（4）选择定位基准。

（5）拟定工艺路线。

（6）确定各工序的加工余量和工序尺寸。

（7）确定切削用量和工时定额。

（8）确定各工序的设备、刀夹量具和辅助工具。

（9）确定各主要工序的技术要求及检验方法。

（10）填写工艺文件。

拓展和分享

大国重器高精度零件制造者——陈行行

陈行行是中国工程物理研究院机械制造工艺研究所加工中心特聘高级技师，先后荣获全国五一劳动奖章、全国技术能手、四川工匠等称号，在第六届全国数控技能大赛中获加工中心（四轴）职工组第一名。

陈行行从事高精尖产品的机械加工工作，他能熟练运用现代化的大型数控加工中心完成多种精密复杂零件的铣削加工，掌握了多种铣削加工参数化编程方法、精密类零件铣削及尺寸控制方法和铣削钻削等成型刀具的手工刃磨方法，同时还具备了数控车技师、高级制图员、二级模具设计师等8项职业资格；他编程功底扎实，操作技术精湛，尤其在新设备运用、新功能发掘和新加工方式创新等方面，成为研究所新型数控加工领域的领军人才。

陈行行，一个从微山湖畔小乡村走出来的农家孩子，10年时间破茧成蝶，成长为数控机械加工领域的能工巧匠。2011年，陈行行到中国工程物理研究院工作，研究院为陈行行提供了良好的工作环境，操作的设备是国内一流的高精尖数控设备。对于陈行行而言，责任更大，要求更高。面对压力，他更有着一股子不认输、不服输的冲劲儿。

2012年以来，陈行行多次参加四川省和国家级技能比赛，凭借良好的心理素质、精湛的技能技术、全面的综合能力，获得第六届全国数控技能大赛加工中心（四轴）职工组第一名，2次获得全国数控技能大赛四川省选拔赛职工组加工中心（四轴）第一名。

思考与练习

1. 螺纹按作用可以分哪些类型？螺旋传动有哪些特点？
2. 试比较顶头加工工艺与项目三介绍的台阶轴数控车削编程与加工工艺的特点。
3. 试比较过渡套加工工艺与项目四介绍的螺纹轴的数控车削编程与加工工艺的特点。
4. 试比较底座加工工艺与项目五介绍的V带轮的数控车削编程与加工工艺排的特点。

附 录

附录1 硬质合金车刀粗车外圆及端面的进给量

工件材料	车刀刀杆尺寸 $B×H$/mm	工件直径 d/mm	被吃刀量 ap/mm			
			≤3	>3～5	>5～8	>8～12
			进给量 f /（mm/r）			
碳素钢 合金钢	16×25	20	0.3～0.4	—	—	—
		40	0.4～0.5	0.3～0.4	—	—
		60	0.5～0.7	0.4～0.6	0.3～0.5	—
		100	0.6～0.9	0.5～0.7	0.5～0.6	0.4～0.5
		400	0.8～1.2	0.7～1.0	0.6～0.8	0.5～0.6
碳素钢 合金钢	20×30 25×25	20	0.3～0.4	—	—	—
		40	0.4～0.5	0.3～0.4	—	—
		60	0.5～0.7	0.5～0.7	0.4～0.6	—
		100	0.8～1.0	0.7～0.9	0.5～0.7	0.4～0.7
		400	1.2～1.4	1.0～1.2	0.8～1.0	0.6～0.9

工件材料	车刀刀杆尺寸 $B \times H$/mm	工件直径 d/mm	被吃刀量 ap/mm			
			≤3	>3~5	>5~8	>8~12
			进给量 f /（mm/r）			
铸铁及铜合金	16×25	40	0.4~0.5	—	—	—
		60	0.5~0.8	0.5~0.8	0.4~0.6	—
		100	0.8~1.2	0.7~1.0	0.6~0.8	0.5~0.7
		400	1.0~1.4	1.0~1.2	0.8~1.0	0.6~0.8
	20×30 25×25	40	0.4~0.5	—	—	—
		60	0.5~0.9	0.5~0.8	0.4~0.7	—
		100	0.9~1.3	0.8~1.2	0.7—1.0	0.5~0.8
		400	1.2~1.8	1.2~1.6	1.0~1.3	0.9~1.1

备注：（1）加工断续表面及有冲击的工件时，表内进给量应乘系数 $k = 0.75 \sim 0.85$。

（2）在无外皮加工时，表内进给量应乘系数 $k = 1.1$。

（3）加工耐热钢及其合金时，进给量不大于 1 mm/r。

（4）加工淬硬钢时进给量应减少。当钢的硬度为 44~56 HRC 时，乘以系数 $k = 0.8$；当钢的硬度为 57~62 HRC 时，乘以系数 $k = 0.5$。

附录 2　按表面粗糙度选择进给量的参考值

工件材料	表面粗糙度 $Ra/\mu m$	切削速度/（m/min）	刀尖圆弧半径 r/mm		
			0.5	1.0	2.0
			进给量 f/（mm/r）		
碳钢及合金钢	> 1.25 ~ 2.5	< 50	0.10	0.11 ~ 0.15	0.15 ~ 0.22
		50 ~ 100	0.11 ~ 0.16	0.20 ~ 0.25	0.25 ~ 0.35
		> 100	0.16 ~ 0.20	0.20 ~ 0.25	0.25 ~ 0.35
碳钢及合金钢	> 2.5 ~ 5	< 50	0.18 ~ 0.25	0.25 ~ 0.30	0.30 ~ 0.40
		> 50	0.25 ~ 0.30	0.30 ~ 0.35	0.30 ~ 0.50
	> 5 ~ 10	< 50	0.30 ~ 0.50	0.45 ~ 0.60	0.55 ~ 0.70
		> 50	0.40 ~ 0.55	0.55 ~ 0.65	0.65 ~ 0.70
铸铁 青铜 铝合金	> 5 ~ 10	不限	0.25 ~ 0.40	0.40 ~ 0.50	0.50 ~ 0.60
	> 2.5 ~ 5		0.15 ~ 0.25	0.25 ~ 0.40	0.40 ~ 0.60
	> 1.25 ~ 2.5		0.10 ~ 0.15	0.15 ~ 0.20	0.20 ~ 0.35

附录 3　切削速度参考值

工件材料	刀具材料	背吃刀量 ap/mm			
		0.38~0.13	2.4~0.38	4.7~2.40	9.50~4.70
		进给量 f /（mm/r）			
		0.13~0.05	0.38~0.13	0.76~0.38	1.3~0.76
低碳钢	高速钢	90~120	70~90	45~60	20~40
	硬质合金	215~365	165~215	120~165	90~120
中碳钢	高速钢	70~90	45~60	30~40	15~20
	硬质合金	130~165	100~130	75~100	55~75
灰铸铁	高速钢	50~70	35~45	25~35	20~25
	硬质合金	135~185	105~135	75~105	60~75
黄铜 青铜	高速钢	105~120	85~105	70~85	45~75
	硬质合金	215~245	185~215	150~185	120~150
铝合金	高速钢	105~150	70~105	45~75	30~45
	硬质合金	215~300	135~215	90~135	60~90

附录 4 外径螺纹车刀切削次数与背吃刀量（ISO 米制螺纹）

螺距 P/mm		0.5	0.75	1.0	1.25	1.5	1.75	2.0	2.5	3.0	3.50	4.0	4.50	5.0	5.5	6.0
牙/寸[①]		48	32	24	20	16	14	12	10	8	—	6	—	—	—	4
牙高/mm		0.34	0.50	0.67	0.80	0.94	1.14	1.28	1.58	1.89	2.20	2.50	2.80	3.12	3.28	3.72
进刀切入次数（每刀径向进给/mm）	1	0.11	0.17	0.19	0.20	0.22	0.22	0.25	0.27	0.28	0.34	0.34	0.37	0.41	0.43	0.46
	2	0.09	0.15	0.16	0.17	0.21	0.21	0.24	0.24	0.26	0.31	0.32	0.34	0.39	0.40	0.43
	3	0.07	0.11	0.13	0.14	0.17	0.17	0.18	0.20	0.21	0.25	0.25	0.28	0.32	0.32	0.35
	4	0.07	0.07	0.11	0.11	0.14	0.14	0.16	0.17	0.18	0.21	0.22	0.24	0.27	0.27	0.30
	5	—	—	0.08	0.10	0.12	0.12	0.14	0.15	0.16	0.18	0.19	0.22	0.24	0.24	0.27
	6	—	—	—	0.08	0.08	0.10	0.12	0.13	0.14	0.17	0.17	0.20	0.22	0.22	0.24
	7	—	—	—	—	—	0.10	0.11	0.12	0.13	0.15	0.16	0.18	0.20	0.20	0.22
	8	—	—	—	—	—	0.08	0.08	0.11	0.12	0.14	0.15	0.17	0.19	0.19	0.21
	9	—	—	—	—	—	—	—	0.11	0.12	0.14	0.14	0.16	0.18	0.18	0.20
	10	—	—	—	—	—	—	—	0.08	0.11	0.12	0.13	0.15	0.17	0.17	0.19
	11	—	—	—	—	—	—	—	—	0.10	0.11	0.12	0.14	0.16	0.16	0.18
	12	—	—	—	—	—	—	—	—	0.08	0.08	0.12	0.13	0.15	0.15	0.16
	13	—	—	—	—	—	—	—	—	—	—	0.11	0.12	0.12	0.13	0.15
	14	—	—	—	—	—	—	—	—	—	—	0.08	0.10	0.10	0.13	0.14
	15	—	—	—	—	—	—	—	—	—	—	—	—	—	0.12	0.12
	16	—	—	—	—	—	—	—	—	—	—	—	—	—	0.10	0.10

---

① 1 寸 = （1/30） m = 0.033 m

附录 5　内径螺纹车刀切削次数与背吃刀量
（ISO 米制螺纹）

螺距 P/mm	0.5	0.75	1.0	1.25	1.5	1.75	2.0	2.5	3.0	3.50	4.0	4.50	5.0	5.5	6.0
牙/inch	48	32	24	20	16	14	12	10	8	—	6	—	—	—	4
牙高/inch	0.34	0.48	0.63	0.80	0.77	1.07	1.20	1.49	1.77	2.04	2.32	2.62	2.89	3.20	3.46
1	0.11	0.17	0.19	0.20	0.22	0.22	0.25	0.27	0.28	0.32	0.33	0.36	0.41	0.41	0.44
2	0.09	0.14	0.16	0.17	0.21	0.21	0.23	0.25	0.26	0.30	0.31	0.33	0.38	0.38	0.41
3	0.07	0.10	0.11	0.13	0.15	0.15	0.17	0.18	0.20	0.23	0.24	0.27	0.30	0.32	0.35
4	0.07	0.07	0.09	0.10	0.13	0.13	0.14	0.15	0.16	0.19	0.21	0.23	0.25	0.26	0.28
5			0.08	0.09	0.11	0.10	0.12	0.13	0.14	0.17	0.18	0.21	0.22	0.22	0.24
6				0.08	0.08	0.09	0.11	0.12	0.13	0.15	0.15	0.19	0.20	0.20	0.22
7						0.90	0.09	0.10	0.11	0.12	0.14	0.16	0.17	0.18	0.20
8						0.08	0.08	0.10	0.11	0.13	0.13	0.15	0.16	0.17	0.19
9							0.10	0.10	0.12	0.12	0.14	0.15	0.16		0.18
10							0.08	0.10	0.11	0.12	0.13	0.15	0.15	0.15	0.16
11								0.09	0.10	0.11	0.12	0.14	0.14	0.14	0.15
12								0.08	0.08	0.10	0.12	0.14	0.14	0.14	0.15
13										0.10	0.11	0.12	0.13	0.13	0.14
14										0.08	0.10	0.10	0.12	0.12	0.13
15														0.12	0.12
16														0.10	0.10

进刀切入次数（每刀径向进给）/mm

附录 6　常用英制螺纹切削进给次数与背吃刀量

牙（英制）		24 牙	18 牙	16 牙	14 牙	12 牙	10 牙	8 牙
牙深		0.678	0.904	1.016	1.162	1.355	1.626	2.033
切削次数及背吃刀量/mm	1 次	0.8	0.8	0.8	0.8	0.9	1.0	1.2
	2 次	0.4	0.6	0.6	0.6	0.6	0.7	0.7
	3 次	0.16	0.3	0.5	0.5	0.5	0.6	0.6
	4 次	—	0.11	0.14	0.3	0.4	0.4	0.5
	5 次	—	—	—	0.13	0.21	0.4	0.5
	6 次	—	—	—	—	—	0.16	0.4
	7 次	—	—	—	—	—	—	0.17

备注：（1）在大部分情形下，建议选择上述进刀次数范围的中间值开始切削。

（2）对大多数材料而言，材料越软，设定的切削次数就应该越多。

（3）在一般情况下，减少切削次数会比增加切削速度要好。

（4）每次车削时应确保一定的机械负荷量。

（5）第一次切入是用刀尖圆切削，所以切削力集中在刀尖上。为了防止刀尖的损伤，规定最大的切深量为其半径 r 的 1.5 ~ 2 倍（最大为 0.4 ~ 0.5 mm）。

参考文献

[1] 张同兴. 数控车床操作与零件加工[M]. 北京：中国劳动社会保障出版社，2013.

[2] 唐监怀. 零件普通车床加工（二）[M]. 北京：中国劳动社会保障出版社，2013.

[3] 宋宏明，杨丰. 数控加工工艺[M]. 2版. 北京：机械工业出版社，2019.

[4] 黄云清. 公差配合与技术测量[M]. 3版. 北京：机械工业出版社，2012.